Springer-Lehrbuch

Ilona Leyer
Karsten Wesche

Multivariate Statistik in der Ökologie

Eine Einführung

 Springer

Dr. Ilona Leyer
Universität Marburg
FB Biologie – Naturschutzbiologie
Karl-von-Frisch-Straße 8
35032 Marburg
leyer@staff.uni-marburg.de

PD Dr. Karsten Wesche
Universität Halle-Wittenberg
Institut für Biologie/Geobotanik
und Botanischer Garten
Am Kirchtor 1
06108 Halle
karsten.wesche@botanik.uni-halle.de

Korrigierter Nachdruck 2008

ISBN 978-3-540-37705-4   e-ISBN 978-3-540-37706-1

DOI 10.1007/b137219

Springer Lehrbuch ISSN 0937-7433

Bibliografische Information der Deutschen Nationalbibliothek
Die Deutsche Bibliothek verzeichnet diese Publikation in der Deutschen Nationalbibliografie;
detaillierte bibliografische Daten sind im Internet über http://dnb.d-nb.de abrufbar.

© 2007 Springer-Verlag Berlin Heidelberg

Herstellung: LE-TEX Jelonek, Schmidt & Vöckler GbR, Leipzig
Einbandgestaltung: WMXDesign, Heidelberg
Umschlagabbildung: Elbauen, Ilona Leyer, ursprünglich erschienen auf dem Cover des Journal of Applied Ecology, volume 42(2), mit freundlicher Genehmigung von Blackwell Publishing, Oxford

Gedruckt auf säurefreiem Papier

9 8 7 6 5 4 3 2 1

springer.com

Vorwort

Multivariate Verfahren sind seit der Mitte des 20. Jahrhunderts verstärkt entwickelt worden, für (fast) jedes Problem hat sich eine Methode gefunden, und die Vielfalt an möglichen Ansätzen ist schwer überschaubar. So spielt die multivariate Statistik in der Ökologie sowohl bei wissenschaftlichen Forschungsarbeiten als auch in der angewandten Naturschutzpraxis eine immer größere Rolle, und entsprechend verbreitet sind multivariate Methoden in wissenschaftlichen Artikeln. Daher sind ohne Grundkenntnisse weite Teile der neueren ökologischen Literatur kaum mehr zu verstehen.

Glücklicherweise muss man nicht alle denkbaren Verfahren kennen. Im Laufe der Zeit haben sich in den unterschiedlichen Fachgebieten bestimmte Verfahren besonders bewährt, einige der in der Ökologie wichtigsten Verfahren sind sogar von Ökologen entwickelt worden. Das hat den großen Vorteil, dass wir uns auf das Lernen einiger Methoden beschränken können. Der große Nachteil ist, dass die wenigen verfügbaren deutschen Lehrbücher oft genau die in der Ökologie wichtigen Verfahren nicht oder nur am Rande behandeln. Deutschsprachige Kurse werden ebenfalls recht selten angeboten, so dass man sich in der Regel selbst die Statistik aus englischen Büchern beibringen muss, was dann doch recht viele Herausforderungen auf einmal mit sich bringt. Und auch dort, wo solche Kurse im Lehrangebot auftauchen, fehlt zumeist entsprechendes Begleitmaterial.

Hier soll dieses Lehrbuch etwas Abhilfe schaffen. Es geht aus unseren eigenen Kursskripten hervor, die durch die Diskussion mit Studierenden Schritt für Schritt weiterentwickelt wurden. Wichtig war uns, die einzelnen multivariaten Methoden anschaulich mit ihren Stärken und Schwächen zu beschreiben und deutlich zu machen, welche Verfahren für welche Art von Daten geeignet sind und wie die Ergebnisse interpretiert werden sollten. Dabei wurde verbalen Beschreibungen oft der Vorzug vor Formeln gegeben, und häufig haben wir vereinfacht, denn es geht uns hier nur um eine Einführung, im Umfang etwa einem Kurs von 2-4 Semesterwochenstunden angemessen. Bei spezielleren Problemen lässt sich darauf aufbauend dann die weiterführende, meist englische Literatur erschließen; dort finden sich auch Details zu Teilaspekten, die wir eher kursorisch beschrieben haben.

Viele verschiedene Personen haben uns bei der Arbeit an diesem Buch unterstützt. Das gilt zu allererst für die Studierenden in unseren Kursen über multivariate Statistik. Durch ihre überraschenden (und oft von uns nicht direkt beantwortbaren) Fragen haben wir manche Aspekte erst verstanden. Großer Dank gebührt aber auch allen denjenigen, die das ganze Manuskript oder einzelne Teile gelesen, kommentiert und korrigiert haben: Thomas Becker (Marburg), Roland Brandl (Marburg), Helge Bruelheide (Halle), Martin Diekmann (Bremen), Jörg Ewald (Freising), Isabell Hensen (Halle), Ingolf Kühn (Halle), Gabriel Schachtel (Gießen), Sebastian Schmidtlein (Bonn), Henrik von Wehrden (Halle), Denny Walther (Halle), Erik Welk (Halle), Birgit Ziegenhagen (Marburg). Hinzu kommen die Kollegen, die indirekt am Zustandekommen dieses Lehrbuchs Anteil haben, indem sie uns für die Datenanalyse in der Ökologie begeistert haben. Ilona Leyer möchte dafür Michael W. Palmer (Oklahoma State University, USA), danken, in dessen Arbeitsgruppe sie viel über multivariate Statistik gelernt hat. Karsten Wesche dankt Peter Poschlod (jetzt Regensburg), der ihm 1995 das Buch von Kent u. Coker (1992) in die Hand gedrückt und ihn so überhaupt erst auf die Thematik gebracht hat.

Selbstverständlich liegen alle verbleibenden Fehler in unserer Verantwortung und wir würden uns über korrigierende Hinweise freuen.

Dem Springer-Verlag und besonders Frau Stefanie Wolf danken wir für die gute Zusammenarbeit und für die Hilfe bei Problemen während der Drucklegung. Dennoch wären die Vorlagen nie fertig geworden, wenn nicht Heike Zimmermann bereit gewesen wäre, tagelang und manchmal auch bis spät in die Nacht an den unzähligen kleinen und auch großen Problemen zu arbeiten.

Schließlich möchten wir herzlich unseren Familien danken, die uns jahrelang bei dem „Projekt Lehrbuch" unterstützt haben.

Marburg und Halle, August 2006   Ilona Leyer
                                                  Karsten Wesche

Inhalt

1 Einleitung

1.1 Alltägliche Probleme

Ein ganz „normaler" Tag in der Biologie einer deutschen Universität, überall Probleme. In der Abteilung Geobotanik z. B. wertet ein Team Vegetationsaufnahmen von Wäldern aus und versucht, die vorkommenden Waldgesellschaften floristisch zu charakterisieren. Es sind einige hundert einzelne Aufnahmen aus Osteuropa; aufgrund seiner Größe ist der Datensatz sehr unübersichtlich, und es wäre schön, zuerst automatisch eine grobe Vorsortierung durchzuführen; die Frage ist nur wie. Dieselben Aufnahmen dienen auch als Testflächen für eine satellitenbasierte Vegetationskarte, die in Zusammenarbeit mit der Geografie erstellt werden soll. Die Fernerkundler dort benutzen multispektrale Satellitendaten, es liegen also für jedes Pixel mehrere Werte für verschiedene Wellenlängenbereiche vor. Leider braucht eine vollständige Klassifikation 11 Stunden Rechnerzeit, so dass Methoden gesucht werden, um den Datensatz zu vereinfachen.

Zusätzlich gibt es für die einzelnen Aufnahmen auch verschiedene topografische, klimatologische, und bodenkundliche Daten. Diese sollen verwendet werden, um die ökologischen Ansprüche der verschiedenen Waldtypen zu beschreiben; dabei sollen Artenhäufigkeiten, spektrale Signaturen aus der Fernerkundung und Messwerte aus der Laborarbeit berücksichtigt werden. Diese unübersichtliche Datenflut soll insgesamt und möglichst gleichzeitig verrechnet werden.

Ein Stockwerk höher arbeitet eine Tierökologin an den Auswirkungen verschieden intensiver Landwirtschaftsformen auf die epigäische Fauna. Sie hat Barberfallen aufgestellt und die Laufkäfer bestimmt. Es sind über 8000 einzelne Individuen, und die Ökologin soll jetzt untersuchen, ob sich die Käfergemeinschaften verschiedener Nutzungstypen unterscheiden; außerdem soll sie auch noch die Saisonalität der Fallenfänge berücksichtigen. Ihr Kollege im Nachbarzimmer untersucht am Beispiel des Gold-Laufkäfers, ob die schon lange mit Schafen beweideten Triften in der gleichen Region als Korridor für den Individuenaustausch dienen können. Er benutzt dafür genetische Marker und versucht, die genetische Ähnlichkeit zwischen Teilpopulationen mit der räumlichen Distanz zu korrelieren.

Seine Nachbarin aus der Tierphysiologie ist ähnlich verzweifelt; sie hat 300 Heuschreckenrufe aufgezeichnet. Für jeden Ruf hat sie zu 8 verschiedenen Zeitpunkten die Frequenz gemessen, und jetzt soll sie auf Grundlage von 8 mal 300 Datenpunkten gleich 2 400 Einzeldaten herausfinden, ob es Gruppen von Individuen in Abhängigkeit von ihrer Herkunft gibt.

Eine ökologisch-genetisch arbeitende Gruppe macht sich derweil mit anderen Arbeitsgruppen aus der Mykologie und Entomologie daran, neue Wege auf dem Gebiet der *community genetics* zu beschreiten. Hier geht es in interdisziplinären Ansätzen darum, die Bedeutung von komplexen genetischen Interaktionen zwischen höheren Pflanzen und assoziierten Organismen in noch komplexeren Umwelten zu verstehen. Unklar ist allerdings noch, wie die umfangreichen und zum Teil sehr unterschiedlichen Daten gemeinsam verarbeitet werden können.

Die Beispiele zeigen die große Bandbreite von Fragestellungen in der Ökologie. Allen Problemen ist gemeinsam, dass eine statistische Auswertung gewünscht oder unumgänglich ist, aber die klassischen Methoden der univariaten Statistik sich nicht anwenden lassen. Die vorgestellten Probleme sind nicht uni- sondern „multivariat".

1.2 Uni- und multivariate Daten

Univariat bedeutet hier, dass für jede Stichprobeneinheit (Objekt) nur eine **abhängige** Variable zur Verfügung steht. Ein Beispiel für ein univariates Problem wäre, eine Eigenschaft einer Art (z. B. deren Abundanz, Gewicht, Länge etc.) zu einer Umweltvariablen, sagen wir zum pH-Wert des Bodens, in Beziehung zu setzen. Die Eigenschaft der Art ist dabei die abhängige Variable, die Umweltvariable die beeinflussende **unabhängige** oder **erklärende** Variable. In einer weiteren Studie untersuchen wir nun das Verhalten der Art nicht nur im Hinblick auf den pH-Wert, sondern beziehen auch noch die Leitfähigkeit mit ein. Beides sind Fälle für die **Regressionsanalyse** und gehören damit zur univariaten Statistik.

Ein weiteres, noch einfacheres Beispiel ist das Gewicht von erwachsenen Rennmäusen aus 2 verschiedenen Populationen. Die typische Frage ist dann, ob sich die Populationen signifikant unterscheiden; ein Test für **Mittelwertvergleiche** ist hier die Methode der Wahl. Wurden zusätzlich auch noch die Körperlängen gemessen, können diese in einem separaten Schritt ebenfalls durch Mittelwertvergleiche untersucht werden. Ein dritter Schritt könnte dann ein Test darauf sein, ob Körperlänge und Gewicht zusammenhängen (eine ziemlich triviale Frage): Dafür bieten sich simple **Korrelationen** an.

Die eingangs genannten Beispiele sind aber anders, wie das Problem der osteuropäischen Wälder zeigt. Zu jedem Objekt, d. h. zu jeder Vegetationsaufnahme, gibt es viele abhängige Variablen, denn die Vegetationskundler haben Daten über die Häufigkeit aller vorkommenden Gefäßpflanzenarten erhoben; hinzu kommen noch die abiotischen Informationen. Das Problem ist **multivariat**. So etwas lässt sich mit univariater Statistik nicht mehr problemlos fassen.

Multivariate Daten enthalten in der Regel viele Zufälligkeiten (**statistisches Rauschen**). So sind z. B. nicht in jeder Vegetationsaufnahme auf stickstoffreichem Boden Brennnesseln enthalten, aber die eine oder eben auch andere Art aus einer Gruppe stickstoffliebender Pflanzen wird immer vorkommen. Es ist also nicht das Vorkommen einer einzelnen Art von Interesse, vielmehr ist das Vorkommen von Artengruppen wichtig. Darüber hinaus ist am Anfang meist nicht bekannt, welche abiotische Komponente (wenn die richtige überhaupt gemessen wurde) das Vegetationsmuster erklärt. Meist stehen dabei nicht einzelne Variablen, sondern eine Kombination aus verschiedenen Variablen in Beziehung zum Vegetationsmuster.

Solche Zusammenhänge in multivariaten Daten kann die univariate Statistik (etwa durch alle möglichen wechselseitigen Korrelationen zwischen den Arten) schlecht fassen. Ein wichtiger Grund hierfür ist, dass es problematisch und aufwändig wäre, viele wechselseitige Tests durchzuführen, da solche Tests Wahrscheinlichkeiten prüfen. Das übliche Signifikanzniveau von $p < 0.05$ bedeutet, dass ein Zusammenhang mit 95%iger Sicherheit nicht zufällig ist. Anders ausgedrückt, wir akzeptieren, dass in 5 % der Fälle z. B. eine Korrelation als signifikant erkannt wird, obwohl sie reiner Zufall ist. Würden wir in unserem Waldbeispiel jede Art mit jeder anderen korrelieren, kämen wir leicht auf einige 100 Kombinationen, genau genommen auf $(n^2-n)/2$, wenn n die Zahl der Arten ist. Bei dem üblichen Signifikanzniveau von $p = 0.05$ würden wir also im Mittel $0.05 * (n^2-n)/2$ signifikante Korrelationen erwarten. Biologisch gesehen sind diese aber vermutlich bedeutungslos, sie sind ein statistisches Artefakt als Folge der vielen Berechnungen (*statistical fishing*). Hier braucht es andere, eben multivariate Rechenverfahren.

1.3 Wege ins Statistiklabyrinth

Wir setzen hier gewisse statistische Grundkenntnisse voraus. Für diese gibt es kurze und verständliche Lehrbücher (z. B. Engel 1997; Köhler et al. 2002). Auch zur Datenerhebung gibt es inzwischen entsprechende Einführungen (z. B. Tremp 2005). Trotzdem werden wir im 2. und 3. Kapitel einiges kurz wiederholen. Die folgenden Kapitel sind dann jeweils einem multivariaten Verfahren gewidmet, dabei werden zuerst Ordinations-, dann Klassifikationsmethoden besprochen. Eine Einführung in Testverfahren zur Prüfung multivariater Beziehungen bildet den Abschluss des Buches. Es werden die Grundlagen der jeweiligen Methoden erläutert, um so einen Eindruck ihrer Stärken und Schwächen zu geben. Dabei benutzen wir in der Regel den gleichen Datensatz, der im Rahmen einer Untersuchung zu den Auswirkungen hydrologischer Veränderungen auf das Grünland der Elbaue erhoben wurde. Der ursprüngliche Datensatz bestand aus 206 Vegetationsaufnahmen, für die sowohl floristische Daten als auch Messwerte von Umweltvariablen vorhanden sind (s. Leyer 2002). Meist verwenden wir der Übersicht halber nur einen Teildatensatz aus 33 Vegetationsaufnahmen (Tabelle 1.1-1.3).

Wir behandeln die Ordinations- und Klassifikationsmethoden, die in der Ökologie weite Verbreitung gefunden haben. Soweit sich in neuerer Zeit sonstige wichtige Verfahren durchzusetzen beginnen, haben wir diese kurz erwähnt.

In unserem Text werden häufig englische Begriffe benutzt, da die weiterführende Literatur größtenteils in Englisch vorliegt; so wird das Nachschlagen und das Selbststudium erleichtert.

Die hier vorgestellten Methoden sind ausnahmslos rechenaufwändig, so dass die Nutzung geeigneter Software unumgänglich ist. Wir haben für die hier vorgestellten Analysen weitgehend die unter Ökologen verbreitete Standardsoftware benutzt. So wurden die meisten Ordinationen mit CANOCO (Version 4.5, ter Braak u. Smilauer 2002) gerechnet. Für einige weniger verbreitete Ordinationsverfahren, Permutationsverfahren und Clusteranalysen haben wir PC-ORD (Version 4.25, McCune u. Mefford 1999) verwendet, Dendrogramme wurden zum Teil auch mit MVSP (Version 3.12f, Kovach 1995) erstellt. Für die univariate Statistik haben wir ebenfalls Standardsoftware benutzt wie SPSS (Version 12.0, SPSSInc. 2003) und das sehr flexible Paket R (R Development Core Team 2004). Zu letzterem gibt es auch spezielle Erweiterungen für multivariate Fragestellungen (VEGAN, Oksanen et al. 2006), mit denen sich praktisch jede in diesem Buch besprochene Methode berechnen lässt.

Tabelle 1.1. Art-Aufnahme-Matrix des Elbauendatensatzes, 33 Vegetationsaufnahmen mit 53 Arten (Namen abgekürzt, Sammelarten durch „A" am Ende gekennzeichnet). Als Maß für die Abundanz sind Deckungsgradstufen nach der 13stufigen Londo-Skala angegeben (Londo 1976; Details: Tabelle 3.1)

	1	2	3	4	5	6	7	8	9	10	11	12	13	14	15	16	17	18	19	20	21	22	23	24	25	26	27	28	29	30	31	32	33
Achimill	1	1		.1																.1				.4									
Agrocani						1	2									3		.1															
Agrocapi	.4	1	.2											5				.1	.1					1		2	.4						
Agrorepe	.1	.1		4	2		1		1						6	.4		.4	2					2			6	2					
Agrostol				3				1	9							2			.1			.2	.4								5		
Alopgeni								1	.1							.2						.4		2							3		
Alopprat	.1			4	4	.1			.2		2			.1	.1	1	.2		1	2			.4	.2		2	.1	.1	.4	.2			
Anthodor	3				2								.1			.1			.1							1		1					
Caltpalu			.1													.1	2			3													
Cardprat			.2			.2	.1						.1	.4					.1	.1	.2	.1						.1					
Caredist																		.1		.2													
Caregrac			1			2	5			.1				4	.2			1	.4				.1	.2			.2						.1
Careprae	.2	.2			.1	.1										.2			.1					.2			.1	.4	.1				
Carevesi			1			.1	1									.1	4					.2											
Carevulp						.1			.1				.1	.1						.4		.1			.1								
Cirsarve						.1								1						.4										.1			
Cirslanc																				.1													
Cniddubi																												.2					
Desccesp														5			.1			2		1						.4	.1				
Eleounig												.1		.2						.1		.1											
Eropvern	.1					.1																		.1	.1								
Euphesul			.1																					.1		.1							
Festprat					.2	.1																				.1							
Galipalu				.1			.2	.1			.1	.1	.4	.2				.4		.1			.1	.4	.1	.1	.2					.1	
GaliverA	.1	.1	.4											1										1		.1	1	1					
Glycflui						.1										.2						4										.2	
Glycmaxi						.1					.2											.1	.2	4		.1					.1	8	7
Holclana						1	.2							1			.1		.2	3										.1			
Junceffu			.1			.1	.1							.1						1	.1				.1								
Lathprat													.1	.1					.1											.1			
Lotucorn	.1	.1		.1															.1											.1			
Lychflos			.1			.2							.1						.1	.1													
Phalarun			2			.1	.2	.2	.1	8	5		.2				.1		.1	.2	.1	.1	3		.1					.1			
Planinte					.4	.4	.1									.1				.1				.1									
Poa palu		.1		.1	.1			8		1		.1		.1		.1			3	.2		1	.1		3	.4							
Poa praA	.4	.2	.1	2	3	.1								.4		.1			.1	1			.2		.2		1	.2					
Poa triv		.1		.2	.1	1	1												.2			.2	.4		.4	.1							
Poteanse		.1				.2								.1				.1		.2													
Poterept					.1													.1						.1									
Ranuflam		.1				.1	.4					.1								.1							.4						
Ranurepe		1	.1	.1	.1	.2	1		.1	1				.1	.4				.4		2	1	1	.2	3		6	6					
Roriamph						1			4																		.1		.1				
RorisylA						.1	.2	.1						.1					.1					.4	1								
Rumeacet			.1		1									1										1						.1		.1	
Rumethyr	.1	2	.2		.4	2												.4									.2	1				.1	
Siumlati			.1					.2				.1						.4					.2	.1		.1							
Stelpalu			.2			.1					.1		.1	.1					.1	.1	.2		.1	.1									
Sympoffi																				.4	.1												
TaraoffA		.1	.1	.1	.1						.1					.1			.1	.1	.1			.2						.1	.1		
Trifrepe			.2		.4														1	1	.1	.1											
Vicicrac			.1		.1					6			1																	.1	.2		
Vicilath	.1																																
Vicitetr	.1	.1										.2															.1	.1					

REZENT	ALT	RAND	INTENS	MWS	STAB	ÜFD	ÜF>50
1	1	0	0	2	-273	78.5	0.30	0.00
2	1	0	0	1	-238	78.5	0.65	0.00
3	0	0	1	2	-148	22.0	0.00	0.00
4	0	0	1	2	-27	22.0	1.75	0.00
5	1	0	0	2	-145	78.5	1.23	1.00
6	1	0	0	2	-138	78.5	1.26	1.06
7	0	0	1	2	-45	28.8	0.00	0.00
8	0	0	1	2	-29	28.8	1.91	0.00
9	1	0	0	2	-98	74.3	1.60	1.10
10	1	0	0	2	-18	74.3	2.13	1.87
11	1	0	0	2	-109	77.1	1.48	1.28
12	1	0	0	1	-25	68.3	1.98	1.75
13	0	1	0	2	-44	46.4	1.89	0.00
14	0	1	0	2	-73	46.4	0.00	0.00
15	1	0	0	2	-108	60.5	0.98	0.00
16	1	0	0	2	-195	77.1	1.15	0.90
17	0	1	0	1	-32	30.7	1.89	0.00
18	0	0	1	1	-29	40.0	1.63	1.34
19	1	0	0	3	-75	60.8	1.68	1.24
20	0	1	0	2	-68	39.7	0.00	0.00
21	0	0	1	2	-46	36.3	1.22	0.00
22	0	0	1	2	-40	18.1	1.26	0.00
23	1	0	0	2	-35	50.9	1.82	1.34
24	1	0	0	2	-8	50.9	1.98	1.68
25	1	0	0	3	-103	68.3	1.46	1.06
26	0	1	0	2	-28	35.3	2.16	0.00
27	1	0	0	2	-255	47.5	0.00	0.00
28	1	0	0	1	-112	47.5	1.08	0.74
29	1	0	0	2	-165	47.5	0.70	0.18
30	0	0	1	2	-112	22.0	0.00	0.00
31	1	0	0	1	5	70.4	2.31	2.06
32	1	0	0	1	-1	47.5	2.07	1.81
33	0	0	1	1	-4	36.3	2.27	0.00

Tabelle 1.2. Umweltdaten zu den 33 Vegetationsaufnahmen. Erläuterung der Kürzel: s. Tabelle 1.3

Tabelle 1.3. Kürzel und Erklärungen zu den Umweltdaten aus Tabelle 1.2. Die Skalenniveaus sind in Tabelle 2.1 erläutert

Kürzel	Name	Beschreibung	Skala
REZENT	rezente Aue	Bei Hochwasser überfluteter Bereich mit großen Wasserstandsschwankungen	nominal
ALT	Altaue	Durch Deiche von der rezenten Aue getrennter Auenbereich	nominal
RAND	Auenrand	Grenze der Aue zu anderen Naturräumen, häufig vermoort	nominal
INTENS	Intensität der Landnutzung	Drei Klassen → 1: sporadische Nutzung, 2: jährliche Nutzung (geringe Intensität), 3: jährliche Nutzung (hohe Intensität)	ordinal
MWS	Mittlerer Grundwasserstand [cm]	Über zwei Jahre aus Tageswerten gemittelter Wasserstand	ratio
STAB	Standardabweichung der Wassergang-Zeitreihe [cm]	Maß für die Größe der über zwei Jahre gemittelten Wasserstandsschwankungen	ratio
ÜFD	Überflutungsdauer Log[Tage/Jahr]	Logarithmus der über zwei Jahre gemittelten Überflutungsdauer	ratio
ÜF>50	Dauer von Wasserständen höher 50 cm über Flur Log[Tage/Jahr]	Logarithmus der über zwei Jahre gemittelten Werte	ratio

2 Statistische Grundlagen

2.1 Einführung in die Terminologie

Statistik befasst sich mit der Aufarbeitung und Darstellung größerer Datensätze. Diese bestehen aus **Objekten**, z. B. Vegetationsaufnahmen oder Fängen aus einer Falle. In der univariaten Statistik bezeichnet der englische Begriff *sample* einen ganzen Datensatz, bestehend aus mehreren Objekten oder **Stichprobeneinheiten** (*sample units*). In der multivariaten Statistik ist mit dem Begriff *sample* dagegen meist ein einzelnes Objekt bzw. eine einzelne Stichprobeneinheit gemeint. Dieser Terminologie schließen wir uns im Folgenden an, d. h. ein Objekt ist eine Stichprobeneinheit, also z. B. eine Vegetationsaufnahme oder ein Fallentag, was dann dem Englischen *sample* entspräche. Eine Stichprobe ist demgegenüber ein ganzer Datensatz.

Zu jedem Objekt gibt es Werte für eine oder mehrere **Variablen**. In unserem Zusammenhang sind die Variablen meist Arten, die Werte sind dann Abundanzen oder entsprechende Proxies, wie z. B. Artmächtigkeiten. Ein typischer Datensatz in der Ökologie ist die Art-Aufnahme-Matrix (*species by sample matrix*, Tabelle 1.1), also eine Tabelle, die aus Objekten (Aufnahmen, Fallenfängen, etc.) besteht, und in der für jedes Objekt Werte mehrerer Variablen (also meist Arten) stehen. Oft werden aber auch Umweltvariablen in die Analyse einbezogen, diese werden dann auch als **sekundäre Variablen** bezeichnet. Sie werden für die Verwendung in multivariaten Analysen meist in einer zweiten Datenmatrix abgelegt (Tabelle 1.2).

Statistische Auswertungen sind eigentlich erst dann möglich, wenn es **Wiederholungen** oder **Replikate** gibt. Deren Anzahl ist das berüchtigte *n*. Replikate sind nötig, denn biologische Phänomene sind individuell in dem Sinne, dass auch bei gleichen Rahmenbedingungen in der Regel Unterschiede zwischen den Objekten auftreten. Viele davon sind zufällig und (zumindest am Anfang der Auswertung) nur störendes **Rauschen**. Letzteres ist aber gerade bei multivariaten Daten oft ausgeprägt, und oft sind viele Replikate nötig, um aus dem Rauschen die für die Fragestellung wichtigen Unterschiede oder Zusammenhänge herauszufiltern. In Publikationen werden daher meist keine Einzelwerte, sondern **Mittelwerte** angegeben, die eine ganze Gruppe von Objekten beschreiben. Neben dem Mittelwert sind auch die **Standardabweichung** und die **Varianz** wichtige Kenngrößen. Sie beschreiben, wie stark die einzelnen Werte um den Mittelwert streuen.

Innerhalb der Statistik gibt es verschiedene Klassen von Verfahren. Ein Hauptzweig sucht nach Unterschieden zwischen bestehenden Gruppen, also z. B. zwischen den Artenzahlen in intensiv und extensiv beweideten Grünländern. Die Gruppen ergeben sich in der Regel aus dem Design des Experiments oder der Studie. Die zentrale Frage ist dabei, ob sich die Gruppen im Mittel unterscheiden, ob also Mittelwert und/oder Varianz deutlich unterschiedlich sind. Typische Verfahren für solche **Mittelwertvergleiche** sind *t*-Tests und **Varianzanalysen** (*analysis of variance*, **ANOVA**).

Gerade in stärker deskriptiv oder explorativ ausgerichteten Studien sind die Gruppen aber eben nicht von vornherein klar, sondern sollen erst gefunden werden. Ein typisches Beispiel sind Pflanzengesellschaften in der Vegetationskunde, die ja nicht einem starren Schema aus Lehrbüchern folgen, sondern sich aus den verfügbaren Vegetationsaufnahmen ergeben. Hier geht es um die **Klassifikation** von Daten, also um das Auffinden von Gruppen.

Bei einem weiteren Analyseprinzip geht es nicht um die Frage nach Unterschieden zwischen Gruppen, sondern um Art und Stärke des Zusammenhangs zwischen 2 Variablen. Dies sind Datensätze für einfache **Korrelations-** oder **Regressionsanalysen**; zu jedem Objekt liegen also 2 Werte vor. Ein Beispiel wäre die schon erwähnte Frage nach einer Korrelation von Größe und Gewicht bei Rennmäusen, ein anderes die Zunahme von pflanzlicher Biomasse mit steigender Wasserverfügbarkeit. Solche **Gradienten** sind von großer Bedeutung in der Ökologie, und darum sind Korrelationen und Regressionen auch in der multivariaten Statistik sehr wichtig. Sie sind grundlegend für eine ganze Familie von Verfahren, die **Gradientenanalysen** oder auch **Ordinationen** genannt werden.

2.2 Datentypen – Skalenniveaus

Daten können grundsätzlich unterschiedliche Qualität haben, womit hier nicht auf die Gründlichkeit der Bearbeiter angespielt werden soll; vielmehr geht es um prinzipielle Unterschiede (Tabelle 2.1). Schlichte Messwerte, z. B. Gewichtsmessungen, lassen alle Rechenoperationen zu. Eine 90.6 g schwere Rennmaus ist nicht nur schwerer als eine 30.2 g schwere Maus, sie ist genau 3mal so schwer. Anders formuliert, der Abstand zwischen 30.2 und 60.4 g ist genauso groß wie der Abstand zwischen 60.4 und 90.6 g, die Daten sind **intervallskaliert**. Da sie auch noch einen definitiven Nullpunkt haben, sind sie streng genommen sogar **ratio-(rational)skaliert**. Für intervall- und ratioskalierte Variablen wird auch der Begriff **quantitative Variablen** verwendet.

Das klassische Gegenbeispiel sind Schulnoten. Ein Schüler mit einer 2 in Englisch sollte zwar besser sein als ein Schüler mit der Note 4, er ist a- ber nicht automatisch doppelt so gut. Immerhin haben die Noten noch eine klare Reihenfolge, sie sind **ordinalskaliert**. Ein Beispiel für ordinalska- lierte Daten in der Ökologie sind die Ellenberg-Zeigerwerte der Standorts- ansprüche von Pflanzen (Ellenberg et al. 1992), die zwar eine klare Rei- henfolge haben, bei denen aber die Feuchtezahl 6 eben nicht doppelt soviel Wasserbedarf bedeutet wie die Feuchtezahl 3. Hier ist die Mittelwertbil- dung also problematisch, auch wenn in der Praxis die Mittelwerte dennoch meist gut interpretierbar sind (Diekmann 2003).

Den dritten Haupttyp schließlich bilden Gruppenvariablen. Menschen lassen sich mehr oder weniger problemlos nach dem Merkmal Haarfarbe einteilen, die Gruppen oder Kategorien können wir mit Zahlen benennen. So könnten wir dunkelhaarige Menschen willkürlich der Gruppe 1 zuord- nen, blonde der Gruppe 2, rothaarige der Gruppe 3. Es wäre aber falsch, wenn wir nun annähmen, dass die Gruppe 2 besser wäre als die Gruppe 1, und sie ist schon gar nicht doppelt so gut. Die Zahlen weisen in diesem Beispiel eben nicht auf eine mögliche Reihenfolge hin; sie sind nur Namen einer **nominalskalierten** Gruppenvariable. Das Gleiche gilt auch für eine binäre Gruppenvariable, wie z. B. das Geschlecht. Auch hier wäre es falsch anzunehmen, dass „männlich = 1" halb so viel wie „weiblich = 2" sei. Wir müssen also bei Variablen darauf achten, welche Skalierung, d. h. welches Skalenniveau sie haben.

Tabelle 2.1. Skalenniveaus von Daten

Skalierung	Eigenschaften	Beispiele
Nominal	Binär, nur zwei Niveaus oder	Geschlecht, Vorhandensein einer Art
	mehrere Ausprägungen	Haarfarbe, Geologischer Unter- grund
Ordinal	Reihenfolge/Ränge vor- handen	Schulnoten, Ellenberg- Zeigerwerte
Intervall	Abstände zwischen Wer- ten definiert	Temperatur-Messwerte [°C]
Ratio	Intervall, mit definiertem Nullpunkt	Gewichte, Längen

2.3 Korrelation

Mit Hilfe von Korrelationsanalysen können wir Aussagen zur Stärke eines Zusammenhanges von 2 Variablen X_1 und X_2 machen. Es bleibt jedoch im Gegensatz zur Regressionsanalyse offen, ob X_1 von X_2, X_2 von X_1 abhängt oder ob eine wechselseitige Abhängigkeit zwischen X_1 und X_2 vorliegt.

Wie lässt sich nun etwas über die Stärke des Zusammenhanges zwischen 2 Variablen aussagen? Hilfreich ist auf jeden Fall eine grafische Darstellung. Die Abb. 2.1a und b zeigen bivariable Verteilungen in einem Koordinatensystem mit 2 Achsen. Lässt sich durch diese Punktwolke eine Kurve legen und liegen die meisten Punkte nahe dieser Kurve, so haben wir es mit einem engen Zusammenhang, also einer starken Korrelation zu tun. Umgekehrt bedeutet eine schwache Korrelation, dass die meisten Punkte sehr weit oberhalb und unterhalb der Kurve liegen. Dies lässt sich aber auch genauer durch eine Maßzahl ausdrücken. Wir wollen das anhand des Spezialfalls der linearen Korrelation erläutern, d. h. die zu ermittelnde „Kurve" durch die Punktwolke soll eine Gerade sein. Ein Maß für die Stärke des Zusammenhanges der beiden Variablen ist der **Maßkorrelationskoeffizient r** nach Pearson:

$$r = \sum_{i=1}^{n}(x_i - \bar{x})(y_i - \bar{y}) / \sqrt{\sum_{i=1}^{n}(x_i - \bar{x})^2 \sum_{i=1}^{n}(y_i - \bar{y})^2} \qquad (2.1)$$

Dabei sind x_i und y_i die Werte der Variablen X und Y für das Objekt i, und n bezeichnet die Anzahl der Objekte. Wie allgemein üblich sind $\bar{x}$, $\bar{y}$ die arithmetischen Mittel, gebildet über alle n Objekte.

Der Korrelationskoeffizient r nimmt immer Werte zwischen -1 (perfekt negativ korreliert) und 1 (perfekt positiv korreliert) an; Korrelationskoeffizienten zwischen 0.7 und 1 (bzw. -0.7 und -1) zeigen tendenziell eine starke und zwischen 0.3 und 0.7 (-0.3 und -0.7) eine schwache Korrelation an. Korrelationskoeffizienten um 0 deuten an, dass 2 Variablen nicht miteinander korreliert sind (Bsp.: s. Abb. 2.3 a). Oft wird statt des Korrelationskoeffizienten r das **Bestimmtheitsmaß r^2** angegeben. Dieser Wert beschreibt die Stärke des Zusammenhangs in Prozent. Bei $r = 0.7$ und $r^2 = 0.49$ z. B. hängen 49 % der Unterschiede in der einen Variable direkt mit Unterschieden in der anderen Variablen zusammen.

Die Berechnung von r setzt voraus, dass wir quantitative Daten und einen annähernd linearen Zusammenhang zwischen beiden zu betrachtenden Variablen vorfinden. Das ist natürlich nicht immer der Fall, wie z. B. Abb. 2.2 a und 2.3 b zeigen. Die nichtlineare Korrelation aus Abb. 2.2 a kann allerdings durch Logarithmierung in eine lineare überführt werden (Abb. 2.2 b, Details s. Kap. 3).

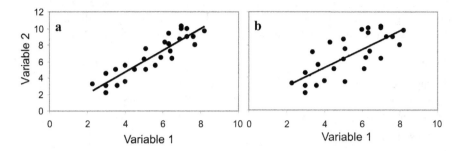

Abb. 2.1 a, b. Bivariable Verteilung von 2 Variablen. Die beiden Punktwolken lassen einen linearen Zusammenhang vermuten, wobei bei **a** ein stärkerer Zusammenhang ($r = 0.9$) als bei **b** anzunehmen ist ($r = 0.7$)

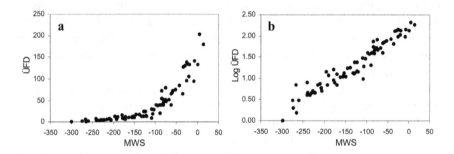

Abb. 2.2 a, b. Zusammenhang zwischen mittlerem Grundwasserstand (MWS) und Überflutungsdauer (ÜFD). **a** zeigt einen nicht-linearen Zusammenhang, der durch Logarithmierung in einen linearen überführt werden kann (**b**)

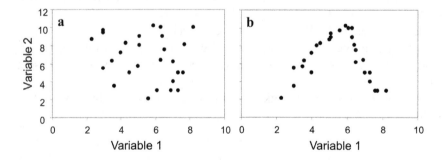

Abb. 2.3. a zeigt, dass Variable 1 und 2 in keinem Zusammenhang stehen, die Korrelation ist nahe Null. **b** zeigt eine nichtlineare Korrelation

Tabelle 2.2. Beziehung von Körngröße und Humusgehalt sowie die entsprechende Zuordnung von Rangplätzen für 11 Objekte. Die letzte Zeile stellt die Differenz der Ränge von Korngröße und Humusgehalt an den einzelnen Standorten dar

Objekt-Nr.	1	2	3	4	5	6	7	8	9	10	11	Σ
Korngröße	4	1	2	1	3	6	4	7	8	9	8	
Humusgehalt	4	2	3	3	4	1	5	3	5	5	4	
Korngröße (Rang)	5.5	1.5	3	1.5	4	7	5.5	8	9.5	11	9.5	66
Humusgehalt (Rang)	7	2	4	4	7	1	10	4	10	10	7	66
Differenz	1.5	0.5	1	2.5	3	-6	4.5	-4	0.5	-1	-2.5	

Häufig ist es angebracht, den **Rangkorrelationskoeffizienten R** nach Spearman zu benutzen; dieser kann auch für ordinalskalierte Daten verwendet werden. Hier muss der Zusammenhang zwischen 2 Variablen nicht linear sein, es reicht **Monotonie** (Abb. 2.2 a, aber nicht 2.3 b). Eine Funktion, bei der die aufeinander folgenden Werte nur größer werden oder mindestens konstant bleiben, ist monoton steigend, im gegenteiligen Fall ist sie monoton fallend.

Der Rangkorrelationskoeffizient beruht auf der Vergabe von Rangplätzen. Zur Erläuterung betrachten wir hier einen Datensatz mit $n = 11$ Objekten, bestehend aus 2 Umweltvariablen (Korngröße X_1 und Humusgehalt X_2), die ordinalskaliert sind (Tabelle 2.2).

Wir ermitteln zunächst die Rangplätze der Werte für jede Variable getrennt. Hierbei müssen wir auf so genannte **Bindungen** achten, also Fälle, bei denen 2 Objekte die gleichen Werte haben.

Standort 2 und 4 haben beide den niedrigsten Wert 1 für die Korngröße, was Rang 1 und 2 entspricht. Ihr Mittelwert ist $0.5 \cdot$ (Rang 1+2) = 1.5. Korngröße 2 am Standort 3 bekommt den nächst höheren Rang 3, Korngröße 3 am Standort 5 den Rang 4 zugeordnet. Korngröße 4 ist 2mal vorhanden und belegt die Ränge 5 und 6, d. h. der Wert ist $0.5 \cdot (5+6) = 5.5$. So wird jedem Wert der Korngröße und des Humusgehaltes ein Rang zugeordnet. Die Summe der Ränge muss für jede Variable $0.5 \cdot n \cdot (n+1)$ sein (hier: $0.5 \cdot 11 \cdot 12 = 66$).

Die Formel für den Rangkorrelationskoeffizienten R berechnet sich nach:

$$R = 1 - \frac{6 \sum\limits_{i=1}^{n} D_i^2}{n(n^2 - 1)}$$

(2.2)

Dabei stellt D die Differenz der Ränge für Korngröße und Humusgehalt dar. Für unseren Datensatz ist $R = 0.55$, ein Wert, den wir ähnlich wie den entsprechenden Maßkorrelationskoeffizienten interpretieren können. Das Gleiche gilt für den nahe verwandten, ebenfalls nichtparametrischen Kendalls τ („tau") Korrelationskoeffizienten, der gelegentlich auch verwendet wird, weil er weniger empfindlich gegen Bindungen ist (s. Sokal u. Rohlf 1995).

2.4 Regression

Regressionsanalysen spielen in der multivariaten Statistik speziell bei verschiedenen Ordinationsverfahren eine große Rolle. Aber auch darüber hinaus erfreuen sie sich in der Ökologie großer Beliebtheit, z. B. wenn das Verhalten von Arten in Beziehung zu (Umwelt-)Faktoren untersucht werden soll. Daher wollen wir die entsprechenden Verfahren im Folgenden etwas ausführlicher darstellen.

Mit Hilfe von Regressionsmodellen können wir die Abhängigkeit einer Variablen von einer oder mehreren erklärenden Variablen beschreiben. Je nachdem, ob abhängige und erklärende Variablen ratio- (inkl. intervall-) oder nominalskaliert sind, kommen dabei unterschiedliche statistische Methoden zur Anwendung, die als Regressionsanalysemethoden i. w. S. aufgefasst werden können (Tabelle 2.3). Ordinalskalierte Daten sind ein Sonderfall. Ter Braak u. Looman (1995) empfehlen, sie entweder als nominalskalierte Variablen (bei einer geringen Zahl an Klassen) oder bei einer größeren Klassenanzahl als ratioskalierte Daten zu behandeln. Letzteres ist in der Ökologie durchaus üblich, obwohl dies mathematisch nicht ganz korrekt ist, da die Abstände zwischen den einzelnen Ordinalklassen ja nicht definiert sind.

Tabelle 2.3. Methoden der Regressionsanalyse (i. w. S.) in Abhängigkeit vom Skalenniveau der Variablen

Abhängige Variable	erklärende Variable(n)	Methode
ratio	ratio	Regressionsanalyse i. e. S
ratio	ratio+nominal	Kovarianzanalyse
nominal	ratio	logistische Regressionsanalyse
nominal	ratio+nominal	logistische Kovarianzanalyse
ratio	nominal	Varianzanalyse
nominal	nominal	Kontingenztafel

Als Grundlage für verschiedene Ordinationstechniken ist v. a. die Regressionsanalyse i. e. S. wichtig, die hier genauer vorgestellt werden soll. Wir werden auch kurz das Verfahren der logistischen Regression erläutern und die Kovarianzanalyse streifen. Für detaillierte Erklärungen zu Varianzanalysen und Kontingenztafeln möchten wir z. B. auf Köhler et al. (2002), Jongman et al. (1995), Underwood (1997) und Crawley (2002; 2005) verweisen.

2.5 Lineare Regression

Bei einer Untersuchung wollen wir den Effekt der Bodenfeuchte X auf die Abundanz Y einer Art näher untersuchen ($n = 20$, Tabelle 2.4). Die abhängige Variable (Abundanz Y) ist quantitativ, die erklärende Variable (die Bodenfeuchte X) ordinalskaliert (8 Feuchteklassen). Für die Regressionsanalyse werden hier beide als ratioskalierte Variablen aufgefasst.

Tabelle 2.4. Rohdaten zur Berechnung der Abhängigkeit der Abundanz von der Bodenfeuchte, der Nutzungsintensität und dem Humusgehalt

Objekt-Nr.	1	2	3	4	5	6	7	8	9	10	11	12	13	14	15	16	17	18	19	20
Abundanz der Art	3	8	4	1	1	2	3	6	5	5	6	7	3	8	9	9	10	8	6	9
Feuchte	1	8	2	2	1	3	3	6	4	4	5	5	1	6	7	6	6	4	7	7
Nutzungsintensität	5	1	6	2	8	3	4	4	5	5	5	5	6	6	6	7	7	8	2	3
Humusgehalt	2	38	6	3	5	5	4	20	15	21	14	15	1	18	30	31	25	7	32	37

Die Punktwolke in Abb. 2.4 gibt bereits einen ersten Eindruck von der Beziehung der abhängigen zu der unabhängigen/erklärenden Variablen. Es ist die Tendenz zu erkennen, dass die Abundanz mit steigender Feuchte zunimmt. Gehen wir nun davon aus, dass es sich hier um einen linearen Zusammenhang handelt.

Der Verlauf einer Geraden, die am besten das Muster unserer Punktwolke beschreibt, lässt sich durch die Geradengleichung beschreiben:

$$y = a + bx \tag{2.3}$$

Dabei ist a der Achsenabschnitt (*intercept*), also der Schnittpunkt der Geraden mit der Y-Achse, d. h. der Wert für y, wenn $x = 0$ ist. Dagegen ist b die Steigung (*slope*), auch Regressionskoeffizient genannt. Kennen wir diese beiden Werte, können wir für jeden gegebenen Wert von x einen $\hat{y}$-Wert berechnen.

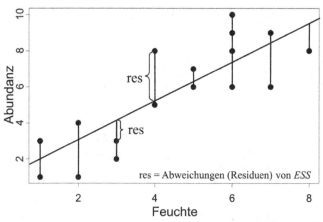

Abb. 2.4. Punktwolke des Abundanz-Feuchte-Datensatzes (nur 1 Symbol für identische Punkte) mit Regressionsgeraden der Gleichung $y = 0.9251 + 1.0738x$. Dargestellt sind die Abweichungen des beobachteten y-Wertes vom berechneten $\hat{y}$-Wert

Dies kann z. B. für Prognosen interessant sein: Wie ändert sich die Häufigkeit einer Art, wenn der Wasserstand steigt? Das Ziel ist es daher zum einen, die Werte von a und b zu berechnen; zum anderen muss die Güte des Regressionmodells überprüft werden. So kann mit Hilfe eines t-Tests geklärt werden, ob sich a und b signifikant von 0 unterscheiden und wie viel der Varianz in Y durch das gegebene Modell (also die Geradengleichung) erklärt wird.

Zur Berechnung von a und b wird i. d. R. die **Methode der kleinsten Quadrate** verwendet (*least squares*). Bei dieser Methode wird diejenige Ausgleichsgerade ermittelt, die am besten den Verlauf der Punktwolke in Abb. 2.4 erklärt. Das ist die Gerade, bei der die Summe der Abweichungsquadrate minimal wird. Abb. 2.4 verdeutlicht, was gemeint ist: Die Ausgleichsgerade geht durch die Punktwolke, jedem x-Wert wird damit ein berechneter $\hat{y}$-Wert zugeordnet. Die Abweichung eines beobachteten y-Wertes vom zugehörigen berechneten $\hat{y}$-Wert (beide haben den gleichen x-Wert) heißt **Residuum**. Diese Residuen werden quadriert und aufsummiert. Die Summe dieser Abweichungsquadrate, auch Fehlerquadrate genannt, nennen wir hier ***ESS*** (*error sum of squares*). Ihr Wert wird bei der Methode der kleinsten Quadrate minimiert:

$$ESS = \sum_{i=1}^{n}(y_i - \hat{y}_i)^2 \tag{2.4}$$

Dabei ist y der beobachtete Wert und $\hat{y}$ der berechnete Wert.

In unserem Fall ist $a = 0.9251$, $b = 1.0738$ (Tabelle 2.5) und $ESS = 43.23$. Jeder andere Wert für a und b würde zu einer größeren Summe der Abweichungsquadrate führen. Dies wird in Tabelle 2.6 gezeigt, in der b exemplarisch verändert wurde, was immer zu einem Anwachsen von ESS führt.

Tabelle 2.5. Parameterschätzungen und ANOVA-Tafel für die Abundanz-/Feuchte-Daten in Abb. 2.4.

Parameter	Wert	Std. Fehler	t-Wert	p
a (Intercept)	0.9251	0.7814	1.1839	0.2519
b (Feuchte)	1.0738	0.1592	6.7464	<0.0001

ANOVA-Tafel

Quelle	FG	SS	MS	F-Wert	p
Regression	1	RSS:109.3169	109.3169	45.5138	<0.0001
Residuen	18	ESS: 43.2331	2.4018		
Gesamt	19	TSS:152.5500			

Die Gleichungen, um a und b zu berechnen lauten:

$$a = \bar{y} - b\bar{x} \tag{2.5}$$

$$b = \sum_{i=1}^{n}(y_i - \bar{y})(x_i - \bar{x}) / \sum_{i=1}^{n}(x_i - \bar{x})^2 \tag{2.6}$$

Die Gleichung für b wird bei der Hauptkomponentenanalyse (Kap. 9) noch eine wichtige Rolle spielen.

b	ESS
-1.0000	2116.2
-0.5000	1237.1
0.0000	599.0
0.5000	202.0
1.0000	45.9
1.0738	43.2
1.1000	43.6
1.5000	130.8
2.0000	456.7
3.0000	1835.5

Tabelle 2.6. Veränderung der Summe der Fehlerquadrate (ESS) mit der Veränderung von b im Abundanz/Feuchte-Datensatz

Wie gut ist nun aber unser Modell? Eine Gerade durch eine Punktwolke zu legen, und a und b zu berechnen, so dass ESS minimal wird, funktioniert ja praktisch immer – also auch für Daten, die im Grunde dafür nicht geeignet sind (z. B. Abb. 2.3 a, b, 2.7). Wir müssen uns also fragen, wie viel der Gesamtstreuung in den Daten durch unser Modell erklärt wird; diese vergleichen wir mit dem unerklärten Anteil, der mit Hilfe von ESS

quantifiziert wird. Erklärt unser Modell also nur einen kleinen Teil der Gesamtstreuung, so wird die Summe der Abweichungsquadrate groß sein.

Wir können auch anders fragen: Ist die Steigung b signifikant von 0 verschieden? Andernfalls würde eine Änderung in X (Feuchte) keine Änderung in Y (Abundanz) bewirken. Das Modell unterscheidet sich dann nicht signifikant vom Null-Modell, das aus einer horizontalen Geraden durch den Mittelwert $\overline{y}$ besteht (Abb. 2.5). Mit Hilfe dieses Null-Modells können wir die Gesamtstreuung in den y-Werten ermitteln, die durch die Gesamtsumme der Fehlerquadrate zwischen beobachteten Werten y und dem Mittelwert $\overline{y}$ definiert ist und hier **TSS** (*total sum of squares*) genannt wird (Abb. 2.5):

$$TSS = \sum_{i=1}^{n} (y_i - \overline{y})^2 \tag{2.7}$$

In unserem Fall ist $TSS = 152.55$.

Damit ist die Gesamtstreuung in den Daten bekannt und auch der unerklärte Anteil, d. h. der Anteil, der durch unser Modell nicht erklärt wird. Es ist nun ein Leichtes, die Streuung zu ermitteln, die unser Regressionsmodell erklärt. Wir nennen sie **RSS** (*regression sum of squares*): $RSS = TSS-ESS$.

Dies ist exakt die Summe der Abweichungsquadrate der berechneten Werte $\hat{y}$ vom Mittelwert $\overline{y}$, in unserem Fall 109.32 (Abb. 2.6, Tabelle 2.5):

$$RSS = \sum_{i=1}^{n} (\hat{y}_i - \overline{y})^2 \tag{2.8}$$

RSS hat einen kleinen Wert oder ist 0, wenn $b = 0$ ist, d. h. kein linearer Trend in den Daten vorhanden ist. Anders gesagt, in diesem Fall ist *ESS* annähernd gleich *TSS* und entspricht der Gesamtstreuung in den Daten. Einen solchen Fall zeigt z. B. Abb. 2.7. Hier sind die Abundanzdaten in Beziehung zur Nutzungsintensität (ebenfalls eine 8stufige Skala) dargestellt. *RSS* (3.60) ist extrem klein im Vergleich zu *ESS* (148.95, Tabelle 2.7). *RSS* ist dagegen groß im Vergleich zu *ESS*, wenn das Regressionsmodell sehr viel von der Gesamtstreuung erklärt (Tabelle 2.5, *RSS* Feuchte: 109.32; *ESS*: 43.23).

Mit Hilfe des Varianzquotienten F (F-Test) im Rahmen der Varianzanalyse kann nun auch getestet werden, ob sich der berechnete F-Wert vom kritischen F-Wert (5 %-Signifikanzniveau) unterscheidet (Tabelle 2.5), d. h. ob *RSS* und damit b signifikant von 0 verschieden ist.

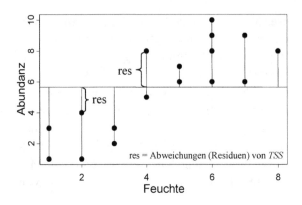

Abb. 2.5. Null-Modell (horizontale Linie) für den Abundanz-Feuchte-Datensatz. Dargestellt sind die Abweichungen der beobachteten y-Werte vom Mittelwert aller y-Werte

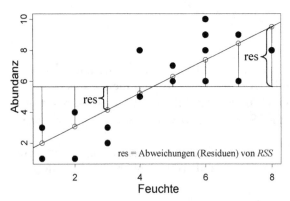

Abb. 2.6. Null-Modell (horizontale Linie) und Regressionsmodell für den Abundanz-Feuchte-Datensatz. Dargestellt sind die Abweichungen der berechneten $\hat{y}$-Werte vom Mittelwert aller y-Werte

Die Varianz von *RSS* und *ESS* berechnet sich durch die Summe der jeweiligen Quadrate, dividiert durch die Zahl der Freiheitsgerade, in der ANOVA-Tabelle i. d. R. als *MS* (*mean squares*) bezeichnet:

$$\text{Varianz } RSS: \quad \frac{RSS}{FG_{RSS}} = \frac{109.3169}{1} = 109.3169 \tag{2.9}$$

$$\text{Varianz } ESS: \quad \frac{ESS}{FG_{ESS}} = \frac{43.2331}{18} = 2.4018 \tag{2.10}$$

$$\text{Varianz-Verhältnis } F: \quad \frac{RSS / FG_{RSS}}{ESS / FG_{ESS}} = \frac{109.3169}{2.4018} = 45.5138 \tag{2.11}$$

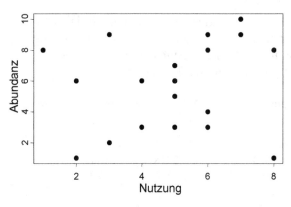

Abb. 2.7. Zusammenhang zwischen Nutzungsintensität (Nutzung, ordinalskaliert, 8 Stufen) als erklärende Variable und der Artabundanz

Dies ist weit höher als der kritische F-Wert 4.41, der die Signifikanz beschreibt. Solche kritischen F-Werte sind in statistischen Tabellen zusammengefasst, die für eine gegebene Kombination von Freiheitsgraden (hier 1 FG zu 18 FG), angeben, wie groß F bei einem gewünschten Signifikanzniveau (i. d. R. p < 0.05) mindestens sein muss. Folglich ist RSS und damit b signifikant von 0 verschieden (Tabelle 2.5).

Die entsprechenden Berechnungen für Abb. 2.7 sehen dagegen vollkommen anders aus (Tabelle 2.7). Der Anteil der Gesamtstreuung, den die Nutzung erklären kann (RSS = 3.60) ist sehr klein, ESS entsprechend groß. Der F-Wert beträgt hier 0.44, was bei weitem kleiner ist als der kritische Wert von 4.41. RSS und b sind damit nicht signifikant von 0 unterschieden; die Abundanzwerte Y können nicht direkt durch die Nutzungsintensität erklärt werden.

Ein Maß für die Güte der Beziehung ist außerdem das Bestimmtheitsmaß r^2: $r^2 = RSS/TSS$, dessen Wurzel dem schon vorgestellten Korrelationskoeffizienten r entspricht. r^2 liegt damit zwischen 0 und 1, wobei für r^2 = 0 kein Zusammenhang zwischen erklärender und abhängiger Variable vorliegt, bei 1 dagegen ein vollständiger Zusammenhang. Für die Beziehung der Artabundanz zur Feuchte ergibt sich r^2 = 0.72, also 72 %; für die Beziehung der Art zur Nutzungsintensität r^2 = 0.02, d. h. 2 %.

Es sei noch kurz darauf hingewiesen, dass sich mit der Berechnung des t-Wertes für a und b eine weitere Möglichkeit bietet zu testen, ob die Parameter signifikant von 0 verschieden sind (t-Test, z. B. Tabelle 2.5). Für unser Regressionsmodell Feuchte ergibt sich ein b, das signifikant von 0 verschieden ist, da der t-Wert, der sich aus dem Quotient aus Parameterschätzung und Standardfehler ergibt, mit 6.75 im Vergleich zum kritischen Wert (wiederum aus einer Tabelle entnommen: zweiseitig für FG = 18: 2.101) deutlich höher liegt. Der Standardfehler ist dabei der Quotient aus der Standardabweichung und der Wurzel von n. Dagegen ist der Wert für a nicht signifikant von 0 unterschieden (t-Wert: 1.18, Tabellenwert zweiseitig für $FG = 1$: 12.71). Die Regressionsgleichung könnten wir daher in diesem Fall zu $y = bx$ vereinfachen. Für das Regressionsmodell Nutzungsintensität ist, wie wir ja schon mittels F-Test festgestellt haben, b nicht signifikant von 0 verschieden, was sich auch im t-Test zeigt (Tabelle 2.7).

Tabelle 2.7. Parameterschätzungen und ANOVA-Tafel der Abundanz-Nutzungs-Daten von Abb. 2.7.

Parameter	Wert	Std. Fehler	t-Wert	p
a (Intercept)	4.5678	1.7624	2.5918	0.0184
b (Nutzung)	0.2209	0.3349	0.6596	0.5179

ANOVA-Tafel

Quelle	FG	SS		MS	F-Wert	p
Regression	1	RSS:	3.6001	3.6001	0.4351	0.5179
Residuen	18	ESS:	148.9499	8.2750		
Gesamt	19	TSS:	152.5500			

2.6 Multiple lineare Regression

Bisher haben wir die Beziehung einer abhängigen zu nur einer erklärenden Variablen mittels Regression analysiert. Eine Variable Y (z. B. eine Art) kann aber durchaus von mehreren erklärenden Variablen X_1, X_2,... abhängen. In der Ökologie ist das der Normalfall. Dies ist ein Fall für eine multiple lineare Regression, in der wir z. B. die Abundanz einer Art in Beziehung zu mehreren (engl. *multiple*) Einflussgrößen wie Feuchte und Nutzung analysieren. Die Erweiterung des Modells mit nur einer erklärenden Variablen (Geradenmodell) zu 2 Variablen ergibt eine Ebene im 3dimensionalen Raum. Die Gleichung lautet dann

$$y = a + b_1x_1 + b_2x_2 \tag{2.12}$$

wobei x_1 und x_2 die erklärenden Variablen sind, während a, b_1 und b_2 die zu schätzenden Parameter bzw. Regressionskoeffizienten repräsentieren.

Auch hier wird die Methode der kleinsten Quadrate angewendet, d. h. die Summe der Abweichungen der beobachteten von den berechneten Werten wird minimiert. Nur wird eben keine Gerade gesucht, die diese Summe der Quadrate minimiert, sondern eine Ebene (Abb. 2.8). Wir erhalten bei unseren Berechnungen die Schätzungen von a, b_1 und b_2, sowie verschiedene Kennwerte zur Abschätzung der Güte unseres Modells. Eine ANOVA-Tafel gibt Auskunft über RSS und ESS und Kennwerte zur Abschätzung der Signifikanz (Tabelle 2.8).

Tabelle 2.8. Parameterschätzungen und ANOVA-Tafel für den Datensatz Abundanz/Feuchte+Nutzung als Ergebnis einer multiplen linearen Regression

Parameter	Wert	Std. Fehler	t-Wert	p
a (Intercept)	-2.8414	0.8837	-3.2154	0.0051
b_1 (Feuchte)	1.2335	0.1066	11.5680	<0.0001
b_2 (Nutzung)	0.6253	0.1209	5.1745	0.0001

ANOVA-Tafel

Quelle	FG	SS	MS	F-Wert	p
Regression (Feuchte)	1	RSS: 109.3169	109.3169	110.6878	<0.0001
Regression (Nutzung)	1	RSS: 26.4437	26.4437	26.7752	<0.0001
Residuen	17	ESS: 16.7895	0.9876		
Gesamt	19	TSS :152.5500			

Es zeigt sich, dass sowohl die Feuchte als auch die Nutzung Regressionskoeffizienten besitzen, die signifikant von 0 verschieden sind (vgl. t-Wert). Wir wissen bereits, dass die Feuchte einen großen Anteil (RSS = 109.32) der Gesamtstreuung (TSS = 152.55) erklärt, ESS ist daher entsprechend niedrig (43.23, s. Tabelle 2.5). Ziehen wir noch den Anteil ab, den die Variable Nutzung zusätzlich liefert (RSS = 26.44), erhalten wir für ESS einen deutlich kleineren Wert (16.79). Trägt das Hinzufügen der Variable Nutzung in unser Regressionsmodell aber auch signifikant zur Modellverbesserung bei? Die Berechnung des Varianzquotienten F ist auch hier die Methode der Wahl zur Beantwortung dieser Frage. Er beträgt 26.78 (Tabelle 2.8). Dies ist höher als der kritische F-Wert 4.45 (1 FG zu 17 FG, 5%-Level). Das Hinzufügen der Nutzung bringt also einen signifikanten Zuwachs an erklärter Varianz.

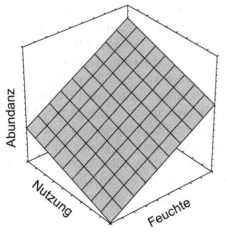

Abb. 2.8. Durch multiple Regression abgeleitete Ebene mit den 2 erklärenden Variablen Feuchte und Nutzung sowie der abhängigen Variable Artabundanz

Tabelle 2.9. Parameterschätzungen und ANOVA-Tafel für das Regressionsmodell des Abundanz/Humus-Datensatzes

Parameter	Wert	Std. Fehler	t-Wert	p
a (Intercept)	2.6805	0.6833	3.9228	0.0010
b (Humus)	0.1805	0.0335	5.3815	<0.0001

ANOVA-Tafel

Quelle	FG	SS	MS	F-Wert	p
Regression	1	RSS: 94.0776	94.0776	28.9606	<0.0001
Residuen	18	ESS: 58.4724	3.2485		
Gesamt	19	TSS:152.5500			

Wir haben es also mit einem Beispiel zu tun, bei dem für eine Variable X_2, hier Nutzung, einzeln keine signifikante Beeinflussung auf die Abundanz der Art nachgewiesen werden kann (Tabelle 2.7). In Kombination mit einer anderen erklärenden Variable X_1, hier Feuchte, lässt sich dagegen ein signifikanter Einfluss der Nutzung ableiten. Ein möglicher Grund für dieses Ergebnis könnte sein, dass ein Haupteinflussfaktor, in diesem Fall die Feuchte, den nicht so starken Effekt einer anderen Variablen, der Nutzung, überdeckt. In diesem Fall können **partielle Analysen** Aufschluss über die ansonsten verdeckten Auswirkungen von Nebenfaktoren geben (s. unten).

Aber auch der gegenteilige Fall ist denkbar: Für eine Einzelvariable kann ein Effekt auf eine Art nachgewiesen werden, in Kombination mit einer anderen Variable ist dieser aber bedeutungslos. Das ist immer dann der Fall, wenn beide Variablen eng miteinander korreliert sind, d. h. redundante Information repräsentieren.

So ist der Humusgehalt des Bodens in unserem Beispiel eng mit der Feuchte korreliert (Tabelle 2.4, ratioskaliert), der Maßkorrelationskoeffizient r ist 0.92 (Berechnung nicht dargestellt). Entsprechend gut ist ein Regressionsmodell mit Humus (statt Feuchte) als alleiniger erklärender und Abundanz der Art als abhängiger Variable (Tabelle 2.9). Tabelle 2.10 zeigt nun, was passiert, wenn wir Feuchte und Humus nacheinander in ein Modell einfügen und eine multiple Regression durchführen. Die Steigung b_2 für den Humuseffekt ist nicht von 0 unterschieden, und Humus erklärt keinen signifikanten Anteil an der Gesamtvarianz in den Daten. RSS_{Humus} fällt von 94.08 im Modell, in das Humus allein eingeht, auf 0.01 im multiplen Modell ab. Dies liegt darin begründet, dass ein großer Teil der Varianz, für die die Variable Humus Rechnung trägt, schon von der Variable Feuchte erklärt wird. Im Gegensatz zur Nutzung hat der Humus keinen eigenen, über die Feuchte hinausgehenden Effekt auf die Artabundanz.

Tabelle 2.10. Parameterschätzungen und ANOVA-Tafel für den Datensatz Abundanz/Feuchte+Humus als Ergebnis einer multiplen linearen Regression

Parameter	Wert	Std. Fehler	t-Wert	p
a (Intercept)	0.9543	0.9286	1.0277	0.3185
b_1 (Feuchte)	1.0490	0.4283	2.4490	0.0255
b_2 (Humus)	0.0049	0.0776	0.0628	0.9507

ANOVA-Tafel

Quelle	FG	SS	MS	F-Wert	p
Regression (Feuchte)	1	RSS:109.3169	109.3169	42.9952	<0.0001
Regression (Humus)	1	RSS: 0.0100	0.0100	0.0039	0.9507
Residuen	17	ESS: 43.2231	2.5425		
Gesamt	19	TSS:152.5500			

Dieses Ergebnis macht auch deutlich, dass es bei der multiplen Regression darauf ankommt, in welcher Reihenfolge die erklärenden Variablen in das Modell aufgenommen werden. Hätten wir zuerst Humus und dann die Feuchte in das Modell eingefügt, hätte Humus den hohen Anteil an der Gesamtvarianz erklärt, den es auch im Einzelmodell erklärt (94.08), der erklärende Anteil der Feuchte wäre aber stark gesunken ($RSS_{Feuchte}$ wäre von 109.32 auf 15.25 gefallen). Ob jetzt nun der Humus oder die Feuchte die Variable ist, die den stärkeren Effekt auf die Abundanz der Art hat, lässt sich bei stark korrelierten Variablen nicht ableiten. Dieses Problem wird als **Multikollinearität** bezeichnet, das in allen statistischen Analysen auftreten kann; hier ist externes Wissen, z. B. über die Biologie der untersuchten Art, nötig.

Die Methode des sukzessiven Hinzufügens von Variablen in ein Regressionsmodell findet häufig Verwendung, wenn wir eine große Anzahl erklärender Variablen haben. Wir beginnen dann mit dem **Null-Modell** und fügen schrittweise Variablen in das Modell ein (*forward selection*). Wenn die hinzugefügte Variable einen zusätzlichen signifikanten Varianzanteil erklärt, wird sie im Modell belassen, ansonsten wird sie wieder herausgenommen. Redundante Variablen, d. h. Variablen, die keinen selbstständigen Erklärungsanteil liefern, weil sie entweder stark kollinear zu bereits eingefügten Variablen sind bzw. überhaupt nicht mit der abhängigen Variable in Beziehung stehen, werden so herausgefiltert. Am Ende steht dann ein Regressionsmodell, das nur aus Variablen besteht, die auch wirklich einen eigenen Erklärungsanteil liefern. Jedes Herausnehmen einer Variablen aus der Gleichung ist dann mit einem signifikanten Anstieg der unerklärten Varianz verbunden. Dieses Modell wird als **minimales angemes-**

senes Modell (*minimum adequate model*) bezeichnet. Gleichermaßen können zuerst alle erklärenden Variablen in ein sog. **vollständiges Modell (*full model*)** eingebunden werden, Schritt für Schritt werden dann die einzelnen Variablen herausgenommen, bis das minimale angemessene Modell generiert ist. Zu beachten ist aber auch hier das Problem der Multikollinearität: Die Reihenfolge der eingegebenen Variablen kann über deren Wichtigkeit im Modell entscheiden, was aber nichts mit der biologischen Bedeutung der Variablen zu tun haben muss (James u. McCulloch 1990)!

2.7 Unimodale Modelle – die Gauß'sche Regression

Bisher haben wir lineare Modelle erzeugt, um Artreaktionen abzubilden. Aber Arten verhalten sich bei weitem nicht immer linear entlang von Umweltgradienten, im Gegenteil, gerade bei sehr langen Gradienten müssen wir häufig mit **unimodalen** Artreaktionen rechnen. Das heißt, die Abundanzen der Arten steigen und fallen entlang eines Umweltgradienten und besitzen irgendwo ein Optimum, an dem ein Abundanzmaximum zu verzeichnen ist. Die entsprechende Erweiterung des linearen Modells wäre eine Parabel, die wir erhalten, wenn wir der Geradengleichung einen quadratischen Term hinzufügen:

$$y = a + b_1 x + b_2 x^2 \tag{2.13}$$

Auch hier können wir die Methode der kleinsten Quadrate anwenden und erhalten für den Datensatz aus Abb. 2.9 neben dem Schnittpunkt mit der Y-Achse a und dem Regressionskoeffizienten b_1 auch den Koeffizienten b_2, der uns Aufschluss darüber gibt, ob das Modell besser wird, wenn ein quadratischer Term hinzugefügt wird (t-Test). Der Vergleich des linearen Modells mit dem entsprechenden unimodalen Pendant ergibt in unserem Beispiel, dass letzteres bei Weitem besser die Varianz in den Daten erklären kann (ANOVA-Tafel, Tabelle 2.11). Der F-Wert ergibt sich dabei nach der Gleichung:

$$F = [(ESS_1\text{-}ESS_2) / (FG_1\text{-}FG_2)] / (ESS_2/FG_2) \tag{2.14}$$

ESS_1 und FG_1 sind hier die Terme für das lineare Modell, ESS_2 und FG_2 die Terme für das unimodale Modell.

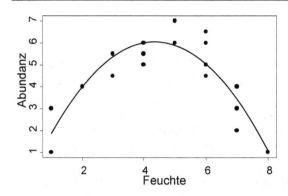

Abb. 2.9. Parabel als Regressionsmodell für die Beziehung zwischen der Abundanz einer Art und der Bodenfeuchte

Tabelle 2.11. Parameterschätzungen für den Datensatz aus Abb. 2.9 für das unimodale Modell und Summe der Fehlerquadrate (*ESS*) für beide Modelle

Parameter	Wert	Std. Fehler	t-Wert	p
a (Intercept)	-1.5546	1.0064	-1.5447	0.1408
b_1 (Feuchte)	3.3524	0.5433	6.1706	<0.0001
b_2 (Feuchte^2)	-0.3764	0.0629	-5.9878	<0.0001

Modell	*FG*	*ESS*	*F*-Wert	p
Feuchte	18	71.8890		
Feuchte+Feuchte^2	17	23.1223	35.8543	<0.0001

Genau genommen sind die Artreaktionen in Abb. 2.9 allerdings ein Sonderfall. Artdaten weisen oft eine hohe Anzahl Null-Werte auf, sowohl an den von der Art nicht mehr tolerierten Enden des Umweltgradienten als auch in Bereichen, in denen wir das Optimum vermuten. Das ist ein grundsätzliches Problem in der Ökologie: Das Vorkommen einer Art an einem bestimmten Punkt in einem Gradienten zeigt zwar an, dass die entsprechenden Werte toleriert werden; ein Nichtvorkommen sagt aber nicht zwingend aus, dass die Art bei dem entsprechenden Wert nicht vorkommen könnte. Das ist das Problem der **asymmetrischen Bedeutung** von Artwerten; wir werden darauf noch etwas ausführlicher in Kapitel 4 (Ähnlichkeitsmaße) zurückkommen.

Es gibt eine Vielzahl von Ursachen, weshalb bei an sich passenden Werten des betrachteten Umweltgradienten Arten nicht vorkommen; z. B. Unterdrückung durch andere ungeeignete Umweltfaktoren, biotische Interaktionen wie Konkurrenz oder Prädatorendruck, Ausbreitungsschranken etc. Das generalisierte, also allgemeine Modell von Artverteilungen entlang eines Umweltgradienten ist daher nicht die Parabel, sondern die sog. Gauß'sche Antwortkurve (Abb. 2.10). In ihrer allgemeinen Form wird sie nach folgender Formel beschrieben:

$$y = c \exp(-0.5(x-u)^2 / t^2) \qquad (2.15)$$

Die ökologisch wichtigen Parameter sind das Abundanz-Maximum c, das Optimum u des Gradienten und die Toleranz t (nicht zu verwechseln mit der t-Verteilung im t-Test).

Zur Berechnung dieser Parameter ist das Parabelmodell jedoch wieder wichtig: Die Anpassung einer Parabel an logarithmierte Abundanzwerte entspricht der Anpassung eines Gauß'schen Antwortmodells an die Ursprungsdaten.

Logarithmieren wir also die ursprünglichen Abundanzdaten, können wir eine Parabel als Regressionsmodell nutzen (Gleichung 2.13). Die Modellparameter a, b_1 und b_2 können dann zur Berechnung von u, t und c des Gauß'schen Modells herangezogen werden:

$$u = -b_1 / (2b_2) \qquad (2.16)$$

$$t = 1 / \sqrt{(-2b_2)} \qquad (2.17)$$

$$c = \exp(a + b_1 u + b_2 u^2) \qquad (2.18)$$

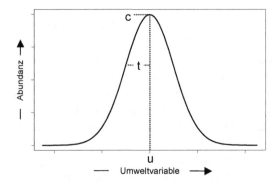

Abb. 2.10. Gauß'sche Glockenkurve als Art-Antwort-Kurve mit den ökologisch relevanten Parametern Optimum (u), Maximum (c) und Toleranz (t)

2.8 Logistische und Gauß'sche logistische Regression

Wie oben aufgeführt, fehlt eine Art häufig auch an Standorten, die bzgl. der untersuchten Umweltvariablen in ihrem Optimalbereich liegen; und wenn die Art vorhanden ist, hängt ihre Häufigkeit nicht nur von den zu untersuchenden Umweltgradienten, sondern maßgeblich auch von den o. g. Faktoren und Prozessen ab. Häufig ist es daher sinnvoller, nicht die Abundanzdaten in Beziehung zum Gradienten zu analysieren, sondern nur das Vorkommen/Nichtvorkommen zu betrachten, d. h. Präsenz/Absenz-Daten zu verwenden. So verzichten wir zwar auf einen Teil der Information, gleichzeitig vermindern wir aber auch das nicht interpretierbare Rauschen in den Daten. Damit werden ordinal- und ratioskalierte abhängige Variablen (z. B. Deckungsgradklassen, Abundanzen etc.) in nominalskalierte überführt. Die entsprechende Analyse wird **logistische Regression** genannt, sofern ratioskalierte Daten als erklärende Umweltvariablen vorliegen (Tabelle 2.3).

Die abhängige Variable kann also nur die Werte 1 (z. B. Vorkommen) oder 0 (Nichtvorkommen) annehmen. Das Regressionsmodell kann daher auch keine Abundanzen in Abhängigkeit von X mehr prognostizieren, sondern Vorkommenswahrscheinlichkeiten, also Werte zwischen 0 und 1. Die für die Berechnung des Modells nötige Linearisierung erfolgt über eine sog. Logit-Transformation der Vorkommenswahrscheinlichkeit p:

$$\ln(\frac{p}{1-p}) = a + bx$$

(2.19)

Durch Umformung erhalten wir für p die Formel:

$$p = \frac{\exp(a+bx)}{1+\exp(a+bx)}$$

(2.20)

Das entsprechende Modell zeigt einen sigmoiden Kurvenverlauf (Abb. 2.11 a).

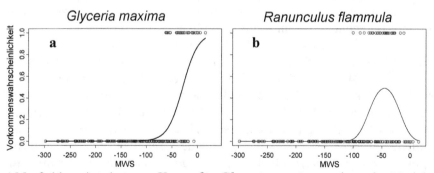

Abb. 2.11. a Art-Antwort-Kurve für *Glyceria maxima* entlang der Variable mittlerer Grundwasserstand (sigmoider Kurvenverlauf); **b** Art-Antwort-Kurve für *Ranunculus flammula* (Gauß'sche Art-Antwort-Kurve)

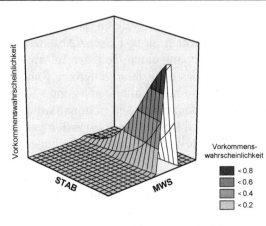

Abb. 2.12. Ergebnis der (Gauß´schen) logistischen Regression mit den erklärenden Parametern mittlerer Wasserstand (MWS, unimodal) und Wasserstandsschwankungsgradient (STAB, linear) und der Vorkommenswahrscheinlichkeit für *Caltha palustris* als abhängiger Variable

Allgemein wird der Regressionsterm (hier: $a + bx$) als ***linear predictor*** bezeichnet. Dieser *linear predictor* lässt sich an die Daten anpassen. Wird ein unimodales Artverhalten vermutet, wird dem *linear predictor* ein quadratischer Term hinzugefügt ($a + b_1x + b_2x^2$, Abb. 2.11 b), bei mehreren erklärenden Variablen werden diese dem Term hinzugefügt ($a + b_1x_1 + b_2x_2 + ... + b_ix_i$, z. B. Abb. 2.12 mit 2 Variablen). Wollen wir auf Interaktion testen, wird ein Interaktionsterm eingesetzt ($a + b_1x_1 + b_2x_2 + b_3x_1x_2$; Details: s. unten).

Die Parameterschätzung für den Datensatz aus Abb. 2.11 a (*Glyceria maxima*) zeigt Tabelle 2.12. Durch den Vergleich mit dem Null-Modell kann die Güte des Modells abgeschätzt werden (Devianztafel). Allerdings werden natürlich nicht die Abweichungsquadrate der beobachteten und berechneten Abundanzen (*ESS*) aufsummiert, um abzuschätzen, wie gut oder schlecht unser Modell ist. Der Summe der Fehlerquadrate entspricht in der logistischen Regression die sog. **Restdevianz** (*RD*, engl. *residual deviance*). Ihre Berechnung ist ein wenig komplizierter als die von *ESS;* hier sei auf die Ausführungen von Crawley (2002) verwiesen. Sie ist der Teil der **Gesamtdevianz** des Null-Modells (*TD*, engl. *total deviance*), der nicht von unserem Modell erklärt wird. Die Differenz zwischen Gesamtdevianz und Restdevianz ergibt die **erklärte Devianz** (*ED*, engl. *explained deviance*). In der Regel wird mit Hilfe des Chi-Quadrat-Tests die vom Modell erklärte Devianz auf Signifikanz getestet. Hier z. B. ist *ED* mit 81.66 wesentlich größer als der entsprechende Tabellenwert bei einem Signifikanzniveau von $p < 0.0001$: $\chi^2_{0.0001}$ ($FG = 1$) = 15.14. Der mittlere Grundwasserstand MWS erklärt hier 81.66/177.93 = 45.89 % der Gesamtdevianz (Tabelle 2.12).

Tabelle 2.12. Parameterschätzungen und Devianztafel für den Datensatz aus Abb. 2.11 a (*Glyceria maxima*)

Parameter	Wert
a (Intercept)	1.9560
b (MWS)	0.0677

Devianztafel

Modell	*FG*	Devianz	*p*
Null	205	*TD*: 177.9266	
MWS	1	*ED*: 81.6603	<0.0001
Residuen	204	*RD*: 96.2664	

Logistische Regressionen erfreuen sich als Basis für Habitatmodelle in der Landschaftsökologie und Naturschutzbiologie immer größerer Beliebtheit. Hierbei werden die Beziehungen zwischen Arten und ihrem Lebensraum mit Hilfe logistischer Regressionen modelliert, um die Effekte von Lebensraumänderungen auf das Vorkommen von Arten zu prognostizieren. Die Verknüpfung mit Geografischen Informationssystemen (GIS) ermöglicht dabei eine räumliche Bilanzierung von Art-Umwelt-Veränderungen. Einen guten Überblick über die Vorgehensweise liefert z. B. die Dissertation von Schröder (2000).

2.9 Interaktionen

In Regressionen mit mehreren erklärenden Variablen können die Effekte dieser Variablen Interaktionen zeigen. Bei einer Regression mit 2 Variablen bedeutet dies, dass der Effekt der einen Variablen – z. B. auf die A-bundanz einer Art – vom Wert einer anderen abhängt. Die Abb. 2.13 und 2.14 sollen dies verdeutlichen. Sie zeigen die Veränderung der Abundanzen Y zweier Arten 1 und 2 in Abhängigkeit von 2 Variablen ($n = 38$). Dies ist zum einen die Feuchte, die wir hier als ratioskalierte Variable behandeln und zum anderen der Boden, hier eine nominalskalierte Variable mit 2 Kategorien Sand und Ton. Genau genommen handelt es sich beim Hinzufügen einer nominalen Variable nicht mehr um eine multiple lineare Regression i. e. S, denn es wird für jede Kategorie, hier für Sand und für Ton, ein eigenes Regressionsmodell entwickelt. Diese Analyse wird **Kovarianzanalyse** genannt (Tabelle 2.3) und unterscheidet sich etwas von der beschriebenen Vorgehensweise der Regression (s. hierzu z. B. Crawley 2002).

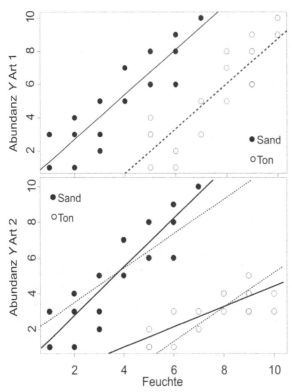

Abb. 2.13. Abundanz Y der Art 1 in Beziehung zur Feuchte auf Sand- und Tonboden. Die beiden erklärenden Variablen zeigen keine Interaktionen

Abb. 2.14. Abundanz Y der Art 2 bzgl. der Feuchte auf Sand- und Tonboden. Die erklärenden Variablen zeigen Interaktionen von Effekten. Regressionsgerade ohne und mit Einbeziehung eines Interaktionsterms (ohne: gestrichelte Linie, mit: durchgezogene Linie)

Abbildung 2.13 zeigt, dass die Kombination Feuchte und Boden keine Interaktion von Effekten auf die Abundanz Y der Art 1 aufweist. Zwar spielt neben der Feuchte auch die Bodenart eine Rolle (auf Sandboden werden bei gleicher Feuchte höhere Abundanzen erreicht), die Reaktionen der Art laufen für die beiden Bodenarten Sand und Ton aber parallel. Eine Erhöhung der Bodenfeuchte hat dabei sowohl bei Sand als auch bei Ton eine gleich große Abundanzerhöhung der Art 1 zur Folge. Anders sieht das Ganze für die Abundanz der Art 2 aus (Abb. 2.14). Die Reaktion der Art bezgl. Feuchte hängt von der Bodenart ab; hier bewirkt die gleiche Erhöhung der Bodenfeuchte ungleiche Zunahmen der Abundanzen bei Sand und Ton. Würden wir nun die multiple Regression ohne Interaktion ansetzen, wäre die Modellanpassung nicht optimal (gestrichelte Linien), was sich u. a. in einer relativ großen Summe der Abweichungsquadrate *ESS* zeigen würde.

Um diesem Problem Rechnung zu tragen, fügen wir einen Interaktionsterm in das Regressionsmodell ein:

$$y = a + b_1x_1 + b_2x_2 + b_3x_1x_2 \qquad (2.21)$$

Die Signifikanz der Interaktion kann z. B. mit dem t-Wert getestet werden, d. h. es wird geprüft, ob $b_3 = 0$ ist oder nicht. Eine andere Möglichkeit bietet der F-Test, der prüft, ob das Modell ohne Interaktion signifikant weniger Varianz erklärt als jenes mit Interaktion. Den entsprechenden F-Wert ermitteln wir wie oben nach der Gl. 2.14.

Für das Modell in Abb. 2.13 ergibt sich dann $F = 0.03$ (nicht signifikant). Es bestätigt sich also, dass die Interaktion keine Rolle spielt (Tabelle 2.13 a).

Tabelle 2.13. Summe der Fehlerquadrate (*ESS*) ohne und mit Interaktionsterm. **a** für die Abundanz Y der Art 1 (vgl. Abb. 2.13), **b** für die Art 2 (vgl. Abb. 2.14)

a Modell	FG	ESS	F-Wert	p
Feuchte + Boden (ohne)	35	59.3984		
Feuchte + Boden (mit)	34	59.3467	0.0296	0.8643

b Modell	FG	ESS	F-Wert	p
Feuchte + Boden (ohne)	35	54.1626		
Feuchte + Boden (mit)	34	35.3058	18.1594	0.0002

Für das Modell in Abb. 2.14 ist $F = 18.16$ (hoch signifikant, Tabelle 2.13 b). Damit bestätigt sich der Eindruck aus Abb. 2.14, dass der Effekt der Bodenfeuchte auf die Abundanz der Art 2 stark von der Bodenart abhängt.

Ein weiteres Beispiel für Wechselwirkungen ist in Abb. 2.15 zu sehen, wo die Vorkommenswahrscheinlichkeit von *Alopecurus pratensis* in Beziehung zu 2 ratioskalierten Variablen, dem Wasserstandsschwankungsgradienten STAB (linear) und dem mittleren Grundwasserstand MWS (unimodal), untersucht wurden (Abb. 2.15, Leyer 2005, *linear predictor* mit Interaktionsterm, s. S. 28). Auch hier zeigen sich Interaktionen: Bei großen Wasserstandsschwankungen (hohe STAB-Werte) hat *Alopecurus pratensis* ein weit niedrigeres Optimum bzgl. des mittleren Grundwasserstandes als bei geringen Schwankungen. Dieser Effekt konnte durch das Einfügen eines Interaktionsterms in die logistische Regression aufgedeckt werden.

Die Beispiele machen deutlich, dass Interaktionen von erklärenden Variablen eine große Rolle für die Interpretation der Art-Umwelt-Beziehungen spielen können. Häufig werden diese bei Regressions- und auch Ordinationsanalysen aber ignoriert, schon allein deswegen, weil bei einer Vielzahl von erklärenden Variablen eine horrende Zahl an Interaktionen zu testen wäre. Dass Interaktionen aber immer vorhanden sein können, sollte man bei der Interpretation der Ergebnisse berücksichtigen.

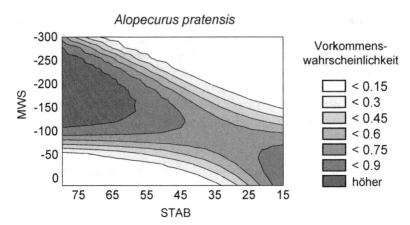

Abb. 2.15. Vorkommenswahrscheinlichkeit von *Alopecurus pratensis* in Beziehung zum Wasserstandsschwankungsgradienten STAB und dem mittleren Grundwasserstand MWS. Die beiden Parameter zeigen Interaktionen von Effekten (Leyer 2005)

2.10 Gewichtetes Mittel

Bisher haben wir Regressionsmethoden verwendet, um das Optimum einer Art entlang eines Gradienten abzuschätzen. In der Ökologie gibt es seit langer Zeit ein weiteres Verfahren zur Berechnung dieses Wertes, das sich v. a. durch seine Einfachheit auszeichnet: Das ist die Berechnung des **gewichteten Mittels** (engl. *weighted average*, *WA*). Verhält sich eine Art entlang eines Gradienten unimodal, so tritt sie mit der größten Abundanz (oder der größten Wahrscheinlichkeit) in der Nähe ihres Optimums auf. Eine gute Schätzung dieses Optimums ist dann durch das gewichtete Mittel (*GM*) der Umweltvariablenwerte gegeben:

$$GM_k = \sum_{i=1}^{n} x_i y_{ki} \Big/ \sum_{i=1}^{n} y_{ki} \tag{2.22}$$

Mit anderen Worten, die Abundanz y jeder Art k in einem Objekt i wird mit dem jeweiligen Wert der Umweltvariablen x_i multipliziert, und zwar über alle Aufnahmen, in denen die Art vorkommt. Dann werden diese Produkte aufsummiert, und die Summe wird durch die Summe aller Abundanzen der Art geteilt (Tabelle 2.14).

Tabelle 2.14. Berechnung des gewichteten Mittelwertes *GM* einer Art für Gehalte von organischer Substanz [%] an *n* = 9 (hypothetischen) Aufnahmepunkten

Objekt-Nr.	1	2	3	4	5	6	7	8	9	*GM*
Abundanz	0	5	5	9	8	7	2	0	0	
Org. Substanz	3.5	4.0	4.5	5.0	5.5	6.0	6.5	7.0	7.5	$\frac{(4.0 \cdot 5 + 4.5 \cdot 5 + ...)}{36} = 5.18$

Allerdings kann die Methode zu Fehlschlüssen führen, wenn bestimmte Voraussetzungen nicht erfüllt sind (ter Braak u. Looman 1995). Die wichtigste ist, dass die Verteilung der Umweltvariablenwerte über die Gradientenspannweite möglichst gleichmäßig sein muss, da Objekte mit Null-Werten (d. h. solche, in denen die Arten eine Abundanz = 0 haben) nicht mit in die Berechnung einbezogen werden. Das verdeutlicht Tabelle 2.15 a; sie zeigt das Vorkommen und Fehlen zweier Arten entlang der Variable Humusgehalt. Jeder Humusgehalt-Wert wird durch 3 Objekte repräsentiert. Art 1 zeigt immer bei Humusgehalten zwischen 5 und 7 % ein Vorkommen, Art 2 immer zwischen 6 und 6.5 %. Das gewichtete Mittel und damit das geschätzte Optimum beträgt dann für die erste Art 6.0 % Humusgehalt, für die zweite 6.25 %. Bei einer weniger homogenen Verteilung der Humusgehalte innerhalb der Objekte kann es nun zu deutlichen Abweichungen von den berechneten gewichteten Mitteln kommen, die sogar dazu führen können, dass sich die gewichteten Mittel umkehren (Tabelle 2.15 b): Nicht Art 1, sondern Art 2 hat nun das niedrigere Optimum (Art 1: 6.38 %; Art 2: 6.07 %).

Wie ist das gewichtete Mittel von Arten, die überhaupt nicht mit einem bestimmten Umweltgradienten in Beziehung stehen, d. h. z. B. entlang des gesamten oder des größten Teiles des Gradienten ein Vorkommen haben? Hier kommen wir zu einem weiteren Problem. Das gewichtete Mittel würde nämlich einen ähnlichen Wert annehmen wie das Mittel für eine Art, deren Vorkommen eng an den mittleren Bereich eines Gradienten gebunden ist. Es lässt sich aus gewichteten Mittelwerten, die im mittleren Bereich eines Gradienten liegen, allein also keine Aussage über die Habitatansprüche einer Art machen.

Trotz dieser Schwierigkeiten ist der gewichtete Mittelwert sehr gut geeignet, bei Artgemeinschaftsdaten die grundlegende Struktur der Daten aufzudecken, solange die Arten ein unimodales Verhalten entlang der Umweltvariablen zeigen. Dieser Ansatz findet daher als Basis der Korrespondenzanalyse (CA) Verwendung (Kap. 6).

Tabelle 2.15. Berechnung des gewichteten Mittels *GM* zweier Arten **a** bei homogener Verteilung der Humusgehalte, **b** bei unterschiedlicher Verteilung der Humusgehalte innerhalb des Datensatzes. Der Einfachheit halber wurden Präsenz/Absenz-(0/1-) Werte genutzt

a Objekt-Nr.

	1	2	3	4	5	6	7	8	9	10	11	12	13	14	15	16	17	18	19	20	21	*GM*
Art 1	0	0	0	1	1	1	1	1	1	1	1	1	1	1	1	1	1	1	0	0	0	6.00
Art 2	0	0	0	0	0	0	0	0	0	1	1	1	1	1	1	0	0	0	0	0	0	6.25
Humus	4.5	4.5	4.5	5.0	5.0	5.0	5.5	5.5	5.5	6.0	6.0	6.0	6.5	6.5	6.5	7.0	7.0	7.0	7.5	7.5	7.5	

b Objekt-Nr.

	1	2	3	4	5	6	7	8	9	10	11	12	13	14	15	16	17	18	19	20	21	*GM*
Art 1	0	0	0	1	1	1	1	1	1	1	1	1	1	1	1	1	1	1	1	0	0	6.38
Art 2	0	0	0	0	0	1	1	1	1	1	1	1	0	0	0	0	0	0	0	0	0	6.07
Humus	4.5	4.5	4.5	5.0	5.5	6.0	6.0	6.0	6.0	6.0	6.0	6.5	7.0	7.0	7.0	7.0	7.0	7.0	7.0	7.5	7.5	

2.11 Partielle Analysen

In vielen Fällen ist es sinnvoll, die Effekte von verschiedenen Umweltvariablen zu separieren. Nehmen wir noch einmal das Beispiel Artabundanz in Beziehung zur Bodenfeuchte und Nutzungsintensität. Die Bodenfeuchte, die ja häufig eine große Rolle für Pflanzenarten spielt, ist dabei die Hauptvariable. Je feuchter der Standort ist, desto individuenreicher sind die Vorkommen der Art (Abb. 2.4). Für Nutzung als Einzelvariable haben wir dagegen keinen signifikanten Effekt ermitteln können (Abb. 2.7, Tabelle 2.7). Es kann jedoch sein, dass die Varianz in den Daten, die durch die Nutzung erklärt wird, durch den großen Einfluss der Bodenfeuchte überdeckt wird, und in der Tat haben wir bei der Variablenkombination „Feuchte + Nutzung" einen signifikanten Effekt der Nutzung aufdecken können (Tabelle 2.8).

Um den Effekt der Nutzung nun allein zu analysieren und darzustellen, ist es sinnvoll, die Varianz in den Daten, die in Beziehung zur Bodenfeuchte steht, aus dem Datensatz zu extrahieren. Man könnte auch sagen, der Datensatz wird unkorreliert zur Bodenfeuchte gemacht. Die Variable Bodenfeuchte wird dabei zur sog. **Kovariablen**. Der mathematische Hintergrund ist recht simpel: Wir berechnen eine Regressionsgrade für die Wertepaare von Abundanz und Feuchte. Daraus ermitteln wir die Residuen, d. h. die Differenz zwischen beobachteten und durch die Regressions-

gleichung berechneten Werten (Abb. 2.4). Die Korrelation dieser Residu-
enwerte mit dem Faktor Feuchte ist nun 0. Die Residuen setzen wir in einem nächsten Schritt in Beziehung zur Nutzung (Abb. 2.16), wie wir es im
Prinzip schon bei der multiplen Regression kennen gelernt haben. Das Ergebnis zeigt, dass die Beziehung zwischen Residuen und der Nutzungsintensität groß ist, d. h. dass ein Großteil der Restvarianz in den Daten (also
dem, was übrig bleibt, nachdem wir die Varianz aus dem Datensatz extrahiert haben, die durch die Feuchte erklärt wird) mit der Nutzungsintensität
im Zusammenhang steht. Wir können dies auch aus den Parameterschätzungen und der ANOVA-Tabelle als Ergebnis der multiplen Regression
ablesen: Statt einer durch die Nutzung erklärten Streuung von $RSS = 3.60$
(Tabelle 2.7) erhalten wir ein $RSS = 26.44$ (Tabelle 2.8).

Ein Kennwert für die Stärke des partiellen Zusammenhangs ist der **par-
tielle Korrelationskoeffizient**. Er errechnet sich zwischen den Variablen
A (Abundanz) und B (Nutzung) unter Berücksichtigung der Variable C
(Feuchte) als:

$$r_{AB.C} = r_{AB} - r_{AC}r_{BC} / \sqrt{(1 - r_{AC}^2)(1 - r_{BC}^2)} \qquad (2.23)$$

In unserem Fall ist $r_{AB.C} = 0.42$, was eine beträchtliche Erhöhung im
Vergleich zu $r_{AB} = 0.15$ ist. Wichtig sind partielle Analysen u. a. bei speziell angelegten Experimenten wie der Blockanlage. Dabei werden die Be-
handlungen, also z. B. verschiedene Düngeniveaus räumlich benachbart in
Blöcken angelegt. Die Blöcke werden dann über eine größere Fläche verteilt. Da diese inhomogen sein kann, wird der Effekt der Blöcke getrennt
von dem Effekt der Düngung berechnet, letzterer wird damit deutlicher.

Partielle Analysen finden aber auch bei Ordinationsverfahren Verwendung (partielle Ordination, engl. *partial ordination*) und zwar sowohl bei
der indirekten (z. B. partielle DCA, PCA) als auch bei der direkten Gradientenanalyse (partielle CCA, partielle RDA). Auf solche Ansätze wird in
Kapitel 11 eingegangen.

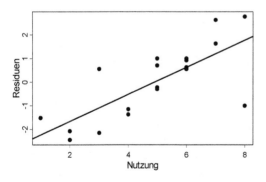

Abb. 2.16. Die Beziehung der
Abundanz Y zur Nutzung mit
Feuchte als Kovariable. Die Re-
siduen des Feuchte-
Regressionsmodells werden ge-
gen die Nutzung aufgetragen

3 Datenmanipulationen

3.1 Normalverteilung und Transformationen

Sehr viele Analysemethoden, ja sogar die Berechnung eines Mittelwertes, beruhen auf der Annahme, dass die Daten einer **Normalverteilung** folgen. Das bedeutet im Prinzip, dass die mittleren Werte am häufigsten sind, während sehr kleine oder sehr große Werte ähnlich selten vorkommen (Abb. 17.1). Ökologische Daten sind aber meist nicht so strukturiert, z. B. sind viele Arten sehr selten, während einige wenige oft zur Dominanz gelangen. Auch die Frequenz der Arten in unserem Elbauendatensatz, also der Anteil der Aufnahmen, in denen eine Art auftritt, ist nicht normalverteilt. Die tatsächliche Verteilung ist etwas **schief** (Abb. 3.1). Bei schiefen Verteilungen können viele uni- oder auch multivariate Verfahren nicht verwendet werden, da sie eine Normalverteilung erfordern (also **parametrisch** sind, z. B. Diskriminanzanalysen).

Für die weitere Analyse gibt es jetzt 2 Möglichkeiten. Die erste ist die Verwendung anderer, sog. **nichtparametrischer** Verfahren, die keine Voraussetzungen im Hinblick auf die Verteilung der Arten haben. Für die univariate Statistik gibt es hier inzwischen eine Vielzahl von Methoden, für multivariate Probleme sind sie weniger verbreitet (s. aber Kap. 12 u. 17).

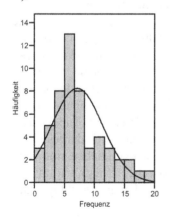

Abb. 3.1. Rechtsschiefe (linksgipflige) Verteilung der Artdaten aus der Elbaue; als Variable wurde hier die Frequenz der Arten im ganzen Datensatz genommen (Die Kurve deutet zusätzlich die Lage und Form einer Normalverteilung mit dem entsprechenden Mittelwert und der Standardabweichung der Daten an)

Die zweite Möglichkeit sind Datenmanipulationen, die den Datensatz einer Normalverteilung ähnlicher machen. So können wir die Frequenzwerte aus Abb. 3.1 logarithmieren:

$$x' = log\ (x + a) \tag{3.1}$$

Das Hinzufügen einer Konstante a zum logarithmierten Wert ist wichtig, wenn es sich um Abundanzwerte von Arten handelt. In einer typischen ökologischen Datenmatrix werden viele Nullwerte auftauchen, weil viele Arten selten sind und in den meisten Objekten fehlen. Nun gibt es aber keinen Logarithmus von 0; um dieses Problem zu umgehen, wird zu jedem Wert vor der Logarithmierung eine Zahl hinzugefügt. Meist ist dies die 1; Nullwerte sind dann auch nach der Logarithmierung 0, denn das genau ist der Logarithmus von 1. Die Addition von 1 ist unproblematisch, denn alle Werte werden ja gleichmäßig verschoben. Problematisch wird es nur, wenn der kleinste auszuwertende Abundanzunterschied deutlich kleiner ist als 0.1 (Modifikationen: s. McCune et al. 2002).

Eine andere Möglichkeit, die Daten einer Normalverteilung anzugleichen, bietet die Potenzfunktion. Wir können die Daten quadrieren oder durch Potenzieren mit 0.5 die Quadratwurzel ziehen. Die Ergebnisse dieser 3 **Transformationen** für unseren Datensatz sind in Abb. 3.2 dargestellt. Die Form der Verteilung hat sich für alle 3 Transformationen deutlich geändert. Besonders die logarithmisch- und die quadratwurzel-transformierten Daten ähneln in ihrer Verteilung jetzt eher einer Normalverteilung, die Transformation hat die Daten „normalisiert". Für multivariate Analysen werden Artdaten dann auch häufig durch Logarithmierung manipuliert. Die für Prozentwerte empfohlene Arcsinus-Transformation, (Sokal u. Rohlf 1995) spielt dagegen in der multivariaten Statistik eine eher geringe Rolle.

Solche Transformationen lassen sich auch erzeugen, indem wir z. B. Deckungsgradwerte direkt durch andere Zahlen ersetzen. Wenn wir die Londo-Stufen 0.1, 0.2, 0.4, 1, 2 etc. (Tabelle 3.1) durch 1, 2, 3, 4, 5 etc. ersetzen, dann haben wir eine Skala, die Abstände im unteren Bereich betont, im oberen aber relativ gering bewertet. Solche Ordinal-Transformationen werden gelegentlich in der Vegetationskunde benutzt (van der Maarel 1979), i. d. R. werden aber die oben besprochenen Transformationen bevorzugt. Wir haben für unseren Testdatensatz (Tabelle 1.1) dennoch die Ordinaltransformation gewählt, weil so die unten dargestellten Berechnungen für den Leser sehr viel leichter nachzuvollziehen sind (vgl. Tabelle 1.1 und 6.1). Im Effekt ähnelt dieses Vorgehen einer Quadratwurzeltransformation, die wir hier aus Darstellungsgründen aber nicht gewählt haben.

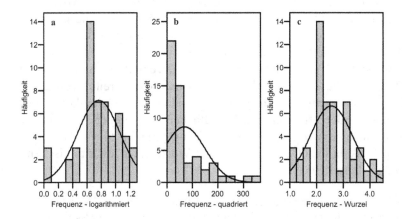

Abb. 3.2 a, b, c. Auswirkungen von verschiedenen Transformationen auf die Frequenzwerte aus Abb. 3.1 (s. oben)

Nun ist Manipulation ja ein hässliches Wort, und viele Leser werden das Gefühl haben, dass wir unsere Daten „verbiegen" und uns so die „Realität" gefügig machen. Das ist aber nur auf den ersten Blick so. Auch hier ist es wieder nötig, die ökologische Bedeutung von Zahlen zu bedenken. Das mag ein Beispiel verdeutlichen: Wenn wir an Essen denken, dann würden die meisten von uns sicher das Gefühl haben, dass es einen großen Unterschied macht, ob gar kein Brot oder 200 g Brot auf dem Tisch liegen. Weit weniger wichtig ist, ob 400 oder 600 g Brot auf dem Tisch liegen, und kaum jemand wird sich beschweren, wenn statt 1.6 kg nur 1.4 kg Brot zur Verfügung stehen. Das gilt so auch für Pflanzennährstoffe; es macht einen großen Unterschied, ob gar kein oder wenigstens eine kleine Menge Stickstoff verfügbar ist, während ab einer bestimmten Konzentration der Stickstoff ohnehin nicht mehr der limitierende Faktor ist.

Mit anderen Worten, kleine Unterschiede bei geringen Mengen sind oft wichtiger als kleine Unterschiede bei großen Mengen, die Bedeutung nimmt also nicht linear, sondern mehr oder weniger logarithmisch zu. Das gilt für sehr viele Naturphänomene; das bekannteste Beispiel ist der pH-Wert, denn dies ist ja die logarithmierte Wasserstoffionen-Konzentration. Ein ähnliches Beispiel ist die Dezibelskala, die auch logarithmisch ist. Auch hier ist die Logarithmierung angemessen, weil unser Ohr mit zunehmender Lautstärke nur noch grobe Unterschiede registrieren kann.

Ökologische Probleme folgen somit nicht immer scheinbar nahe liegenden mathematisch-formalen Argumenten, und es gibt durchaus biologische und nicht nur statistische Gründe, Variablen zu transformieren. In der

Ökologie ist das schon lange bekannt, wie z. B. die Abundanzschätzung von Arten in der Vegetationskunde zeigt. Abundanz von Arten wird hier oft durch Artmächtigkeit beschrieben, eine Schätzskala, die in Tabelle 3.1 dargestellt ist. Die Braun-Blanquet-Skala ist im unteren Bereich recht fein, es wird unterschieden, ob eine Art weniger als 1 % deckt („+") oder ob sie 1-5 % deckt („1"). Dagegen wird nicht unterschieden, ob eine Art 60 oder 65 % deckt, die Artmächtigkeitsstufe 4 hat eine „Breite" von 25 %. Als Folge der unterschiedlichen Intervalle sind die Artmächtigkeiten nicht direkt miteinander vergleichbar; der 12fachen Deckung (5 % vs. 60 %) entspricht nur eine Vervierfachung der Artmächtigkeit (1 vs. 4). Die Braun-Blanquet-Skala ähnelt also in gewisser Weise einer logarithmischen Skala (van der Maarel 1979).

Tabelle 3.1. Abundanzparameter in der Pflanzensoziologie: Vergleich der Artmächtigkeitsskala nach Braun-Blanquet und der Deckungsgradskala nach Londo (1976), angegeben sind die Klassenspannen und die Mittelwerte

Braun-Blanquet	%	*MW*	Londo	%	*MW*
r	?		0.1	<1	0.5
+	<1	ca. 0.5	0.2	1-3	2
1	1-5		0.4	3-5	4
			1	5-15	10
2	5-25	15	2	15-25	20
			3	25-35	30
3	25-50	37.5	4	35-45	40
			5	45-55	50
			6	55-65	60
4	50-75	62.5	7	65-75	70
			8	75-85	80
			9	85-95	90
5	75-100	87.5	10	95-100	97.5

Bei Feldarbeiten für numerische Datenanalysen wird dagegen oft Wert auf Flexibilität bei der Auswertung gelegt. Weil Braun-Blanquet-Artmächtigkeiten nur grob in ratioskalierte Zahlen übersetzbar sind (Vorschläge bei Dierschke 1994), ist hier die Londo-Skala beliebt (Tabelle 3.1, Londo 1976). Londo-Werte sind ratioskaliert und erlauben vielfältigere Auswertemöglichkeiten. So kann z. B. nach der Geländearbeit entschieden werden, dass v. a. Abundanzunterschiede im unteren Bereich berücksichtigt werden sollen, während Unterschiede bei den dominanten Arten weniger ins Gewicht fallen sollen. Dies wäre wieder ein Fall, bei dem fachliche Kriterien für eine Datentransformation, genauer gesagt eine Logarithmierung, sprechen. Die Auswirkungen von solchen Datentransformationen auf einen einfachen 2dimensionalen Datensatz zeigt Abb. 3.3. Die Logarithmierung betont die Unterschiede im unteren Wertebereich, die Quadrierung bewirkt das Gegenteil. Die Auswirkungen auf einen multivariaten Datensatz sind entsprechend, allerdings lässt sich das kaum grafisch darstellen.

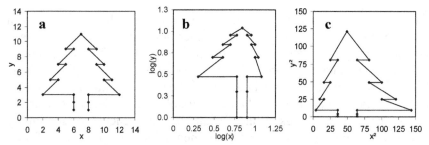

Abb. 3.3. Auswirkungen von Transformationen auf einen einfachen bivariablen Datensatz (**a** Rohdaten; **b** Werte logarithmiert; **c** Werte quadriert)

Bei der Auswertung der Daten gehen manche Ökologen noch weiter, indem nicht mehr nach der Abundanz der Art gefragt wird, sondern nur noch ihr Vorkommen oder Fehlen für die Analyse relevant ist. Dieses Vorgehen entspricht formal der extremsten Form der Transformation, der so genannten **Binärtransformation** (auch **0/1-Transformation** oder *Presence-absence*-**Transformation**). Auch diese findet in ökologischen Zusammenhängen häufige Verwendung und lässt sich leicht mit einer Potenzfunktion implementieren. Mit dieser Transformation wird aus jedem Wert, der größer als 0 ist, schlicht 1:

$$x' = x^0 \qquad (3.2)$$

Weitere Hinweise zur Transformation finden sich in Standardlehrbüchern (Legendre u. Legendre 1998; Sokal u. Rohlf 1995).

3.2 Standardisierungen

Bei ökologischen Untersuchungen werden häufig verschiedene Umweltvariablen gemessen. Abgesehen von unterschiedlichen Skalenniveaus (s. Kap. 2) haben sie oft auch unterschiedliche Größenordnungen. So ist 5 mm höherer Jahresniederschlag praktisch überall als Unterschied vernachlässigbar, während 5 g mehr Phosphor pro qm Oberboden von großer Bedeutung sein können. Hier setzen **Standardisierungen** an, die verschiedene Daten vergleichbar machen. Sie folgen ebenso schlichten Formeln wie die eben beschriebenen Transformationen, genau genommen sind sie Untergruppen von diesen.

Der einfachste Schritt ist die **Zentrierung** um den Mittelwert. Dabei wird für jede Variable der Mittelwert $\bar{x}$ berechnet, dieser wird dann von jedem Originalwert x abgezogen:

$$x' = x - \bar{x} \tag{3.3}$$

Tabelle 3.2 verdeutlicht das an einem (hypothetischen) Beispiel von Leitfähigkeiten und Gehalten an organischer Substanz in Aueböden. Nach der Zentrierung ist auf einen Blick zu erkennen, wie weit eine bestimmte Probe von den anderen Proben abweicht; das Vorzeichen zeigt an, ob sie oberhalb oder unterhalb des Durchschnitts liegt. Die Zentrierung hat also die Interpretation innerhalb der beiden Variablen sehr erleichtert, aber untereinander sind Leitfähigkeit und Gehalt an organischer Substanz immer noch nicht vergleichbar. Bei der organischen Substanz kommt es auf Stellen hinter dem Komma an, während bei der Leitfähigkeit die Unterschiede weiter in Zehnerschritten gemessen werden.

Dieses Problem können wir beheben, indem wir die zentrierten Werte jetzt noch auf die Standardabweichung beziehen. Wir berechnen S für jede Variable und teilen die zentrierten Werte durch die Standardabweichung. Mit anderen Worten, wir führen eine **Standardisierung** durch; die Einheiten sind jetzt Standardabweichungen:

$$z' = \frac{x - \bar{x}}{S} \tag{3.4}$$

Wir erhalten neue Werte, die unabhängig von den ursprünglichen Einheiten der Messung sind. Die Zahlen zeigen immer noch, wie stark ein einzelner Wert vom Mittelwert abweicht, nur sind die Abweichungen jetzt zwischen den Variablen vergleichbar (Tabelle 3.2). Wir können auf einen Blick sehen, dass Probe 5 sowohl hinsichtlich ihrer Leitfähigkeit als auch hinsichtlich ihres Gehaltes an organischer Substanz deutlich von den anderen Proben abweicht, allerdings scheinen sich die beiden Variablen entgegengesetzt zu verhalten (Vorzeichen!).

Ein weiteres Ergebnis der Standardisierung ist, dass der Mittelwert der standardisierten Variablen nun 0 ist, die Standardabweichung ist 1. Aus diesem Grund wird dieser Ansatz für Standardisierungen auch *zero mean - unit variance* (Mittelwert Null - Varianz Eins, im Deutschen gelegentlich auch *z*-**Transformation**) genannt. Es gibt andere Standardisierungen, aber diese ist bei weitem die wichtigste. Sie ist immer nötig, wenn Werte mit verschiedenen Einheiten gemessen wurden und wird als Option in bestimmten Ordinationen standardmäßig angeboten (PCA, s. Kap. 9).

Tabelle 3.2. Zentrierung und Standardisierung bei Umweltdaten am Beispiel von Leitfähigkeit [µS] und Gehalt an organischer Substanz [Gewichts-%], angegeben sind zusätzlich Mittelwerte und Standardabweichungen für die Rohdaten und transformierten Werte

Objekt	1	2	3	4	5	*MW*	*Stab*
Leitfähigkeit							
Rohdaten	230.00	190.00	143.00	210.00	125.00	179.60	39.73
Zentrierte Werte	50.40	10.40	-36.60	30.40	-54.60	0.00	39.73
Standardisierte Werte	1.27	0.26	-0.92	0.77	-1.37	0.00	1.00
Gehalt an organischer Substanz							
Rohdaten	3.50	5.30	6.40	4.20	11.20	6.12	2.72
Zentrierte Werte	-2.62	-0.82	0.28	-1.92	5.08	0.00	2.72
Standardisierte Werte	-0.96	-0.30	0.10	-0.70	1.86	0.00	1.00

3.3 Transponieren, Umkodieren und Maskieren

Die meisten Artgemeinschaftstabellen sind so organisiert, dass in Spalten die Objekte bzw. Aufnahmen stehen, während in den Zeilen die jeweiligen Arten aufgelistet sind (z. B. Tabelle 1.1). Dagegen erwarten die meisten Statistikprogramme aber in den Zeilen die Objekte, während die Variablen oder Arten in den Spalten stehen (Tabelle 1.2). Die erwartete Struktur ist also genau spiegelbildlich zur Organisation z. B. einer Vegetationstabelle. Es ist leicht, durch Spiegelung die eine in die andere Struktur zu überführen; diesen Vorgang nennt man **Transponieren**. Er kann von allen gängigen Tabellenkalkulationsprogrammen durchgeführt werden.

Maskieren ist ein kompliziertes Wort für einen noch einfacheren Vorgang. Bei sehr großen Tabellen kann man oft den Rechenaufwand erheblich verringern, wenn man einfach die seltensten Arten von der Analyse ausschließt. So kamen in dem ursprünglichen Elbauendatensatz 37 von insgesamt 245 Arten nur einmal vor. Sie sind für eine statistische Auswertung belanglos, weil wir bei nur einem Vorkommen (d. h. $n = 1$) nichts statistisch Fundiertes über die Arten aussagen können. Dies gilt sicher auch für Arten, die nur zweimal vorkommen, also weitere 25. Wenn es uns nicht um die Gesamtartenzahl geht, könnten wir daher ohne großen Informationsverlust 62 Arten (ein Viertel!) von der Analyse ausschließen. Solches Ausschließen bzw. (vorübergehendes) Löschen wird gelegentlich Maskieren genannt.

Die letzte hier besprochene Datenmanipulation ist weniger nahe liegend. Wir haben oben beschrieben, dass viele Rechenoperationen und damit auch statistische Verfahren nur mit quantitativen Daten möglich sind. Oft enthält aber eine Matrix mit Umweltvariablen auch nominal- oder ordinalskalierte Daten. Ein Beispiel wäre eine Gruppenvariable, die angibt, aus welchem Teil der Aue die Probe stammt (Tabelle 3.3 a); ein anderes wäre eine ordinalskalierte Variable für menschlichen Einfluss (Tabelle 3.3 b). Es gibt zwar einige multivariate Methoden für ordinale Daten (z. B. Podani 1997, 1999), aber i. d. R. wird ein quantitatives Skalenniveau vorausgesetzt. Auch dann lassen sich ordinale und auch nominale Variablen aber verwenden, wenn man sie durch entsprechend skalierte **Dummy-Variablen** ersetzt. Das bedeutet, dass für eine Kategorie einer Gruppenvariablen bzw. für jede Stufe einer ordinalen Variablen eine binärskalierte Variable eingeführt wird.

Tabelle 3.3. Umkodieren von **a** nominal- und **b** ordinalskalierten Variablen in 0/1 skalierte Dummy-Variablen. Für den Bereich der Aue, aus dem die Aufnahmen stammen, gibt es 3 Möglichkeiten; eine Dummy-Variable, z. B. Auenrand, kann weggelassen werden, ohne dass Information verloren geht. Die Landnutzung wurde auf einer ordinalen Skala in 3 Stufen steigender Nutzung geschätzt, auch hier kann eine Variable wegfallen

a Bereich	Dummy - rezent	Dummy - alt	Dummy - rand
rezente Aue	1	0	0
Altaue	0	1	0
Auenrand	0	0	1
b Menschlicher Einfluss	Dummy - Einfluss 1	Dummy - Einfluss 2	Dummy - Einfluss 3
Probe 1: 1	1	0	0
Probe 2: 2	0	1	0
Probe 3: 3	0	0	1

Tabelle 3.3 zeigt dies an 2 Beispielen für Umweltdaten, mit deren Hilfe die Vegetationsaufnahmen aus der Elbeaue interpretiert werden sollen. Die Aufnahmen kommen entweder aus der rezenten Aue, aus der Altaue oder vom Auenrand, die Landnutzung wurde grob eingeteilt in 3 Stufen von sporadisch bis stark genutzt. Diese nominal- bzw. ordinalskalierten Variablen wurden nun durch 0/1-skalierte Variablen ersetzt. Wenn ein Aufnahme aus der rezenten Aue stammt, dann erhält sie für die entsprechende Dummy-Variable eine 1 und für die anderen Variablen eine 0. Im Prinzip reichen 2 Dummy-Variablen für den Auenbereich, weil sich der Wert für die Dritte (Auenrand) ja direkt aus den 2 anderen ergibt. Denn kommt eine Aufnahme weder aus der rezenten noch aus der alten Aue, dann muss sie vom Auenrand stammen. Die spätere Interpretation wird vereinfacht, wenn

die weggelassene Variable dem häufigen Fall entspricht, die benutzten Dummy-Variablen stellen dann Abweichungen dar.

Nach dem gleichen Prinzip lässt sich auch die ordinalskalierte Landnutzungsintensität durch entsprechende Dummy-Variablen ersetzen. Insgesamt sind für jede Variable n-1 Dummy-Variablen nötig, wobei n die Anzahl der Wertstufen für die Variable ist (Tabelle 3.3). Gelegentlich werden andere Kodierungsmethoden genutzt, die aber Sonderfälle sind (z. B. Berechnung von Pseudo-Arten bei TWINSPAN: Tabelle 15.1 u. Backhaus et al. 2003, S. 498).

Neben der binären Kodierung ist der zweite wichtige Bereich das Umkodieren von sog. **zirkulären Variablen**. Ein Beispiel sind Himmelsrichtungen, in Tabelle 3.4 angegeben in Grad. Die Werte schwanken zwischen 0° und 360°, aber bei dieser zirkulären Variable sind 1° und 359° eben nicht besonders unterschiedlich, sondern nahezu identisch. Mit solchen Daten können die weitaus meisten statistischen Verfahren nicht adäquat umgehen. Einen Ausweg bietet die Aufspaltung in 2 Variablen, eine gibt die Exposition in Nord-Süd-Richtung an, eine in West-Ost-Richtung. Die geeigneten Funktionen sind der Kosinus für die „Nördlichkeit" und der Sinus für die „Östlichkeit". Beide schwanken mit den Gradwerten zwischen -1 und +1, wobei die Werte eben nicht mehr zirkulär sind und sich direkt für weitere Statistik eignen. Diese Umkodierung kann leicht mit jedem Tabellenkalkulationsprogramm durchgeführt werden (z. T. muss vorher auf das Bogenmaß umgerechnet werden), und eignet sich auch für andere zirkuläre Daten wie z. B. Jahreszeitenangaben.

	Exposition (α in Grad)	Nördlichkeit (cos α)	Östlichkeit (sin α)
O1	0	1.00	0.00
O2	90	0.00	1.00
O3	180	-1.00	0.00
O4	270	0.00	-1.00
O5	340	0.94	-0.34
O6	347	0.97	-0.22

Tabelle 3.4. Umkodierung von zirkulären Daten am Beispiel von Himmelsrichtungen. Die Exposition wird durch 2 Variablen ersetzt, die jeweils die Exposition in Nordrichtung und in Ostrichtung angeben

4 Ähnlichkeits- und Distanzmaße

4.1 Qualitative Ähnlichkeitsmaße

Ein Prinzip der multivariaten Analyse ist die Reduktion der in den Daten enthaltenen Information auf das Wesentliche, so dass diese handhabbar wird. Der häufigste Fall ist sicher der Vergleich von 2 Objekten hinsichtlich ihrer Artenzusammensetzung, also die Frage nach der Ähnlichkeit der Objekte. Denken wir uns eine Tabelle, in der die Spalten jeweils einer Barberfalle für Laufkäfer entsprechen, in den Zeilen untereinander stehen dann die Laufkäferarten. Jede Falle repräsentiert ein anderes Habitat, alle Fallen wurden gleichlang betrieben. Wir können jetzt die einzelnen Fallen bzw. Habitate vergleichen, indem wir anstelle der Arten einfach die Artenzahlen vergleichen; aus einem multivariaten wäre ein univariates Problem geworden. Dem multivariaten Charakter der Daten werden wir aber eher gerecht, wenn wir jeweils die Anzahl der gemeinsamen Arten zweier Fallen zählen. Dazu nehmen wir noch die Arten, die beiden Fallen gemeinsam fehlen, denn das ist ja in gewisser Hinsicht auch ein Hinweis auf Ähnlichkeit. Wir können diese Werte auch noch auf die Gesamtzahl der insgesamt in der Tabelle vorhandenen Arten beziehen und so innerhalb der Tabelle vergleichbar machen. Damit hätten wir ein Maß für die Ähnlichkeit der Barberfallen, in diesem Fall den sog. *simple matching coefficient*.

Es gibt eine Vielzahl solcher Koeffizienten, auch wenn wir hier nur einige wenige genauer besprechen wollen. Sie lassen sich als einfache Formeln darstellen; wir wollen dabei immer die gleichen Variablen-Bezeichnungen benutzen. Diese sind in Tabelle 4.1 dargestellt.

Tabelle 4.1. Möglichkeiten für die Aufteilung von Variablen zwischen 2 Objekten

	Objekt 2		
Variable	vorhanden	fehlt	Σ
vorhanden	a	b	$a + b$
fehlt	c	d	$c + d$
Σ	$a + c$	$b + d$	$p = a + b + c + d$

(Objekt 1)

Zwischen 2 Objekten gibt es 4 Möglichkeiten, wie sich die Variablen aufteilen können. Variablen (also im typischen Fall Arten) können in beiden Objekten gefunden worden sein (Gruppe *a*), nur in Objekt 1 (*b*), nur in Objekt 2 (*c*) oder eben in beiden Objekten fehlen (*d*). Den Gesamtvariablenpool wollen wir *p* nennen. Mit diesen Konventionen würde sich für den eben beschriebenen *Simple-matching*-Koeffizienten folgende Formel ergeben:

$$Sm = \frac{a+d}{a+b+c+d} \text{ bzw. } Sm = \frac{a+d}{p} \tag{4.1}$$

Nehmen wir ein einfaches Beispiel: 2 Fallen bzw. Objekte haben 3 Arten gemeinsam, 4 Arten kommen nur in je einem Objekt vor, und im Gesamtdatensatz gab es noch 9 Arten, die in keiner der beiden Fallen gefunden wurden. Damit ergibt sich eine Ähnlichkeit von $Sm = (3 + 9)/(3 + 4 + 4 + 9) = 0.6$. Da der Koeffizient zwischen 0 und 1 schwankt, lässt sich der Wert nach Multiplikation mit 100 auch als Prozentwert angeben.

Ein grundsätzliches Problem bei solchen und ähnlichen Koeffizienten ist aber, dass das Ergebnis stark von der Artenzahl im Gesamtdatensatz abhängt. Stellen wir uns vor, dass wir unseren kleinen Datensatz in eine umfassendere Datenbank mit Fallenfängen aus ganz Europa einspeisen. Diese soll 200 Arten umfassen, und wir berechnen nun den Wert für das eben beschriebene Fallenpaar neu. Jetzt ergibt sich für den *simple matching coefficient* ein Wert von $Sm = (3 + 189)/(3 + 4 + 4 + 189) = 0.96$. Die Ähnlichkeit zwischen den Fallen ist also scheinbar gestiegen, obwohl sich doch an den 2 Teildatensätzen nichts geändert hat.

Ökologisch sinnvoller ist also ein Maß, das unabhängig von der Artenzahl im Gesamtdatensatz ist. Dies lässt sich mit den obigen Konventionen leicht ableiten, indem wir die Gruppe *d*, also die gemeinschaftlich fehlenden Arten ignorieren. Das einfachste und vielleicht bekannteste Maß ist der **Jaccard-Koeffizient**:

$$Sj = \frac{a}{a+b+c} \tag{4.2}$$

Hier ergibt sich für den einfachen Teildatensatz ein Wert von $Sj = 3/(3 + 4 + 4) = 0.27$, und dieser Wert ändert sich auch dann nicht, wenn wir die beiden Fallen im Kontext eines artenreicheren Gesamtdatensatzes vergleichen. Koeffizienten, die die Gruppe *d* (Tabelle 4.1) ignorieren, nennt man **asymmetrisch**. Sie sind in der Ökologie besonders wichtig, weil multivariate Datensätze in der Regel viele Nullen enthalten und damit häufig Arten in 2 Objekten fehlen. Für das Ignorieren dieser Arten sprechen auch ökologische Argumente. Fehlt eine Art in beiden Objekten, heißt das nicht zwangsläufig, dass diese ähnlich sind, denn es kann z. B. für die eine Art zu feucht, für die andere zu trocken sein. Dies ist das sog. **Doppel-Null-Problem** in der Analyse ökologischer Daten. Asymmetrische Koeffizienten sind daher in der Ökologie besonders beliebt.

Noch leichter zu berechnen ist der sog. **Sörensen-Koeffizient**. Hier reicht es, die gemeinsam vorkommenden Arten und die Gesamtartenzahlen in den beiden Objekten zu kennen (also $a + b$ bzw. $a + c$):

$$Ss = \frac{2a}{a+b+a+c} = \frac{2a}{2a+b+c} \qquad (4.3)$$

Die 2 im Zähler ist aus formalen Gründen notwendig, damit der Koeffizient von 0 bis 1 schwankt. Neben der mathematischen Schlichtheit spricht auch ein ökologisches Argument für diesen Koeffizienten. Wenn eine Art vorkommt, kann sie unter den lokalen Bedingungen überleben. Wenn sie nicht vorkommt, heißt das nicht, dass sie die Bedingungen nicht tolerieren kann; es kann auch genauso gut sein, das sie es nicht geschafft hat, das Gebiet zu besiedeln. Aus diesem Grund haben Artenlisten so große Bedeutung, während sog. Artenfehlbeträge sehr selten benutzt werden. Mit Blick auf Tabelle 4.1 können wir also formulieren, dass die Gruppe a stärker bewertet werden sollte als die Gruppen b und c, und genau das tut der Sörensen-Koeffizient.

4.2 Quantitative Ähnlichkeitsmaße

Sowohl Jaccard- als auch Sörensen-Koeffizient sind in ihrer ursprünglichen Form **qualitative** oder auch binäre Maße. Bray u. Curtis (1957) haben aber als Basis ihrer polaren Ordination (Kap. 5.2) eine quantitative Variante beschrieben, den **Bray-Curtis-Koeffizienten**:

$$Sbc = \frac{2w}{B+C} \qquad (4.4)$$

In diesem Fall ist B die Summe der Artmächtigkeiten oder Abundanzen aller Arten in Objekt 1, C ist die Summe aller Abundanzen in Objekt 2 und w ist die Summe der jeweils niedrigsten Abundanzwerte einer Art in den beiden Objekten. Tabelle 4.2 gibt ein Beispiel für die Berechnung von w. Die Art 1 kommt in Objekt 1 mit der Abundanz 7 vor, in Objekt 2 mit der Abundanz 4. Hier wird also der zweite Wert für die Berechnung von w herangezogen. Wenn man statt Abundanzen 0/1-skalierte Daten verwendet, wird aus dem Bray-Curtis-Koeffizient der Sörensen-Koeffizient; auch der

Bray-Curtis-Koeffizient ist also ein asymmetrisches Ähnlichkeitsmaß. Für andere qualitative Ähnlichkeitsmaße lassen sich entsprechend komplementäre quantitative Indices finden (Tamás et al. 2001), die allerdings wesentlich seltener benutzt werden.

Die Bray-Curtis-Ähnlichkeit bildet Gradienten in der Artenzusammensetzung oft hinreichend gut ab und ist daher von fundamentaler Bedeutung für ökologische Fragestellungen. Der Koeffizient wurde daher auch mehrfach entwickelt und unter verschiedenen Namen publiziert: *Percentage similarity*, Bray-Curtis-, Odum- oder auch Steinhaus-Koeffizient. Auch für den Sörensen-Koeffizienten gibt es noch weitere Namen, von denen hier noch der Dice-Koeffizient und das Distanzmaß nach Nei u. Li (1979) genannt sein sollen.

Tabelle 4.2. Berechnung des Bray-Curtis-Koeffizienten bei quantitativen Daten

	Art 1	Art 2	Art 3	Art 4	Art 5	Art 6	B	C	w
Objekt 1	7	3	2	0	4	0	16		
Objekt 2	4	4	0	0	6	5		19	
Minimum	4	3	0	0	4	0			11
							Sbc=2·11/(16+19)=		0.63

Die Werte der bisher geschilderten Maße schwanken zwischen 0 und 1, so dass sich Unähnlichkeit (konventionell D für *dissimilarity*) leicht definieren lässt. Ganz allgemein gilt hier für die verschiedenen Ähnlichkeitsmaße S (S für *similarity*) zwischen 2 Objekten 1 und 2:

$$D_{1,2} = 1 - S_{1,2} \qquad (4.5)$$

Einer Bray-Curtis-Ähnlichkeit von $Sbc = 0.63$ entspricht also eine Bray-Curtis-Unähnlichkeit von $Dbc = 0.37$. Nicht alle so berechneten Unähnlichkeiten lassen sich immer korrekt in einem rechtwinkligen Koordinatensystem abbilden, sie sind **semimetrische** Maße (erläutert in: Legendre u. Legendre 1998). Dies kann bei einigen Ordinationsverfahren Probleme geben (Kap. 12). Die Sörensen- und damit auch die Bray-Curtis-Unähnlichkeit sind solche Beispiele; das Problem wird aber durch Ziehen der Quadratwurzel abgemildert, und für viele Ähnlichkeitsmaße ergibt folgender Term sogar eine vollständige metrische Matrix (Legendre u. Legendre 1998; Podani 2000):

$$D_{1,2} = \sqrt{(1 - S_{1,2})} \qquad (4.6)$$

4.3 Distanzmaße

Eine andere nahe liegende Möglichkeit ist die direkte Berechnung von Distanzen zwischen 2 Objekten. Das in der Ökologie wichtigste metrische Distanzmaß ist die **Euklidische Distanz**, die auf einer schlichten trigonometrischen Überlegung beruht. Wir wollen das am Beispiel von sehr artenarmen Vegetationsaufnahmen von der Nordseeküste verdeutlichen. Seewärts vor der Salzwiese wachsen in Mitteleuropa fast ausschließlich *Salicornia europaea* agg. (Queller) und *Spartina* x *townsendii* (Schlickgras); entsprechend schlicht sind die Vegetationsaufnahmen (Tabelle 4.3). Wir spannen ein Koordinatenkreuz mit der Deckung der beiden Arten auf und bilden dann z. B. die ersten beiden Aufnahmen im Raum der beiden vorkommenden Arten ab (Abb. 4.1).

	Salicornia *europaea* agg.	*Spartina* x *townsendii*
Objekt 1	3	1
Objekt 2	2	3
Objekt 3	1	0.4

Tabelle 4.3. Hypothetisches Beispiel für artenarme Vegetationsaufnahmen von stark salzigen Standorten an der Nordsee (Deckungsgrade Londo-Skala)

Die Distanz zwischen den beiden Aufnahmen, also die Strecke $\overline{O12}$ ist leicht als Hypotenuse eines rechtwinkligen Dreiecks zu erkennen, das von den Aufnahmen aufgespannt wird. Es gilt also der Satz des Pythagoras, wobei die beiden Katheten den Differenzen der Artdeckungen in den beiden Aufnahmen entsprechen:

$$(\overline{O12})^2 = (y_{A1} - y_{A2})^2 + (y_{B2} - y_{B1})^2 \qquad (4.7)$$

Hierbei bezeichnet y_{A1} die Deckung der Art A in Objekt 1. Hätten wir 3 Arten, dann würden diese einen 3dimensionalen Raum aufspannen; die Euklidische Distanz lässt sich auch in diesem berechnen. Haben wir nun einen Datensatz mit vielen Variablen, dann können wir sagen, dass diese einen vieldimensionalen Raum aufspannen (ein n-dimensionales Hypervolumen). Solche Räume sind schwer vorstellbar, aber mathematisch lässt sich trotzdem damit arbeiten, wenn wir die Euklidische Distanz in ihrer allgemeinen Formulierung berechnen:

$$De_{1,2} = \sqrt{\sum_{k=1}^{m} (y_{1k} - y_{2k})^2} \qquad (4.8)$$

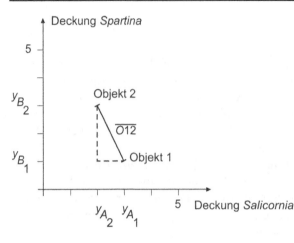

Abb. 4.1. Berechnung der Euklidischen Distanz. Darstellung der ersten beiden Aufnahmen aus Tabelle 4.1 in einem 2dimensionalen Koordinatensystem, das von den beiden Arten aufgespannt wird

Es ist also die Summe aller quadrierten Häufigkeitsdifferenzen über alle Arten 1 bis *m*, aus der dann die Wurzel gezogen wird. Mit nur 2 Arten ergibt sich wieder die uns bekannte Form des Satzes von Pythagoras (Abb. 4.1). Die Euklidische Distanz ist ein **quantitatives** Maß, bei dem fehlende und vorhandene Arten gleichermaßen vollständig in die Berechnung eingehen. Damit kann sie als quantitatives Pendant zum bereits erwähnten *simple matching coefficient* angesehen werden. Die Euklidische Distanz lässt sich relativ einfach in Ordinationen abbilden und ist wahrscheinlich das wichtigste Distanzmaß in der Ökologie.

Vergleichbar verbreitet ist nur noch die asymmetrische **Chi-Quadrat-Distanz** (χ^2-Distanz), die den sehr häufig verwendeten Korrespondenzanalysen zu Grunde liegt. Sie sei hier deswegen kurz erwähnt:

$$D\chi^2_{1,2} = \sqrt{y_{++}} \sqrt{\sum_{k=1}^{m} \frac{1}{y_{+k}} \left(\frac{y_{1k}}{y_{1+}} - \frac{y_{2k}}{y_{2+}} \right)^2}$$

(4.9)

(y_{+k}: Summe aller Werte für die Art *k*, y_{1+}: Summe aller Werte für das Objekt 1, y_{++}: Summe aller Werte in der Tabelle, Arten in Spalten, Objekte in Zeilen).

Der Term ähnelt der Euklidischen Distanz, allerdings wird hier jeder Wert vorher auf die Gesamtsumme der Werte in den Spalten bzw. Zeilen in der Tabelle bezogen. Das hat 2 für uns wichtige Konsequenzen: Jede Art wird bei der Berechnung mit einem Term gewichtet, der den Kehrwert der Summe ihrer Abundanzen enthält. Anders ausgedrückt, häufige Arten werden stark herabgewichtet, seltene dagegen relativ betont. Das ist von Bedeutung bei der Korrespondenzanalyse (s. Kap. 6). Insgesamt zeigen Simulationen aber, dass die Chi-Quadrat-Distanz für die meisten ökologischen Fragestellungen eher ungünstige Eigenschaften hat (Faith et al.

1987); daher hat sie außerhalb der Korrespondenzanalyse kaum Bedeutung beim Vergleich von Objekten hinsichtlich ihrer Artenzusammensetzung. Für den Vergleich von Arten bzw. Variablen (im Objektraum, s. Kap. 5.1) kann sie dagegen sinnvoll sein (ausführlich bei Legendre u. Gallagher 2001). Die zweite Folge der Gewichtung ist, dass Arten, die in beiden Objekten fehlen, nicht in die Berechnung eingehen. Damit zeigt die Chi-Quadrat-Distanz nicht die im nächsten Beispiel beschriebenen Verzerrungen bei fehlenden Arten; dies ist ein Grund, warum Korrespondenzanalysen gerade für heterogene Datensätze geeignet sind (Kap. 6).

4.4 Vergleich der geschilderten Koeffizienten

Abschließend möchten wir an einem Beispiel die Eigenschaften der 3 wichtigsten Koeffizienten verdeutlichen. Tabelle 4.4 zeigt wieder ein hypothetisches Beispiel mit 3 Objekten 1-3, die die 3 Arten A-C enthalten (Legendre u. Legendre 1998). Wir können nun die Objekte miteinander vergleichen, indem wir Ähnlichkeit bzw. Distanz berechnen. Im Beispiel haben wir das für den Sörensen-Koeffizient (entspricht Bray-Curtis, qualitativ), den Bray-Curtis-Koeffizient (quantitativ) und die Euklidische Distanz getan. Tabelle 4.5 zeigt die 3 Matrices, die jeweils die entsprechende Ähnlichkeit bzw. Unähnlichkeit oder Distanz darstellen. Aus diesen ist für jedes Objekt der Abstand zu jedem anderen Objekt abzulesen (vergleichbar mit Entfernungstabellen in Autoatlanten). Da die Objekte zu sich selbst keinen Abstand haben, steht entlang der Diagonalen 1 (Ähnlichkeitsmatrix) bzw. 0 (Unähnlichkeits- und Distanzmatrix). Es wird gewöhnlich nur die Hälfte der Tabelle angegeben, da sie ja um die Diagonale symmetrisch ist (der Abstand von Objekt 1 zu 2 ist der gleiche wie zu Objekt 2 zu 1). Wir werden solche Ähnlichkeits-, Unähnlichkeits- oder Distanz-Matrices im Folgenden etwas salopp als **Dreiecksmatrix** (*triangular matrix*) bezeichnen.

Die Werte für den qualitativen Sörensen-Koeffizient erscheinen intuitiv sinnvoll zu sein; die Objekte 1 und 3 haben alle Arten gemeinsam, die Ähnlichkeit ist 1. Objekt 2 hat keine Arten mit den beiden anderen gemeinsam, die Ähnlichkeit ist 0. Das bleibt auch im Prinzip so, wenn wir den Bray-Curtis-Koeffizienten quantitativ berechnen. Jetzt sind Unähnlichkeiten angegeben, diese sind zwischen Objekt 2 und den beiden anderen Objekten maximal. Der Unterschied zum Sörensen-Koeffizient ist die (Un-)Ähnlichkeit von Objekt 1 und 3. Sie haben jetzt nicht mehr die maximal mögliche Nähe, sondern nur noch etwa 60 % Übereinstimmung, eine Folge der unterschiedlichen Abundanzen der Arten.

	Art A	Art B	Art C	$\sum$
Objekt 1	0	1	1	2
Objekt 2	1	0	0	1
Objekt 3	0	4	4	8
$\sum$	1	5	5	11

Tabelle 4.4. Hypothetisches Beispiel einer einfachen Datenmatrix zur Verdeutlichung der Eigenschaften von Abstandsmaßen (in Anlehnung an: Legendre u. Legendre 1998)

Die Euklidische Distanz gibt dagegen ein ganz anderes Bild. Objekt 2 und 3 erscheinen hier am weitesten entfernt, sie haben ja auch keine Arten gemeinsam. Überraschend ist aber, das Objekt 1 und 2 (keine gemeinsamen Arten!) nun weniger entfernt erscheinen als Objekt 1 und 3 (gleiche Arten!). Das ist mit Blick auf Tabelle 4.4 wenig sinnvoll, liegt aber daran, dass das Fehlen einer Art von der Euklidischen Distanz genauso bewertet wird wie ihr Auftreten, die Euklidische Distanz bewertet also Nullwerte anders als die vorigen Koeffizienten. Das bedeutet, dass ein Abundanzunterschied von 0 zu 1 als geringere Entfernung aufgefasst wird als ein Unterschied von 1 zu 4. In der ökologischen Praxis würde das z. B. bedeuten, dass entlang eines weiten Höhengradienten die Vegetationsaufnahmen aus dem Tiefland und aus der alpinen Stufe als besonders ähnlich erscheinen würden, weil ihnen das Fehlen der mittleren Arten gemeinsam ist. So ein Ansatz mag bei bestimmten Fragestellungen sinnvoll sein, aber in der Regel gibt die Euklidische Distanz für die meisten auf Arten und Abundanzen basierenden Anwendungen problematische Werte, es sei denn der Datensatz ist sehr homogen und enthält verhältnismäßig wenig Nullen (s. PCA, Kap. 9).

Für die Verrechnung von Messwerten, z. B. bei Bodenanalysen ist die Euklidische Distanz aber sehr wohl sinnvoll. Erstens treten hier selten echte Nullwerte auf, denn es gibt z. B. meist wenigstens etwas Kupfer im Boden. Zweitens würde das Fehlen von Kupfer in beiden Proben ja auch tatsächlich bedeuten, dass sich die beiden Standorte hinsichtlich ihres Kupfergehalts nicht unterscheiden, also „ähnlich" kupferdefizitär sind. Für solche Variablen scheint eine gleichwertige Betrachtung von Nullwerten also tatsächlich sinnvoll zu sein.

Schließlich sind der Vollständigkeit halber in Tabelle 4.6 auch noch die gleichen Berechnungen für die Chi-Quadrat-Distanz zusammengefasst. Diese ist für die intuitiv als unähnlich erscheinenden Objekte 1 und 2 sowie 2 und 3 $D\chi^2 = 3.48$, während sie zwischen den ähnlichen Objekten 1 und 3 $D\chi^2 = 0.00$ ist. Die Chi-Quadrat-Distanz ist also auch für Datensätze mit vielen Nullwerten geeignet.

Tabelle 4.5. Vergleich qualitativer asymmetrischer Ähnlichkeit (Sörensen), quantitativer asymmetrischer Unähnlichkeit (Bray-Curtis) und quantitativer symmetrischer Distanz (Euklidische Distanz)

Sörensen-Ähnlichkeit			Bray-Curtis-Unähnlichkeit			Euklidische Distanz		
O1	O2	O3	O1	O2	O3	O1	O2	O3
O1 1			O1 0			O1 0		
O2 0	1		O2 1	0		O2 1.7	0	
O3 1	0	1	O3 0.6	1	0	O3 4.2	5.7	0

Wir haben hier nur einen sehr kurzen Einblick in das umfangreiche Feld der Abstandsmaße gegeben. Die hier beschriebenen und eine Vielzahl anderer Ähnlichkeits- und Distanzmaße werden von Legendre u. Legendre (1998) und Podani (2000) ausführlich diskutiert. Je nach Datenstruktur müssen gelegentlich speziellere Koeffizienten benutzt werden; Podani (1999) gibt z. B. Ähnlichkeitsmaße für ordinalskalierte Daten an. Insgesamt ist das Feld noch lange nicht erschöpfend untersucht, so schildern z. B. Legendre u. Gallagher (2001) und Podani u. Miklos (2002) neue Ergebnisse zur Verwendung verschiedener Distanzmaße in Ordinationsmethoden. Vorschläge für Vergleiche von unvollständigen Objekten oder von Objekten mit sehr ungleichen Artenzahlen machen Chao et al. (2005).

Neben den hier vorgestellten Beispielen gibt es aber in der Ökologie noch eine Vielzahl anderer Fälle, bei denen multivariate Vergleiche zwischen Objekten nötig sind. Ein wichtiger Aspekt ist die Diversität von Objekten (Magurran 2003), eine aktuelle Übersicht zur Berechnung von β-Diversität geben Koleff et al. (2003). Ein weiterer wichtiger Bereich ist die Bewertung von genetischer Ähnlichkeit. Hier gibt es spezielle genetische Maße (z. B. Kosman u. Leonard 2005; Lowe et al. 2004), aber es kommen auch asymmetrische Koeffizienten zur Anwendung (Jaccard, Sörensen). Insgesamt sind also die oben geschilderten Standardmaße durchaus für eine große Breite an Fragestellungen geeignet.

Tabelle 4.6. Werte der Chi-Quadrat-Distanz für die Matrix in Tabelle 4.4, dazu 2 Beispiele für die Berechnung

χ^2-Distanz			
	O1	O2	O3
O1	0		
O2	3.48	0	
O3	0	3.48	0

$$D\chi_{1,2} = \sqrt{11} \cdot \sqrt{\frac{(0/2)-(1/1)^2}{1} + \frac{(1/2)-(0/1)^2}{5} + \frac{(1/2)-(0/1)^2}{5}} = 3.48$$

$$D\chi_{1,3} = \sqrt{11} \cdot \sqrt{\frac{(0/2)-(0/8)^2}{1} + \frac{(1/2)-(4/8)^2}{5} + \frac{(1/2)-(4/8)^2}{5}} = 0$$

5 Ordinationen – das Prinzip

5.1 Dimensionsreduktion als Analysestrategie

Als **Ordinationen** werden eine ganze Fülle von meist komplexen mathematischen Verfahren bezeichnet, denen gemeinsam ist, dass ein Hauptergebnis die grafische Darstellung der Daten in einem Koordinatensystem ist. Diese Darstellungen sind meist einfache Streudiagramme. Nehmen wir wieder den oben erwähnten multivariaten Datensatz, bestehend aus 3 Vegetationsaufnahmen im vordersten Bereich einer Salzwiese (Tabelle 4.3). Wir haben gesehen, dass sich die Ähnlichkeit der Aufnahmen untereinander sehr leicht grafisch darstellen lässt, indem wir sie in ein Koordinatenkreuz mit den Arten als Achsen eintragen (Abb. 4.1). Mit anderen Worten, wir bilden die Aufnahmen im **Artenraum** ab.

Genauso schlicht ist eine Grafik, die die Lage der Arten im **Aufnahmeraum** abbildet (Abb. 5.1). Dieser ist wegen der 3 vorhandenen Aufnahmen jetzt 3dimensional, also komplizierter, aber durchaus noch vorstellbar. Schwierig wird es erst, wenn es mehr als 3 Arten bzw. Aufnahmen sind. Für Mathematiker sind solche mehrdimensionalen Räume unproblematisch, für den Laien wird ihre Darstellung aber leicht zu abstrakt. Wichtig an diesem Beispiel ist aber, dass sich multivariate Datensätze als *n*-**dimensionale Hyperräume** verstehen lassen. Werden z. B. Barberfallenproben im Hinblick auf ihre Artenzusammensetzung analysiert, so hat dieser Hyperraum so viele Achsen, wie es Arten in den Fallen gibt. Wenn umgekehrt Arten in ihrer Ähnlichkeit betrachtet werden sollen, dann hat der Hyperraum so viele Achsen, wie es Objekte (also Fallen) gibt. Generell spricht man von **R-Analyse**, wenn Objekte (z. B. Barberfallen) im Raum der ihnen zugeordneten Variablen (z. B. Arten) dargestellt werden. Werden Variablen im Objektraum betrachtet, spricht man von **Q-Analyse**. Oft werden Q- und R-Analysen auch als 2 Betrachtungsweisen des gleichen Problems beschrieben. Dies stimmt aber nur bedingt, denn Variablen und Objekte sind insofern unterschiedlich, als dass in einem Datensatz zwar eine Art in einer Falle fehlen kann, in der Regel aber nicht umgekehrt eine Falle nur in einer Art fehlt (aus diesem Grunde sind für Q- und R-Analysen auch unterschiedliche Ähnlichkeitsmaße geeignet, s. Kap. 4).

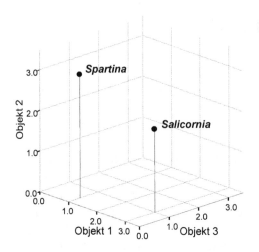

Abb. 5.1. Grafische Darstellung der Daten aus Tabelle 4.3; anders als in Abb. 4.1 wurden hier aber die Arten im Aufnahmeraum abgebildet

Ordinationen versuchen nun, n-dimensionale Hyperräume zu leichter verständlichen 2(-3) dimensionalen Darstellungen zu vereinfachen; sie sind Verfahren der **Dimensionsreduktion**. Ein Beispiel zur Veranschaulichung: Nehmen wir den Datensatz mit Vegetationsaufnahmen aus der Elbaue, der 33 Objekte und insgesamt 53 Arten umfasst (Tabelle 1.1). Theoretisch könnten wir jetzt Hunderte von einzelnen Grafiken zeichnen (Abb. 5.1), in denen wir jeweils die Arten im Hinblick auf 2 (oder 3) Aufnahmen untersuchen. Das wäre weder praktikabel noch anschaulich.

Auch können wir bei so einem Datensatz annehmen, dass die Artenzusammensetzung der Aufnahmen nicht vollkommen willkürlich variiert, sondern dass es einige wichtige Standorteigenschaften gibt, welche die Artenzusammensetzung bestimmen. Das könnte zum Beispiel der Grundwasserstand sein, entlang dessen sich die Artenzusammensetzung stark ändert. Wir könnten also die Aufnahmen viel effektiver entlang von einigen wenigen wichtigen Gradienten anordnen, d. h. ein Diagramm mit diesen wichtigen ökologischen Gradienten als Achsen zeichnen. Die Ordination versucht nun, die wesentlichen Gradienten herauszuarbeiten und sie in wenigen Dimensionen abzubilden. Aus diesem Grund wird für Ordination häufig auch der Begriff **Gradientenanalyse** benutzt. Die Objekte werden dabei so angeordnet, dass sich ähnelnde Aufnahmen auch nahe beieinander liegen.

Als Ökologen würden wir also Verfahren fordern, die uns die Beziehungen zwischen Aufnahmen so abbilden, dass wir die wichtigsten „Richtungen" der floristischen oder faunistischen Änderungen erkennen können. Wir suchen also nach einer Anordnung (oder eben „Ordination") der Aufnahmen, die möglichst sinnvoll die Ähnlichkeiten bzw. Unterschiede zwischen den Aufnahmen abbildet. Dies geschieht in der Regel in einem Koordinatensystem. Etwas technischer ausgedrückt: Die Ordination sollte die Unterschiede zwischen den Aufnahmen so zusammenfassen, dass mit möglichst wenigen Dimensionen oder Achsen ein möglichst großer Anteil dieser Unterschiede abgebildet wird. Entsprechend sind die ersten Achsen dann Achsen maximaler Varianz im Datensatz.

Diese Achsen des Koordinatensystems beruhen bei den meisten einfachen Ordinationsverfahren auf den Unterschieden in der Artenzusammensetzung, und können dann in einem zweiten Schritt in Beziehung z. B. zu gemessenen Umweltgradienten gesetzt werden. So ein Vorgehen wäre eine **indirekte Gradientenanalyse**, bei der die ökologischen Zusammenhänge im ersten Schritt nur im Hinblick auf die Arten interpretiert werden. Das entspricht einer biologischen Sichtweise, bei der die Struktur der Biozönosen im Vordergrund steht (Gauch 1994). Eventuell verfügbare gemessene Umweltvariablen spielen für die Berechnung der eigentlichen Ordination keine Rolle und werden erst im zweiten Schritt zur Interpretation der Ordination genutzt.

Werden die Aufnahmen gleich in einen mit den Umweltvariablen aufgespannten ökologischen Raum (z. B. Meereshöhe, Niederschlag) eingetragen, spricht man von **direkter Gradientenanalyse**. Ein typisches Beispiel hierfür sind Ökogramme (Ellenberg 1996). Lassen wir Umweltvariablen direkt in unsere Ordinationen eingehen, so werden auch diese Verfahren als direkte Gradientenanalyse eingestuft; besser wäre es, in diesem Fall von multivariater direkter Gradientenanalyse zu sprechen. Häufig sind aber diese Umweltgradienten nicht bekannt, der erste Schritt ist also oft eine indirekte Ordination, welche die wesentlichen, z. B. floristischen, Zusammenhänge aufdecken soll.

Das leistet die Ordination auch für unser Beispiel. Abb. 5.2 ist eine simple (indirekte) Ordination, welche die Vegetationsaufnahmen aus der Elbaue entlang von 2 Achsen darstellt. Sehr deutlich zeichnet sich ein floristischer Hauptgradient ab, der die Aufnahmen entlang der ersten Achse differenziert. Die Aufnahmen sind dann noch entlang eines zweiten Gradienten angeordnet. In einem anschließenden Vergleich der Daten mit den Aufnahmelokalitäten zeigt sich, dass der erste Gradient weitgehend parallel zu den Unterschieden im mittleren Grundwasserstand (MWS) verläuft (s. Größe der Symbole in Abb. 5.2), der zweite Gradient hängt mit der Lage in der Aue zusammen (rezente Aue oder Altaue/Auenrand). Das Ordinationsverfahren hat also die insgesamt denkbaren 53 (Artenzahl!) Achsen auf die 2 ökologisch wichtigsten Achsen reduziert.

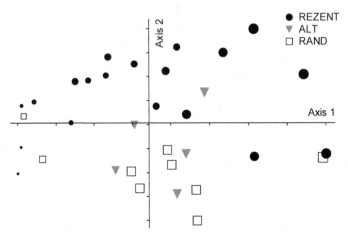

Abb. 5.2. Ordination von 33 Vegetationsaufnahmen mit insgesamt 53 Arten aus der Elbaue. Die erste Achse entspricht einem Feuchtegradienten. Dieser wird durch die Größe der Symbole angedeutet. Die Form der Symbole gibt die Lage der Aufnahmeflächen in der Aue an

Das Interpretationsprinzip ist bei allen diesen Grafiken ähnlich. Das Koordinatenkreuz entspricht Dimensionen floristischer oder faunistischer Ähnlichkeit, die Symbole sind Aufnahmepunkte/Objekte (R-Analyse) oder Arten bzw. andere Variablen (Q-Analyse). Die relative Entfernung der Objekte untereinander entspricht dann (näherungsweise) ihrer Unähnlichkeit; Objekte mit ähnlicher Artenzusammensetzung liegen also nahe beieinander, unähnliche Objekte sind dagegen weiter getrennt. Spiegelungen entlang der Achsen sind dabei allerdings unwichtig. Je nach Ordinationsverfahren lässt sich aber weitaus mehr aus diesen Grafiken lesen; davon mehr in den entsprechenden Kapiteln.

Wie wir gesehen haben, ist das grundsätzliche Ziel von Ordinationen das Herausarbeiten der wesentlichen Information. Wenn man Information als Position in einem mehrdimensionalen Raum betrachtet, ist das Ziel also Dimensionsreduktion. Damit ist hier gemeint, dass die ersten Achsen die wesentlichen ökologischen Zusammenhänge abbilden bzw. dass die ersten Achsen die wichtigsten Gradienten darstellen. Aus diesem Grund konzentriert sich die Interpretation einer Ordination auch meist auf die ersten Achsen, oft sogar nur auf die ersten beiden (streng genommen sollte man also eher von Dimensionskonzentration sprechen, denn die Achsen höherer Ordnung bleiben ja meist erhalten, haben allerdings geringe Bedeutung).

Ziel der Ordination ist es also, die wesentlichen Gradienten zu finden und zu visualisieren. In einer (sehr vereinfachten) wissenschaftstheoretischen Formulierung wäre dies die Suche nach Hypothesen (Gauch 1994), die dann, basierend auf dem Ordinationsdiagramm, so formuliert werden könnten: „Der Wasserstand ist der wesentliche Faktor, der die Artenzusammensetzung des Elbauengrünlandes bestimmt". Ordinationen sind also in der Regel Verfahren der **explorativen Datenanalyse**. Hier findet sich wieder ein großer Unterschied zu den meisten Anwendungen univariater Statistik, denn dort geht es in der Regel um das Testen bereits bestehender Hypothesen (z. B. „die Artenzahl nimmt mit dem Wasserstand ab"). Es handelt sich um **schließende Statistik**, hier sind Signifikanztests von fundamentaler Bedeutung.

Schließende Statistik spielt in der multivariaten Analyse eine eher untergeordnete Rolle und wird deswegen am Ende des Buches behandelt (Kap. 17). Sie birgt einige Probleme und wird daher eher selten benutzt. Sehr häufig dagegen werden Ordinationen mit univariater schließender Statistik verknüpft. Ein Beispiel wäre die Verwendung von Ordinationen, um herauszuarbeiten, dass Landnutzung der wichtige Parameter für die Laufkäferfauna ist. Dann wird univariat nur mit der Landnutzung (z. B. in Beziehung zu einzelnen Arten) und nicht mit allen anderen Umweltvariablen weitergearbeitet (Vermeidung von *statistical fishing*, Kap. 1).

5.2 Polare Ordination

Zur Illustration des Gesagten wollen wir kurz ein sehr simples Ordinationsverfahren beschreiben, das heute aber fast nur noch historische Bedeutung hat. Es wurde in den 50er Jahren entwickelt (Bray u. Curtis 1957), also weit vor dem Einzug von Computern in ökologische Institute. Ausgangspunkt sind die in Kap. 4 beschriebenen Ähnlichkeits- oder Distanzmaße. Diese erlauben uns, die Unterschiede und Gemeinsamkeiten zwischen 2 Objekten in einer Zahl auszudrücken. Um diese räumlich abzubilden, könnten wir aus der Dreiecksmatrix die beiden unähnlichsten Aufnahmen auswählen und ihre Unähnlichkeit in Form einer Strecke symbolisieren. Wir nehmen die Bray-Curtis-Unähnlichkeit als Maß und berechnen sie mit einem geeigneten Programm, das Ergebnis ist eine diagonal strukturierte Dreiecksmatrix (analog Tabelle 14.1). Im typischen Fall beschreibt diese die Unähnlichkeit zwischen Aufnahmen, aber wir können je nach Fragestellung auch eine Ähnlichkeitsmatrix für Arten benutzen.

Im Fall des Elbauendatensatzes (Tabelle 1.1) haben z. B. Aufnahme 33 und Aufnahme 30 keine Arten gemeinsam; die Ähnlichkeit ist 0, die Unähnlichkeit oder Distanz 1. Wir können diese Aufnahmen jetzt als Endpunkte (also als Pole) einer 10 Einheiten langen Achse nutzen; diese soll als erste Achse dienen, um unser Koordinatenkreuz aufzuspannen.

Abb. 5.3. Prinzip der polaren Ordination von Aufnahmen entlang einer Achse, die durch möglichst unähnliche Aufnahmen aufgespannt wird. In diesem Fall sind das 2 Aufnahmen mit der maximalen Unähnlichkeit 1 (ursprünglich als 1 = 10 cm abgebildet, hier etwas verkleinert)

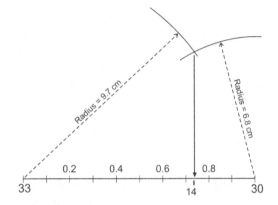

Jetzt können wir mit einem Zirkel alle anderen Aufnahmen in Beziehung setzen. Abb. 5.3 verdeutlicht das Prinzip. Aufnahme 14 hat eine Unähnlichkeit von 0.97 zu Aufnahme 33 und von 0.68 zu Aufnahme 30. Wir zeichnen entsprechend lange Bögen von den Endpunkten ausgehend; der Radius ist 9.7 Einheiten rund um Aufnahme 33 und 6.8 Einheiten rund um Aufnahme 30. Vom Schnittpunkt der beiden Kreise fällen wir ein Lot in Richtung der bereits gezeichneten Achse 1, auf der die Aufnahme 14 bei ca. 0.73 zu liegen kommt. Das können wir für alle Aufnahmen wiederholen; das Prinzip zeigt Abb. 5.4 a. Das Ergebnis ist eine Ordination aller Aufnahmen entlang der ersten (synthetischen) Achse.

Eine zweite Achse lässt sich aufspannen, in dem wir 2 weitere Aufnahmen wählen, die 1. einen großen Abstand zueinander haben und 2. möglichst im Zentrum der ersten Achse liegen, z. B. die Aufnahmen 18 und 31. Hier kommt eine weitere Anforderung an Ordinationen ins Spiel. Ziel ist, dass alle Achsen wirklich zusätzliche Information anzeigen, dass also die Positionen der Objekte entlang der zweiten Achse unabhängig von den Koordinaten der(selben) Objekte entlang der ersten Achse sind. Anders ausgedrückt, die Achsen sollen **unkorreliert** oder **orthogonal** sein. Für uns bedeutet das, das die zweite Achse möglichst wenig mit der Varianz zu tun haben soll, die auf Achse 1 abgebildet ist. Das ist der Grund, warum wir für die zweite Achse 2 Aufnahmen auswählen, die entlang der ersten Achse möglichst kleine Unterschiede zeigen (also dicht beieinander liegen).

Auch für die zweite Achse lassen sich nun mit der Zirkelmethode alle Aufnahmen auf die Achse abtragen (5.4 b). Wenn wir nun die beiden Achsen senkrecht aufeinander stellen (sie sind ja weitgehend unkorreliert, s. oben!) und die jeweiligen Werte als x- bzw. y-Koordinaten abtragen, entsteht eine 2dimensionale Ordination der Aufnahmen.

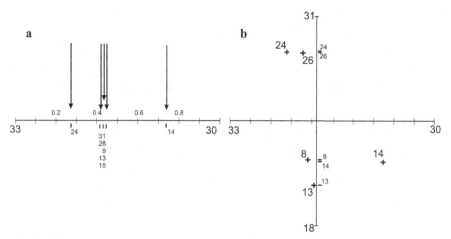

Abb. 5.4. a Ordination mehrerer Aufnahmen auf der ersten Achse durch Fällen der Lote. **b** Gleiches Vorgehen für eine zweite Achse, die von 2 Aufnahmen im mittleren Bereich der ersten Achse aufgespannt wird (Nr. 18 und 31). Die Kreuze geben die endgültige Lage der Objekte im 2dimensionalen Raum an

Abbildung 5.5 a zeigt das Ergebnis einer polaren Ordination für unseren Standarddatensatz. Sie zeigt die beiden wichtigsten Ordinationsachsen, also in diesem Fall die beiden wichtigsten Gradienten floristischer Ähnlichkeit. Um die Interpretation zu erleichtern, wurde in einem zweiten Schritt wieder der Grundwasserstand der Aufnahmen mit der Ordination verknüpft (Abb. 5.5 b), und in der Abbildung durch unterschiedlich große Symbole dargestellt. Es zeigt sich, dass auch hier die erste Achse einem Feuchtigkeitsgradienten entspricht, denn Flächen mit einem niedrigen Grundwasserstand liegen eher im rechten Bereich der Grafik, Aufnahmen aus der rezenten Aue liegen im oberen Bereich, Aufnahmen vom Auenrand eher im unteren Bereich.

Durch die polare Ordination wurden also die maximal möglichen 53 Achsen erfolgreich auf wenige wichtige reduziert; dennoch ist das Ergebnis dieser simplen Ordinationsmethode nicht ideal. Zwar werden die wichtigsten Gradienten erkannt, aber die Reihenfolge der Achsen ist gerade bei sehr heterogenen Datensätzen relativ zufällig, da viele Aufnahmen keine Arten gemeinsam haben und somit als Endpunkte der ersten Achsen in Frage kommen. Die ersten Achsen sind also nicht unbedingt Achsen absteigender Wichtigkeit.

Weil die ersten beiden Achsen letztlich nur von 4 Aufnahmen aufgespannt werden, ist auch die Dimensionsreduktion nicht immer günstig. Daher hat die polare Ordination heute kaum noch praktische Bedeutung.

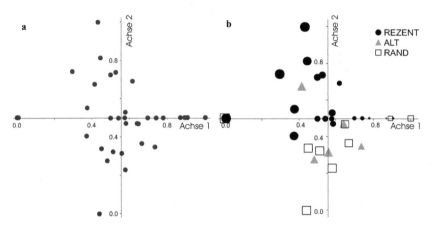

Abb. 5.5. a Polare Ordination der Elbauendaten. **b** Gleiche Ordination, aber zur Verdeutlichung der wichtigsten abiotischen Gradienten wurde der mittlere Grundwasserstand der Aufnahmelokalitäten durch unterschiedlich große Symbole angedeutet; die Form der Symbole gibt die Lage der Aufnahmen in der Aue an (Ähnlichkeitsmaß Bray-Curtis-Ähnlichkeit, Auswahl der Achsen nach der Standardmethode; zum Vergleich s. a. Abb. 5.2)

Allerdings gibt es inzwischen verbesserte Methoden (v. a. im Hinblick auf die Auswahl der Endpunkte), die in Vergleichsstudien gute Ergebnisse brachten (McCune et al. 2002). Polare Ordination sollte daher möglicherweise stärker zur Anwendung kommen. Je nach Fragestellung und Aufnahmedesign kann es auch gerechtfertigt sein, die Endpunkte bzw. Pole anhand externer Daten direkt auszuwählen. Dies gilt z. B. bei Transektstudien, wenn es darum geht, alle Aufnahmen in Bezug auf die Endpunkte des Transektes anzuordnen; auch bei Zeitreihenanalysen ergibt sich die Wahl der Endpunkte direkt aus dem Aufnahmedesign (z. B. Süß et al. 2004). Weitergehende Bemerkungen zu polarer Ordination finden sich bei Gauch (1994) und McCune et al. (2002).

6 Korrespondenzanalyse (CA)

6.1 Das Prinzip

Die Korrespondenzanalyse (**CA** = *correspondence analysis*) wurde speziell für ökologische Fragestellungen von Hill (1973) eingeführt, der sie damals als *reciprocal averaging* (= **RA**) bezeichnete. Es handelt sich hier um eine Erweiterung der *Weighted-averaging*-Technik, die eigentlich aus der univariaten direkten Gradientenanalyse stammt (s. Kap. 2.10). Mittlerweile ist die Korrespondenzanalyse bzw. ihre Weiterentwicklung **DCA** (= *detrended correspondence analysis*) eines der am weitesten verbreiteten Ordinationsverfahren der indirekten Gradientenanalyse in der Ökologie. Die Korrespondenzanalyse geht von der Annahme aus, dass sich eine große Zahl der Arten **unimodal** und nicht **linear** entlang der wichtigsten Umweltgradienten verhalten, d. h. die Arten besitzen ein Optimum irgendwo entlang dieser Gradienten. Abb. 6.1 zeigt die Vorkommenswahrscheinlichkeit einer Auswahl von Pflanzenarten entlang eines Bodenfeuchtegradienten, hier als mittlerer Grundwasserstand MWS dargestellt. Die meisten Artreaktionen zeigen eine Glockenkurve; Art 4 bevorzugt demnach feuchtere Bereiche als z. B. Art 7. Nur an den Enden des Gradienten, im sehr trockenen und sehr nassen Bereich, verhalten sich die Arten linear wie Art 5 und Art 2. Die Korrespondenzanalyse trägt genau dieser unimodalen Artantwort Rechnung. Bevor wir auf das Prinzip dieses Verfahrens zu sprechen kommen, möchten wir die grundlegenden Schritte zunächst in Bezug zu einem Umweltgradienten erläutern.

Wenn sich eine Art unimodal entlang eines Gradienten verhält, tritt die Art am häufigsten in der Nähe ihres Optimums auf. Eine sinnvolle Schätzung dieses Optimums ist daher gegeben, wenn der Durchschnitt der Umweltvariablenwerte über alle Objekte, welche die Art enthalten, unter Einbeziehung der Häufigkeit der Art berechnet wird. Diese Schätzung ist das gewichtete Mittel *GM*, das schon in Kap. 2.10 beschrieben wurde (Gl. 2.22, Tabelle 2.14). Das gewichtete Mittel beschreibt dabei die Lage des Optimums der Art im Umweltgradienten genauer als der einfache, ungewichtete Mittelwert.

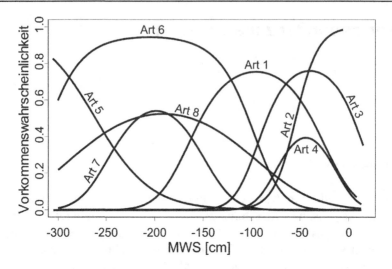

Abb. 6.1. Art-Antwort-Kurven für 8 Arten aus dem Elbauen-Datensatz entlang eines Bodenfeuchtegradienten

Eine Einschränkung ist allerdings, dass der Umweltgradient in den benutzten Daten ausreichend lang sein muss, damit wir den gewichteten Mittelwert überhaupt sicher abschätzen können. Wir können auch sagen, der Gradient muss so lang sein, dass die Art wirklich ein volles unimodales Verhalten zeigt (Abb. 6.1). Außerdem soll noch einmal darauf hingewiesen werden, dass die gewichtete Mittelung nicht das Fehlen von Variablen in einzelnen Objekten mit einbezieht, was bei bestimmten Verteilungen zu Problemen führen kann (Kap. 2.10).

Berechnen wir nun für einen Teil unserer Elbauendaten die gewichteten Mittel über alle Arten zunächst auf der Basis von mittleren Grundwasserständen (Tabelle 6.1). Für *Achillea millefolium* z. B. ergibt sich ein gewichtetes Mittel von: $GM_{Achimill} = [(-238) \cdot 4 + (-148) \cdot 4 + (-138) \cdot 1 + (-103) \cdot 1 + (-112) \cdot 3] / 13 = -163.15$.

Das weitere Vorgehen lässt sich wie folgt schematisch darstellen:

Wir ordnen die Aufnahmen entsprechend ihrer Grundwasserstands-Werte und die Arten in der Reihenfolge ihrer gewichteten Mittel (Tabelle 6.2). Nennen wir die Werte des mittleren Grundwasserstandes nun *sample scores*, d. h. **Aufnahmewerte** (wir könnten sie auch Objektwerte nennen), die gewichteten Mittel für die Arten *species scores*, **Artwerte**. Als Ergebnis der Neusortierung sind die Daten diagonalisiert, da Arten, die sich in Bezug zum mittleren Grundwasserstand ähnlich verhalten, nun zusammenstehen (sie haben ähnliche Artwerte), während Arten, die entgegengesetztes Verhalten zeigen, in der Matrix nun weit entfernt sind (stark unterschiedliche Artwerte).

Tabelle 6.1. Art-Aufnahme-Matrix des Elbauendatensatzes. Angegeben sind zusätzlich der mittlere Grundwasserstand für alle Aufnahmen sowie die berechneten gewichteten Mittel für alle Arten (rechts, gerundet). Wie in Kap. 3.1 beschrieben, sind die Londo-Deckungsgrade ordinal transformiert worden (s. auch Tabelle 1.1)

	1	2	3	4	5	6	7	8	9	10	11	12	13	14	15	16	17	18	19	20	21	22	23	24	25	26	27	28	29	30	31	32	33	GM
Achimill	4	4			1																						1				3			-163.15
Agrocani							4	5									6				1													-35.19
Agrocapi	3	4	2													8					1	1				4		5	3					-190.13
Agrorepe		1	1			7	5		4		4				9	3		3	5			5				9	5							-121.13
Agrostol						6			4	12								5		1		2	3							8				-51.24
Alopgeni									4	1								2				3	5							6				-33.05
Alopprat		1				7	7	1		2		5		1	1	4	2		4	5		3	2		5	1	1	3	2					-109.44
Anthodor	6						5							1		1			1							4			4					-158.27
Caltpalu			1													1	5				6													-34.15
Cardprat			2			2	1							1	3				1	1	2	1						1						-58.40
Caredist																		1		2														-40.33
Caregrac			4			5	8		1					7	2			4	3			1	2			2							1	-35.55
Careprae	2	2		1	1										2			1				2		1	3	1								-155.13
Carevesi			4				1		4							1	7				2													-30.74
Carevulp								1			1			1	1			3		1			1											-77.56
Cirsarve						1									4			3												1				-72.56
Cirslanc																					1													-40.00
Cniddubi																												2						-165.00
Desccesp																8		1		5	4								3	1				-78.32
Eleounig											1		2					1	1															-63.60
Eropvern	1				1																					1	1							-194.50
Euphesul		1																								1	1							-124.00
Festprat						2	1																					1						-71.00
Galipalu			1				2	1			1	1		3	2			3		1		1	3	1	1	2					1			-44.29
GaliverA	1	1	3													4										4		1	4					-160.00
Glycflui							1												2					7							2			-18.75
Glycmaxi							1					2										1	2	3		1					1	11	10	-8.97
Holclana						4	2							4			1			2	6								1					-54.30
Junceffu			1			1	1							1							4	1				1								-42.60
Lathprat														1	1					1											1			-74.25
Lotucorn		1	1		1																1										1			-94.20
Lychflos			1			2									1						1	1												-45.17
Phalarun		5				1	2	2	1	11	8	2				1			1	2	1	1	6			1					1			-54.37
Planinte					3	3	1													1				1										-70.56
Poa palu			1		1	1		11	4		1		1		1		6	2		4	1		6	3										-78.86
Poa praA	3	2	1	5	6	1							3		1		1		4		2		2			4	2							-117.89
Poa triv			1		2	1	1	4									2		2	3		3	1											-71.35
Poteanse			1			2									1			1	2															-50.71
Poterept						1													1					1										-92.00
Ranuflam			1			1	3							1					1					3										-33.30
Ranurepe		4	1	1	1	2	4	1	4				1	3			3		5	4	4	2	6			9	9							-62.48
Roriamph														4		7												1	1					-21.77
RorisylA										1	2	1				1			1				3	4										-72.54
Rumeacet			1				4								4					4							1		1					-70.00
Rumethyr	1	5	2		3	5										3							2	4					1					-184.88
Siumlati			1					2				1				3					2	1		1										-31.73
Stelpalu			2			1						1		1	1		1	1	2		1	1												-51.83
Sympoffi																							3	1										-38.75
TaraoffA		1	1	1				1						1					1	1		1			2					1	1			-109.85
Trifrepe			2			3													4	4	1	1												-56.47
Vicicrac			1			1					9				4															1	2			-96.33
Vicilath	1																																	-238.00
Vicitetr	1	1													2												1		1					-149.83
MWS	-273	-238	-148	-27	-145	-138	-45	-29	-98	-18	-109	-25	-73	-108	-195	-32	-75	-68	-46	-40	-35	-8	-103	-28	-255	-112	-165	-112	5	-1	-4			

Tabelle 6.2. Die nach mittlerem Grundwasserstand und gewichtetem Mittel der Arten geordneten Daten zeigen eine Diagonalstruktur

	1	27	2	16	29	3	5	6	28	30	11	15	25	9	19	14	20	21	7	13	22	23	17	8	18	26	4	12	10	24	33	32	31	GM
Vicilath		1																																-238.00
Eropvern	1	1									1	1																						-194.50
Agrocapi	3	4	4	8	5	2					3					1			1															-190.13
Rumethyr	1	4	5	3		2	3	5			1			2																				-184.88
Cniddubi				2																														-165.00
Achimill		4					4	1			3			1																				-163.15
GaliverA	1	4	1	1	3						4					4																		-160.00
Anthodor	6	4									4					1	1	5						1										-158.27
Careprae		1	2	2	1	2	1	1	3			2	1																					-155.13
Vicitetr	1	1		1											1	2																		-149.83
Euphesul				1									1	1																				-124.00
Agrorepe		1	3	5	1	7	5	9					4	9	5	4	3	5																-121.13
Poa praA		3	1	2	2	5	6	4						2		1	3			4	1				2					1				-117.89
TaraoffA			1	1	1	1	1						1	1		2			1			1								1				-109.85
Alopprat	1	1	2	2			7	7	3				5	4	5	2	4	1	5		1	1	3	2						1				-109.44
Vicicrac				1									2	9		4			1											1				-96.33
Lotucorn				1	1	1									1															1				-94.20
Poterept															1	1	1																	-92.00
Poa palu				1									4	1	6	11	6		2	1	1	4	1	1					3	1				-78.86
Desccesp					3									1	8	5					4	1												-78.32
Carevulp														1	1	1	3	1		1	1													-77.56
Lathprat														1			1	1		1														-74.25
Cirsarve														1		4	3		1															-72.56
RorisylA													1	1	4	1	1					3								2				-72.54
Poa triv								2					3	4		2	1	2	3			1			1	1								-71.35
Festprat						1													2						1									-71.00
Planinte													1		1	3	1													3				-70.56
Rumeacet	1												1			4		4	4						1									-70.00
Eleounig													1			1		1	2															-63.60
Ranurepe							1	1					4	9	4	5	3	4	4	1	1	2	6	3	2				9	4	1			-62.48
Cardprat						1										1	3	1	2	2	1	1			1					2				-58.40
Trifrepe																4		4	1	3		1								2				-56.47
Phalarun													11			2	1		2	1	1	2	1	6	1	2		1	5	8	1		1	-54.37
Holclana											1					4	2	6	4					1	2									-54.30
Stelpalu											1					2	1		1	1	1	1		1		1								-51.83
Agrostol								6								2	4	5				1					3		12				8	-51.24
Poteanse																1	2		2					1		1								-50.71
Lychflos																1		1	2		1					1								-45.17
Galipalu												1			1	1		2	1		3	1	3		2	3	2	1	1		1		1	-44.29
Junceffu																1		4	1		1				1		1	1						-42.60
Caredist																	2								1									-40.33
Cirslanc																						1												-40.00
Sympoffi																					3	1												-38.75
Caregrac																2				5	7	1	2	4	8	3	2	4		1			1	-35.55
Agrocani															1	4								6	5									-35.19
Caltpalu																		6		1		5			1									-34.15
Ranuflam															1	1	1								3		3	1						-33.30
Alopgeni													4	2											5					1	3		6	-33.05
Siumlati																		2	1	3	2						1	1	1					-31.73
Carevesi																			1		2			1	4	7		4						-30.74
Roriamph																											1		7	4	1			-21.77
Glycflui													2									1								7			2	-18.75
Glycmaxi																					1	2			1		1		2	3	10	11	1	-8.97
MWS	-273	-255	-238	-195	-165	-148	-145	-138	-112	-112	-109	-108	-103	-98	-75	-73	-68	-46	-45	-44	-40	-35	-32	-29	-29	-28	-27	-25	-18	-8	-4	-1	5	

Tabelle 6.3. Artwerte und Aufnahmewerte nach dem ersten Zyklus des *reciprocal averaging*. Zusätzlich sind die willkürlich gewählten Eingangsaufnahmewerte (1-33) aufgeführt (mit → gekennzeichnet)

	1	2	3	4	5	6	7	8	9	10	11	12	13	14	15	16	17	18	19	20	21	22	23	24	25	26	27	28	29	30	31	32	33	GM
Achimill	4	4			1																					1				3				10.846
Agrocani							4	5								6			1															11.938
Agrocapi	3	4	2													8				1	1				4		5	3						17.129
Agrorepe		1	1			7	5			4		4			9	3			3	5				5			9	5						16.590
Agrostol						6			4	12									5		1			2	3					8				16.707
Alopgeni									4	1									2				3	5						6				22.476
Alopprat		1				7	7	1		2		5		1	1	4	2		4	5		3	2		5	1	1	3	2					15.544
Anthodor	6						5							1		1			1							4			4					14.591
Caltpalu			1													1	5		6															18.692
Cardprat			2			2	1						1	3					1	1	2	1						1						14.467
Caredist																	1			2														20.000
Caregrac			4				5	8		1				7	2		4	3			1	2		2									1	12.975
Careprae	2	2		1	1										2				1				2		1	3	1							16.375
Carevesi			4				1	4								1	7				2													12.737
Carevulp								1		1			1	1				3	1				1											16.667
Cirsarve							1							4					3										1					17.000
Cirslanc																					1													22.000
Cniddubi																												2						29.000
Desccesp													8			1			5	4								3	1					19.727
Eleounig											1		2					1	1															15.400
Eropvern	1				1																					1	1							15.500
Euphesul		1																								1	1							20.333
Festprat					2	1																					1							12.750
Galipalu			1				2	1			1	1	3	2				3		1		1	3	1	1	2						1		17.375
GaliverA	1	1	3											4												4		1	4					18.056
Glycflui								1										2						7							2			23.000
Glycmaxi								1				2									1	2	3		1						1	11	10	28.469
Holclana							4	2						4		1			2	6								1						15.650
Junceffu			1				1	1						1						4	1				1									16.500
Lathprat													1	1					1									1						19.250
Lotucorn		1	1		1															1								1						12.800
Lychflos		1				2							1							1	1													12.667
Phalarun			5			1	2	2	1	11	8	2				1			1	2	1	1	6			1					1			13.652
Planinte								3	3	1									1						1									12.444
Poa palu			1		1	1			11		4		1		1		1		6	2		4	1		6	3								16.233
Poa praA	3	2	1	5	6	1							3		1				1		4		2		2			4	2					13.811
Poa triv			1			2	1	1	4												2		2	3	3	1								16.050
Poteanse			1				2							1				1		2														12.857
Poterept								1											1						1									17.667
Ranuflam			1			1	3						1							1								3						14.700
Ranurepe		4	1	1	1	2	4	1	4					1	3			3	5	4	4	2	6			9	9							17.906
Roriamph							4		7																	1	1							13.385
RorisylA						1	2	1						1					1					3	4									18.692
Rumeacet			1			4								4							4							1			1			15.267
Rumethyr	1	5	2		3	5										3								2		4					1			11.462
Siumlati			1				2				1					3					2	1			1									16.000
Stelpalu			2			1					1		1	1			1	1	2		1	1												14.083
Sympoffi																							3	1										22.250
TaraoffA		1	1	1	1						1					1			1	1		1			2					1	1			16.538
Trifrepe			2			3													4	4	1	1												15.200
Vicicrac			1			1					9			4																1	2			14.167
Vicilath	1																																	2.000
Vicitetr	1	1												2													1	1						14.857
→	1	2	3	4	5	6	7	8	9	10	11	12	13	14	15	16	17	18	19	20	21	22	23	24	25	26	27	28	29	30	31	32	33	
x	15.329	13.497	14.811	14.700	15.168	15.012	14.282	14.748	16.752	15.830	15.216	15.433	14.996	16.265	16.427	15.769	16.697	14.609	15.267	16.481	15.557	17.496	16.801	22.973	16.318	17.552	15.357	15.955	17.474	15.635	19.813	27.544	27.060	

Tabelle 6.4. Arten und Aufnahmen geordnet nach ihren abschließenden Art- und Aufnahmewerten in der CA (1. Achse). Eine starke Diagonalstruktur ist in den Daten zu erkennen

	1	2	27	3	16	30	29	28	5	15	6	14	21	20	25	7	11	19	4	22	17	9	13	18	23	8	26	10	31	12	24	33	32	GM
Vicilath	1																																	-1.441
Achimill		4	4	3									1				1																	-1.218
Agrocapi	3	4	4	2	8	3	5						1								1													-1.217
Euphesul					1	1	1																											-1.194
GaliverA	1	1	4	3		4	1					4																						-1.141
Eropvern	1	1											1		1																			-1.117
Rumethyr	1	5	4	2	3	1						3	5					2																-1.083
Vicitetr	1	1	1			1							2																					-1.027
Cniddubi					2																													-0.967
Careprae		2	1	2	2							1	3	1	1						2	1												-0.955
Anthodor	6	4					4						1	1				5							1									-0.946
Lotucorn						1			1				1	1								1												-0.653
Poa praA	3		2	1		2	4	5			6	3	4		2	1		1	1						2									-0.633
Agrorepe	1		1	3		5	9	7	9	5			5	5		4	3						4											-0.574
TaraoffA			1	1	1	1			1		1		1	2		1	1	1	1															-0.492
Cirsarve					1							4	3			1																		-0.440
Rumeacet		1				1						4	4			4		1																-0.400
Lathprat					1								1	1										1										-0.391
Alopprat	1	1		2		2	3	7	4	7	1		5	5	1	5	4			3		2	1		2		1							-0.378
Desccesp			1	3			8	5					5							4	1													-0.357
Vicicrac			2	1		4					1		9		1																			-0.287
Holclana					1						4	6	2		4					1					2									-0.219
Festprat					1								2											1										-0.186
Cardprat					1						3	2	1		2		1	2	1		1			1										-0.117
Poteanse											1		2		2		1		1					1										-0.091
Lychflos											1	1	2				1						1											-0.059
Trifrepe												1	4		3			4	2	1														-0.034
Caredist													2											1										-0.015
Junceffu												1	4		1		1	1								1	1							-0.001
Carevulp												1	1		1		1	3					1	1										0.021
Poterept																1		1					1											0.072
Stelpalu												1	1		1	1	2	2	1	1			1	1										0.097
Poa triv									2			2	3	1		1	2		4			3	1	1										0.099
Poa palu									1	1		2	6	1	4	6		1	4	1	11	1		1		3								0.117
Eleounig													1			1	1		2															0.124
Ranurepe								1				1	3	4	4	9	1	4	5	4	2	3	4	1		6	2	9	1					0.131
RorisylA									1						4		1	1			1		3		2									0.164
Agrocani													1			4					6					5								0.217
Cirslanc																					1													0.225
Sympoffi																		3					1											0.295
Caltpalu																1	6	1			5													0.322
Planinte										1							1	1		3			3											0.361
Carevesi																1	4	2	1		7									4				0.363
Ranuflam												1				1		1			1					3	3							0.383
Caregrac									2						5			4	1	4		7	3	2	8	2	1					1		0.399
Phalarun												1	2		1	11	1	5	1	1	2	2		6	2	1	1		1	8				0.453
Siumlati																1	2	3					1	2	1				1					0.476
Agrostol								6					2			5	1	4					3	12	8									0.512
Galipalu						2			1	1			1			1	1			1	3	3	3	2	2		1	1			1			0.577
Alopgeni																	2			4					5	1	6		3					1.009
Roriamph																									1	4			7	1				1.298
Glycflui																	2							1					2	7				1.753
Glycmaxi																				1				2	1	1		1	2	3	10	11		3.117
	-1.488	-1.441	-1.438	-1.410	-1.303	-1.209	-0.963	-0.811	-0.601	-0.580	-0.456	-0.259	-0.253	-0.222	-0.170	0.002	0.166	0.194	0.225	0.267	0.271	0.355	0.474	0.507	0.563	0.675	0.831	1.349	1.483	2.492	4.044	4.094		

Die Diagonalisierung ist dabei umso deutlicher, je wichtiger der Umweltgradient für die Variation in der Artenzusammensetzung ist, d. h. je deutlicher die Unterschiede in den Artwerten (in den Optima der Artkurven) sind. Der mittlere Grundwasserstand scheint daher ein wichtiger Umweltgradient zu sein.

Günstig wäre es nun, den Gradienten zu kennen, der am besten die Variation in der Artenzusammensetzung erklärt (d. h. die beste Diagonalisierungsstruktur liefert, die für diese Daten möglich ist). Genau diesen optimalen Gradienten sucht nun die Korrespondenzanalyse: Sie leitet einen theoretischen Gradienten ab, der am besten die Variation in den Artdaten erklärt. Die Korrespondenzanalyse erreicht dies durch die Berechnung optimaler Aufnahmewerte; Messwerte spielen dafür keine Rolle, denn es ist ja eine indirekte Ordination (vgl. Kap. 5.1).

1. Schritt: Wir wählen willkürlich Aufnahmewerte für alle Aufnahmen aus (s. Tabelle 6.3; es ist völlig egal, welche Anfangswerte gewählt werden, solange sie unterschiedlich sind!).

2. Schritt: Nun werden die Artwerte als gewichtetes Mittel der anfänglichen Aufnahmewerte berechnet, z. B.
   $GM_{Achimill} = (2 \cdot 4 + 3 \cdot 4 + 6 \cdot 1 + 25 \cdot 1 + 30 \cdot 3)/13 = 10.846$

3. Schritt: Wir berechnen nun im Gegenzug neue Aufnahmewerte x_i durch Berechnung des gewichteten Mittels aus den Artwerten:

$$x_i = \sum_{k=1}^{m} GM_k y_{ki} / \sum_{k=1}^{m} y_{ki} \qquad (6.1)$$

Für Aufnahme 1 in Tabelle 6.3 bedeutet das z. B.
$x_1 = (17.129 \cdot 3 + 14.591 \cdot 6 + 15.500 \cdot 1 + 18.056 \cdot 1 + 11.462 \cdot 1)/12 = 15.329$

Wir ordnen unsere Aufnahmen und Arten nun in der Reihenfolge ihrer Werte und erhalten rudimentär eine Diagonalstruktur (nicht dargestellt).

4. Schritt: Das Ganze beginnt von vorn; wir berechnen neue Artwerte auf der Basis des gewichteten Mittels der Aufnahmewerte. Daraus werden dann wiederum neue Aufnahmewerte berechnet. Es werden so lange Iterationen durchgeführt, bis sich Art- und Aufnahmewerte stabilisiert haben. Anfangs ändern sich diese noch sehr stark, nach mehreren Zyklen sind sie aber meist stabil (Tabelle 6.4).

Dieser Prozess der wechselweisen (reziproken) Berechnung der gewichteten Mittel wurde, wie oben schon erwähnt, von Hill (1973) als *reciprocal averaging* bezeichnet.

Ein numerisches Problem dabei ist, dass die Art- und Aufnahmewerte bei jedem Zyklus immer kleiner werden. Um dies zu verhindern, werden entweder die Artwerte oder die Aufnahmewerte nach jedem Iterationszyklus neu skaliert. Für das Ergebnis der Korrespondenzanalyse hat dieser

Schritt aber keine Relevanz; für Details sei auf ter Braak (1995, S. 100) verwiesen.

Aus den Art- und Aufnahmewerten der Tabelle 6.4 lässt sich nun eine erste Achse ableiten, auf der z. B. *Vicia lathyroides* (Artwert: -1.441) und *Glyceria maxima* (3.117) sehr weit auseinander liegen. Auch die Aufnahmen 1 und 32 liegen weit auseinander; die Aufnahmen 3 und 16 haben dagegen ein ähnliches Arteninventar und liegen entsprechend eng beieinander. Dieses Muster in den Daten wird unabhängig von den anfangs gewählten Aufnahmewerten aufgedeckt.

In der Regel erklärt die aus den Werten aufgespannte Achse nicht die gesamte Variation in der Artenzusammensetzung. Das wäre nur dann so, wenn wir eine perfekte Diagonale entwickeln könnten, wie in Tabelle 6.5 (S. 76) gezeigt ist. Stattdessen gibt es eine Variabilität in den Daten, für die die erste Achse nicht Rechnung tragen kann. Schauen wir uns z. B. die Aufnahmen 7 und 11 an (Tabelle 6.4); sie liegen auf der ersten Achse direkt nebeneinander, die Artenzusammensetzung ist aber deutlich unterschiedlich. Anders ausgedrückt, es gibt meist nicht nur einen, sondern mehrere wichtige Gradienten im Datensatz. Wir brauchen also eine zweite Achse (und vielleicht eine dritte und vierte), um den Rest der Variation in der Artenzusammensetzung abbilden zu können. Diese muss unkorreliert, d. h. orthogonal zur ersten sein, weil wir ja (wie bei der polaren Ordination in Kap. 5.2 beschrieben) wirklich zusätzliche Information abbilden wollen.

Dies geschieht bei der Korrespondenzanalyse durch ein Orthogonalisierungsverfahren. Vereinfacht gesagt bedeutet dies, dass die zweiten Achse zwar nach dem gleichen Prinzip generiert wird wie die erste Achse, allerdings mit einem Extraschritt: Nachdem wir aus den Artwerten neue Aufnahmewerte berechnet haben (Schritt 3), müssen durch Orthogonalisierung neue Aufnahmewerte ermittelt werden, die unkorreliert zu den Werten der ersten Achse sind. Das Verfahren dafür entspricht im Prinzip dem der partiellen Korrelation (bei dem wir mit den Residuen, also den Abweichungen der beobachteten Werte von den berechneten Werten der Funktion, weiterrechnen, Kap. 2.11). Mit diesen neuen Aufnahmewerten geht es jetzt weiter, ein neuer Iterationszyklus beginnt mit der Berechnung neuer Artwerte (Schritt 2). Die Diagonalstruktur, die sich nach Stabilisierung der Werte ergibt, ist nicht ganz so deutlich ausgeprägt wie bei der ersten Achse (nicht dargestellt).

Wir können jetzt die jeweiligen Werte nutzen, um ein Ordinationsdiagramm zu zeichnen, das durch 2 synthetische Achsen aufgespannt wird (Abb. 6.2). In diesem sind die Arten und/oder Aufnahmen entsprechend ihrer Art- bzw. Aufnahmewerte verteilt. Ein Ordinationsdiagramm, welches nur eins von beiden Elementen zeigt (Abb. 6.2), wird als Streudiagramm (*scatter plot*) bezeichnet. Ein Ordinationsdiagramm dagegen, das Arten und Aufnahmen darstellt, wird je nach Skalierung (s. unten) *biplot* bzw. *joint plot* genannt.

Aus dem Muster der Artwerte entlang der Achsen wird nun in einem zweiten Schritt versucht, auf die für die Artenzusammensetzung wesentlichen Umweltgradienten zu schließen. Wir haben bisher keine Messdaten in die Analyse einfließen lassen (indirekte Gradientenanalyse!), wir müssen also mit Hilfe unserer Kenntnis der Zusammenhänge das Ergebnis interpretieren. Es ist dabei hilfreich, weit auseinander liegende Arten zu betrachten: Dies sind z. B. *Vicia lathyroides* und *Achillea millefolium* links im Diagramm (Abb. 6.2, negative Artwerte entlang der ersten Achse), *Glyceria fluitans* und *Rorippa amphibia* rechts (hohe Werte). Hier dürfte zumindest Pflanzenkennern der Faktor, der mit der ersten Achse zusammen hängt, relativ klar sein, denn *Achillea millefolium* wächst in trockenen Grünländern, während *Glyceria fluitans* für Flutrasen charakteristisch ist: Die erste Achse muss einem Bodenfeuchtegradienten entsprechen!

Die zweite Achse ist ohne Vorwissen schwieriger zu interpretieren: In welcher Weise unterscheiden sich z. B. *Rumex thyrsiflorus* und *Glyceria fluitans* (oben im Diagramm) von *Carex vesicaria* und *Caltha palustris* (unten) ökologisch voneinander?

Hier kann es hilfreich sein, wenn im Gelände Aufzeichnungen zu den Eigenschaften der Aufnahmeflächen gemacht worden sind. Auch ohne zeitaufwändige Untersuchungen können hier sozusagen nebenbei wichtige Informationen zur Interpretation der Daten ermittelt werden. Im Falle des Elbauendatensatzes ist z. B. notiert worden, ob sich die Aufnahmefläche in der rezenten Aue, in der Altaue (hinter dem Deich) oder am Auenrand befindet. Diese Information kann in das Ordinationsdiagramm eingefügt werden, indem wie schon bei der polaren Ordination gezeigt (Kap. 5.2) den Punkten der Aufnahmewerte entsprechende Symbole zugeordnet werden (Abb. 6.2 b).

Hierdurch werden die Daten interpretierbar: Entlang der zweiten Achse trennen sich die unterschiedlichen Auenkompartimente voneinander, die Arten oben im Diagramm sind offenbar Arten, die im Überschwemmungsgebiet wachsen (positive Artwerte entlang der zweiten Achse), während die Arten im unteren Teil des Diagramms die Altaue und den Auenrand besiedeln (niedrige Artwerte). Diese Information macht es natürlich leichter, auf die entsprechenden zugrunde liegenden Umweltgradienten zu schließen (z. B. Größe der Wasserstandsschwankungen, Überflutungsdauer und -höhe).

Mathematisch betrachtet sind die Achsen der CA Eigenvektoren, die übrigens auch im Englischen als *eigenvector* bezeichnet werden (Zitat: "*eigen' is German for 'self'*", ter Braak 1995, S. 101).

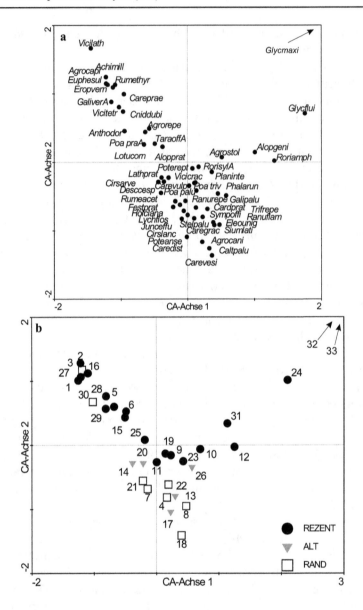

Abb. 6.2. Ordinationsdiagramm einer CA: **a** Verteilung der Artwerte und **b** der Aufnahmewerte im Raum, der durch die erste und zweite Achse aufgespannt wird (Eigenwerte 1./2. Achse: 0.71/0.59, *Glyceria maxima* und die Aufnahmen 32 und 33 liegen außerhalb der Diagramme, deren erste Achsen hier aus Layout-Gründen etwas gekürzt wurden)

Jeder Eigenvektor und damit jede Ordinationsachse hat einen Eigenwert λ (*eigenvalue*), der ein Maß für die Dispersion, also die Auftrennung der Artwerte entlang der Achse ist. Das bedeutet, dass der Eigenwert, der hier zwischen 0 und 1 liegen kann, um so größer ist, je stärker sich die Artwerte auf dieser Achse voneinander unterscheiden. Je wichtiger also die Achse (bzw. der zugrunde liegende Gradient) für die Variation in der Artenzusammensetzung ist, desto höher ist der Eigenwert.

Die erste Ordinationsachse hat in allen hier besprochenen Ordinationsverfahren mit Ausnahme der polaren Ordination (Kap. 5.2) und NMDS (Kap. 12.3) immer den höchsten Eigenwert (sie erklärt den größten Teil der Variation in der Artenzusammensetzung im Vergleich zu den weiteren Achsen), die zweite den zweitgrößten usw. Werte von 0.5 für die erste Achse werden in der Literatur oft als günstig bezeichnet, da sie eine gute Trennung der Arten entlang der Achse anzeigen. In unserem Fall sind die Eigenwerte für Achse 1: 0.710; Achse 2: 0.591; Achse 3: 0.548; Achse 4: 0.393. Die Summe aller Eigenwerte der CA ist ein Maß für die Gesamtvarianz in den Daten und wird bei ter Braak u. Šmilauer (2002) als ***total inertia*** bezeichnet. Der Anteil der Varianz, der durch die einzelnen Achsen erklärt wird, ergibt sich aus dem Verhältnis des Eigenwertes der jeweiligen Achse zur Gesamtvarianz.

6.2 Mathematische Artefakte – Probleme der CA

Nehmen wir nun eine Artengemeinschaft an, deren Variation tatsächlich nur von einem Faktor bestimmt wird. Der Einfachheit halber soll jedes Objekt aus nur 3 Arten bestehen. Als Ergebnis des *reciprocal averaging* erhalten wir eine perfekte Diagonalstruktur in den Daten (Tabelle 6.5).
Von der Korrespondenzanalyse könnten wir nun erwarten, dass
1. sich alle Artwerte nur entlang einer ersten Achse anordnen (denn es gibt keine Variation in den Daten darüber hinaus).
2. die Objekte, sprich die Aufnahmewerte, alle im gleichen Abstand voneinander auf der ersten Achse liegen, da sich die Artengemeinschaft entlang des alles erklärenden Gradienten konstant ändert (eine Art fällt weg, eine kommt hinzu).
3. der Eigenwert der ersten Achse 1 ist, der aller anderen dagegen 0.

Das Ordinationsdiagramm (Abb. 6.3 a) ist allerdings eine deutliche Enttäuschung. Die Aufnahmewerte beschreiben einen Bogen, was als ***Arch-Effekt*** bezeichnet wird. Dieser *arch* (Bogen) ist auch in unserem CA-Diagramm der Elbauendaten zu erkennen (Abb. 6.2).

Tabelle 6.5. Artifizieller Datensatz (Petrie-Matrix) mit 10 Objekten und 12 Arten mit perfekter Diagonalisierung als Ergebnis des CA-Prozesses

	O1	O2	O3	O4	O5	O6	O7	O8	O9	O10
Art 1	1									
Art 2	1	1								
Art 3	1	1	1							
Art 4		1	1	1						
Art 5			1	1	1					
Art 6				1	1	1				
Art 7					1	1	1			
Art 8						1	1	1		
Art 9							1	1	1	
Art 10								1	1	1
Art 11									1	1
Art 12										1

Das heißt also, dass die Korrespondenzanalyse der zweiten Achse eine Bedeutung zumisst, die sie offensichtlich nicht haben sollte. Dies drückt sich für den Datensatz aus Tabelle 6.5 auch im Eigenwert aus, der für die zweite Achse immerhin 0.765 beträgt (erste Achse: 0.936, dritte Achse: 0.541, vierte Achse: 0.328).

Das ist aber nicht das einzige Problem. Die Ordination suggeriert uns nicht nur das Vorhandensein eines zweiten Gradienten, wo gar keiner ist, sondern sie bildet auch den ersten Gradienten nicht richtig ab: Die Aufnahmen am äußeren Rand liegen näher zusammen als die in der Mitte, obwohl wir doch wegen des gleichmäßigen Artenwechsels Äquidistanz erwartet hätten (Abb. 6.3 a).

6.3 DCA (*Detrended Correspondence Analysis*)

Hill u. Gauch (1980) haben die beiden Hauptprobleme erkannt und eine Modifikation der Korrespondenzanalyse entwickelt. Mittels *detrending* (dt: entzerren) werden die hier beschriebenen Fehler korrigiert (wenn auch mathematisch nicht gerade elegant).

Als Ergebnis ist die DCA entstanden, die im Moment die meist verwendete Ordinationsmethode bei der indirekten Gradientenanalyse sein dürfte. Für das *detrending* gibt es mehrere Herangehensweisen, die wichtigste ist aber das ***detrending by segments***.

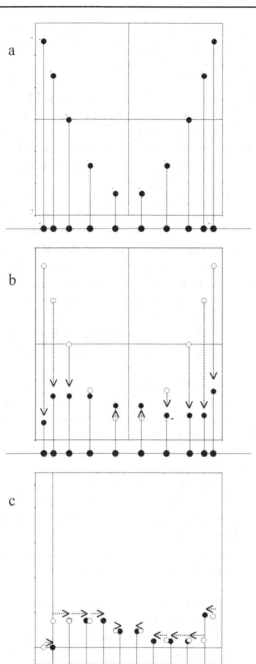

Abb. 6.3. a CA-Ordinations-diagramm (erste und zweite Achse) für den Datensatz aus Tabelle 6.5; zur Verdeutlichung wurden die Koordinaten der Aufnahmen auf die erste Achse projiziert (Eigenwert erste Achse 0.936, zweite Achse 0.765)
b Methode des *detrending by segments*, erster Schritt: Zentrierung der Werte um die erste Achse
c *Detrending by segments*, zweiter Schritt: Standardisieren der ersten Achse in gleichmäßigen Intervallen (Standardabweichungen)

Dabei wird die erste Achse in eine vorgegebene Zahl von Segmenten unterteilt. Die Aufnahmewerte entlang der zweiten Achse werden um den gemeinsamen Mittelwert in diesem Segment vermindert; anders ausgedrückt, sie werden entlang der ersten Achse zentriert. Hohe Zweite-Achsen-Werte innerhalb eines Segments haben daher einen hohen Mittelwert und werden stärker herabgewichtet als Werte in Segmenten mit niedrigeren Mittelwerten (Abb. 6.3 b). Der Eigenwert der zweiten Achse für den Datensatz in Tabelle 6.5 ist nach diesem *detrending* nahezu Null. Mit den nächst höheren Achsen wird nach dem gleichen Muster verfahren, damit ist der *arch* praktisch verschwunden. (Abb. 6.3 b).

Das zweite Problem ist die fehlende Äquidistanz der Aufnahmewerte entlang der ersten Achse. Die Aufnahmen stehen an den Enden der Achse näher zusammen als in der Mitte, die Achse ist an den Enden gestaucht. Das heißt auch, dass die Reaktionskurven der Arten an den Rändern schmaler sind als in der Mitte. Hill u. Gauch (1980) lösen das Problem durch eine nichtlineare Neuskalierung, wodurch die Spannweiten der Art-Antwort-Kurven entlang der ersten Achse annähernd angeglichen werden. Für das genaue Vorgehen dieser Standardisierung verweisen wir auf Hill u. Gauch (1980) oder ter Braak (1995). Im Ergebnis erhalten wir die gewünschte Äquidistanz zwischen den Aufnahmewerten entlang der ersten Achse (Abb. 6.3 c).

Wichtig dabei ist, dass nach dieser Neuskalierung die Achsen in ökologisch interpretierbaren Einheiten skaliert sind. Sie stellen jetzt ein Vielfaches der durchschnittlichen **Standardabweichung des Artenwechsels** dar (*average standard deviation of species turnover*, Einheit: SD für *standard deviation*). Die Standardisierung basiert auf der Berechnung der Toleranzen, hier als Standardabweichungen bei einer Gauß'schen Antwortkurve bezeichnet (Abb. 2.10). Die Artkurven sind in der Weise standardisiert, dass sie eine Toleranzbreite von 1 haben. In diesem Fall steigt und fällt die Art-Antwort-Kurve über ein Intervall von 4 Standardabweichungseinheiten. Das hat den Vorteil, dass die Länge der Ordinationsachse eine konkrete Bedeutung bekommt: Unterscheiden sich die Aufnahmewerte von 2 Aufnahmen um mehr als 4 SD-Einheiten voneinander, so haben diese i. d. R. keine Arten mehr gemeinsam.

Die **Gradientenlänge** (*length of gradient*) der DCA mit ihrer Einheit SD ist ein wichtiger Kennwert für die Interpretation des Datensatzes und gibt den Abstand der am entferntest liegenden Aufnahmewerte auf jeder Achse an. Eine Gradientenlänge der ersten Achse von 8 SD bedeutet z. B., dass innerhalb des Datensatzes ein 2facher Artenwechsel entlang der Achse erfolgt. Der Datensatz ist somit sehr heterogen, und der dieser Achse zugrunde liegende Gradient hat eine sehr große Bedeutung für die Variation in der Artenzusammensetzung. In der Ausgangsmatrix würde sich eine ausgeprägte Diagonalstruktur nach dem *reciprocal averaging* ergeben. Anders sähe es bei einer Gradientenlänge von 1.5 SD aus. Der zugrunde liegende Gradient wäre kurz, der Datensatz eher homogen.

Die DCA für den Elbauendatensatz mit allen 53 Arten (Abb. 6.4) ergibt den gleichen Eigenwert der ersten Achse wie für die CA (0.710), aber die Werte für die zweite und höhere Achsen sind nach *detrending* deutlich kleiner (z. B. zweite Achse CA/DCA: 0.591/0.442). Die Gradientenlänge beträgt für die erste Achse 6.2 SD; ein mehr als 1.5facher Artenwechsel deutet auf beträchtliche Heterogenität im Datensatz hin. Auch die zweite Achse mit 3.8 SD hat noch einige Bedeutung im Vergleich zur dritten und vierten (2.4 bzw. 3.0 SD). Im Gegensatz zum Eigenwert, der von der ersten über alle weiteren Achsen immer kleiner wird, kann es (selten) vorkommen, dass die Gradientenlänge einer höheren Achse einen größeren Wert besitzt als die vorangehende.

Der Kennwert Gradientenlänge gibt auch einen Hinweis darauf, ob die Achse überhaupt lang genug ist, damit sich der Großteil der Arten unimodal verhält und daher auch darauf, ob das Modell der Korrespondenzanalyse überhaupt geeignet ist. Bei einem kurzen Umweltgradienten werden die meisten Arten entweder nur zunehmen oder nur abnehmen, hier ist dann ein lineares Modell (s. Hauptkomponentenanalyse, Kap. 9). besser geeignet als das unimodale Modell der Korrespondenzanalyse. Lepš u. Šmilauer (2003) empfehlen bei einer Gradientenlänge > 4 unimodale Methoden zu verwenden, während bei einer Gradientenlänge < 3 wahrscheinlich lineare Methoden besser geeignet sind. Bei Längen zwischen 3 und 4 sollten beide Typen von Ordinationsmethoden vernünftige Ergebnisse bringen.

6.4 Zusammenfassendes zu Problemen der CA und DCA

Obwohl die geschilderten Verfahren zu den populärsten innerhalb der indirekten Gradientenanalyse gehören, sind sie umstritten und haben vielfältige Modifikationen erfahren. Ein wesentlicher Kritikpunkt liegt bei der Methode des *detrending*, die ja auf eine recht willkürliche Weise einfach nur die „Symptome kuriert". Das *detrending* kann zu einer zu starken Stauchung der zweiten Achse führen, wobei ein evtl. wirklich vorhandener, d. h. ökologisch interpretierbarer *arch* möglicherweise zerstört würde.

Als Alternative zum *detrending* durch Segmente ist daher das weniger gebräuchliche *detrending* durch Polynome entwickelt worden, bei dem einfach eine Kurve, also ein Polynom, durch den Bogen gelegt wird. Die Werte werden dann entlang dieser Kurve standardisiert.

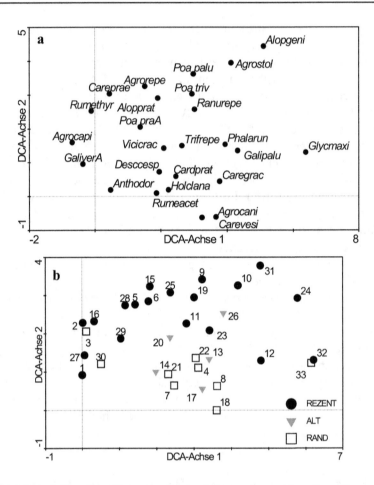

Abb. 6.4. DCA-Ordinationsdiagramm für den Elbauendatensatz: **a** Streudiagramm mit Artwerten, **b** Streudiagramm mit Aufnahmewerten (Eigenwerte erste/zweite Achse: 0.71/0.44; Gradientenlänge: 6.2/3.8 SD; aus Platzgründen sind nur 25 Arten dargestellt)

Das ist mathematisch zwar etwas eleganter als das segmentweise *detrending*, kuriert aber auch nur die Symptome. Außerdem ist die Achse nach dem *detrending* durch Polynome nicht in Standardabweichungseinheiten skaliert, damit ist ein ganz wesentlicher Vorteil der DCA verloren gegangen. Trotz des theoretisch etwas sinnvolleren Ansatzes hat sich *detrending by polynomials* deswegen nicht durchgesetzt.

Ein grundlegendes Problem aller Korrespondenzanalysen ist, dass sie letztlich die Chi-Quadrat-Distanz zwischen den Aufnahmen wiedergeben. Das ist insoweit erstaunlich, als dass in dem geschilderten Algorithmus nirgendwo die Berechnung eines Distanzmaßes auftaucht. Tatsächlich war Hill ursprünglich auch nicht bewusst, dass die Methode implizit ein Distanzmaß benutzt. Es zeigt sich aber, dass der Algorithmus des *reciprocal averaging* in der Tat auf die Chi-Quadrat-Metrik rückführbar ist. Wie in Kapitel 4.3 dargestellt, hat diese aber den gravierenden Nachteil, dass Arten mit insgesamt großer Häufigkeit in der Analyse stärker herabgewichtet werden als seltene Arten. Letztere gehen also überproportional stark in die Analyse ein. Auch hier können nur die Symptome kuriert werden. Eine Möglichkeit ist, seltene Arten vorher von der Analyse auszuschließen. Das ist gerechtfertigt, da wir bei 1 oder 2 Vorkommen ohnehin nichts Sicheres über die Ansprüche der Arten sagen können. Eine andere Methode ist in einigen Softwarepaketen als Option vorhanden. Seltene Arten können herabgewichtet werden, was als ***downweighting of rare species*** bezeichnet wird; hierdurch wird ihre stärkere Gewichtung in der anschließenden CA/DCA korrigiert.

Unter anderem hiermit hängt auch der Vorwurf zusammen, dass CA und DCA bestimmte Muster in den Daten nur unzureichend wiedergeben. Minchin (1987) stellte beim Vergleich von DCA und NMDS (Kap. 12.3) fest, dass letztere Methode für eine Reihe von Datensätzen besser interpretierbare Ergebnisse erzielt. So können unter bestimmten Bedingungen die Aufnahmen an einem Ende des Gradienten bei der DCA zu einer „Zunge" gestaucht sein. Ausführliche Simulationen zeigen, dass Korrespondenzanalysen überhaupt nur dann sichere Ergebnisse liefern, wenn es einen klaren Hauptgradienten gibt und weitere Gradienten demgegenüber relativ kurz sind (van Groenewoud 1992). Das hat auch damit zu tun, dass zu einer vernünftigen Abschätzung der gewichteten Mittelwerte (*weighted averaging*) schlicht eine gewisse Gradientenlänge nötig ist. Es gibt allerdings nicht selten diesen einen Hauptgradient, selbst wenn dieser häufig einen Komplex parallel variierender Faktoren darstellt (z. B. Höhengradient). Das sei nur ein Einblick, Genaueres zu den Unzulänglichkeiten ist z. B. bei McCune et al. (2002) und Legendre u. Legendre (1998) nachzulesen.

Insgesamt haben Korrespondenzanalysen so viele Probleme, dass manche Autoren ganz von ihrer Verwendung abraten. Alternative indirekte Ordinationsverfahren sind in Kapitel 12 dargestellt, haben aber ihrerseits eigene Schwierigkeiten. Außerdem sind noch mehr Tests und breitere praktische Erfahrung mit alternativen Methoden nötig, was erklärt, warum im Moment Korrespondenzanalysen immer noch die am häufigsten verwendete Methodenfamilie in der multivariaten Analyse ökologischer Daten sind. Trotz ihrer Probleme wollen wir sie den Lesern auch weiterhin empfehlen. Wir haben dafür 3 Gründe:

1. Als erster Schritt ist es oft sinnvoll, mit einer DCA (*detrending by segments*) die Länge des Gradienten abzuschätzen, weil das entscheidend für die Wahl des geeigneten Analyseverfahrens ist.
2. Wegen ihrer Robustheit sind CA und vor allem DCA oft sehr geeignet, um die Ergebnisse anderer Verfahren (z. B. CCA) zu überprüfen.
3. Die oben geschilderten Einwände sind letztlich theoretischer Natur, unsere Erfahrungen in der Praxis zeigen, dass bei realen Daten DCA-Ordinationen (weniger CA) oft sehr gut interpretierbare Ergebnisse liefern. Da aus unserer Sicht Interpretierbarkeit für Ökologen wichtiger ist als mathematische Eleganz, ist dieser – zugegeben rein pragmatische – Vorteil ein starkes Argument.

7 Interpretation von CA und DCA

7.1 Zur Skalierung und Interpretation der Ordinationsdiagramme

Bei genauerer Betrachtung ergeben sich einige Fragen zur grafischen Darstellung der Ergebnisse, die von verschiedenen Autoren aber oft uneinheitlich bzw. gar nicht beantwortet werden. Wir wollen trotzdem kurz auf die Probleme eingehen. In einem Ordinationsdiagramm mit Art- und Aufnahmewerten können entweder nur die Beziehungen der Arten untereinander oder nur die Beziehungen von Aufnahmen zueinander optimal dargestellt werden, nicht beides gleichzeitig. Es ist daher sinnvoll, vorher zu überlegen, ob wir die Interpretation der Ergebnisse eher auf Basis der Arten oder auf Basis der Aufnahmen durchführen möchten. Je nachdem können in einigen, aber längst nicht in allen Softwarepaketen (v. a. CANOCO, ter Braak u. Šmilauer 2002; Syn-Tax, Podani 2001; VEGAN, Oksanen et al. 2006) entsprechende Skalierungen durchgeführt werden. Diese ändern aber nichts an anderen Aspekten der Analyse (z. B. Kenngrößen wie Eigenwerten, Gradientenlängen etc.), sondern es geht hier nur um die visuelle Interpretation der Diagramme. Wird nur eine von beiden Gruppen, d. h. Arten oder Aufnahmen, im Streudiagramm dargestellt, werden die Achsen automatisch optimal skaliert. Die Wahl der Darstellung ist zudem auch dann unwichtig, wenn die beiden zu betrachtenden Achsen in etwa gleiche Eigenwerte aufweisen.

Lepš u. Šmilauer (2003) empfehlen, bei langen Gradienten **Hill's *scaling*** mit Fokus auf die Aufnahme-Beziehungen (*inter-sample distances*) zu wählen. Die Beziehung zwischen Aufnahmen und Arten können dann mit Hilfe des **Zentroid-Prinzips (*centroid principle*)** analysiert werden; das entsprechende Diagramm wird ***joint plot*** genannt: Aufnahmewerte sind hier gewichtete Mittel der Artwerte, so dass Aufnahmen in der Mitte, d. h. im Zentroid der Arten liegen, die in dieser Aufnahme vorkommen. Aufnahmen, die sehr nah an einem Artenpunkt liegen, zeichnen sich daher mit großer Wahrscheinlichkeit durch eine hohe Abundanz dieser Art aus. Umgekehrt ist davon auszugehen, dass Arten, die von einem Aufnahmepunkt weit entfernt liegen, nicht in der entsprechenden Aufnahme vorhanden sind.

Bei sehr kurzen Gradienten ist eher das ***biplot scaling*** mit Fokus auf Artenbeziehungen zu wählen (wobei wir allerdings in den meisten Fällen empfehlen würden, dann linearen Methoden den Vorzug zu geben; s. Kap. 9). Hier werden die Beziehungen von Arten und Aufnahmen mit Hilfe der **Biplot**-Regel analysiert, das entsprechende Diagramm wird ***biplot*** genannt. Die *Biplot*-Regel gilt dabei für CA und PCA in gleicher Weise und taucht auch bei der CCA wieder auf (Kap. 8): Der Ursprungspunkt (Koordinaten 0/0) wird mit dem Punkt des Artwertes verbunden. Dieser Vektorpfeil zeigt in Richtung zunehmender Abundanz der Art und kann auch auf der anderen Seite über den Ursprungspunkt verlängert werden.

Nun wird eine senkrechte Linie von jedem Punkt der Aufnahmewerte zum Pfeil projiziert, also das Lot gefällt (Abb. 7.1). Daraus ergibt sich eine Reihenfolge der Aufnahmen im Hinblick auf die jeweilige Art, in unserem Beispiel *Glyceria maxima*. Weit von der Pfeilspitze entfernte Aufnahmepunkte haben die Art nicht oder nur in geringer Abundanz (z. B. Aufnahmen 6 u. 25, Abb. 7.1). Je näher die projizierten Punkte an der Pfeilspitze sind, desto höher ist tendenziell die Abundanz der Art in der entsprechenden Aufnahme bzw. desto höher ist die Wahrscheinlichkeit, dass die Art in der Aufnahme auftritt (bei Präsenz-/Absenzdaten). Die Distanz zwischen Punkten der Aufnahmewerte untereinander bzw. denen der Artwerte ist beim *biplot scaling* die Chi-Quadrat-Distanz (Kap. 4).

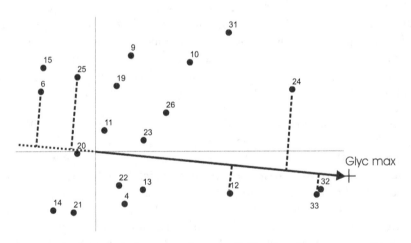

Abb. 7.1. *Biplot*-Regel zur Interpretation von Ordinationsdiagrammen, die Arten und Aufnahmen enthalten: Die relative Häufigkeit einer Variable wird durch das Fällen der Lote von den Aufnahmen abgeschätzt (nach Lepš u. Šmilauer 2003)

Häufig ist es sinnvoll, Arten und Aufnahmen getrennt darzustellen. Wenn für die Aufnahmen keine Extrainformationen vorliegen, die in Form von Symbolen in das Diagramm eingefügt werden können, ist eine Darstellung der Aufnahmen meist überflüssig, und es sollte auf das Artenmuster allein fokussiert werden. Manchmal kann aber auch die Anordnung der Aufnahmen zueinander im Ordinationsraum (z. B. Clusterbildung) aufschlussreich sein. Die Beziehungen von einzelnen Arten zu den Aufnahmen sind außerdem durch einen Blick in die nach Art- und Aufnahmewerten geordnete (diagonalisierte) Ausgangsmatrix zu erkennen (Tabelle 6.4).

Arten, die im Ordinationsdiagramm der CA und DCA sehr weit außen liegen, also sehr hohe oder niedrige Artwerte besitzen, sind häufig seltene Arten, die entweder extreme Umweltbedingungen bevorzugen (in dem Sinne, dass sie wirklich bevorzugt an den Rändern der grundlegenden Umweltgradienten vorkommen), oder ihre seltenen Vorkommen liegen zufällig gerade an den Standorten mit extremen Umweltbedingungen. Dies können wir nur durch zusätzliches Wissen aufklären, nicht aber aus dem Datensatz erschließen. Eine Interpretation der Achsen sollte daher nicht auf Basis der sehr seltenen Arten erfolgen, obwohl diese sehr stark das Muster der Artwerte im Diagramm beeinflussen können. Eine Möglichkeit diesen Einfluss zu reduzieren ist, die Arten vor der Analyse so zu gewichten, dass seltene ein geringeres Gewicht bekommen (also die Option *downweighting of rare species* zu wählen, s. Kap. 6.4). Eine andere Möglichkeit ist, überhaupt nur die Arten, die eine bestimmte Häufigkeit im Datensatz haben, im Ordinationsdiagramm darzustellen (auch wenn alle Arten in der Analyse eingehen, die seltenen Arten werden nur nicht gezeigt). Dies ist ohnehin notwendig, da schon bei einem Datensatz von vielen, also etwa über 40 Arten, die Übersichtlichkeit eines Ordinationsdiagramms nicht mehr gegeben ist (in Vorträgen bei ausreichender! Schriftgröße müssen es sogar weit weniger sein).

Ebenso schwierig ist eine Interpretation der Artwerte, die im Zentrum des Diagramms liegen. Wie am Anfang von Kapitel 6 ausgeführt ist, liefert die Technik der gewichteten Mittelung nur gute Ergebnisse, solange sich die Arten auch wirklich unimodal verhalten. Ein Artwert im Zentrum des Diagramms kann natürlich bedeuten, dass die Art bzgl. der beiden Achsen und damit der grundlegenden Umweltgradienten tatsächlich ein intermediäres Verhalten zeigt. Es kann aber auch bedeuten, dass sie sich bimodal verhält, also 2 Vorkommensoptima entlang einer Achse hat oder überhaupt nicht mit diesen Achsen (oder nur mit einer von beiden) korreliert ist. Um das abzuschätzen, hilft ein Blick in die nach den Aufnahmewerten entlang der Achsen geordnete Originalmatrix (Tabelle 6.4). Gegebenenfalls ist es sogar sinnvoll, die Abundanzen gegen die Aufnahmewerte entlang der einzelnen Achsen aufzutragen.

Schauen wir uns das Vorkommen von *Alopecurus pratensis* und *Trifolium repens* (ungefähr im Zentrum der ersten Achse der CA und DCA-Diagramme gelegen, Abb. 6.2, 6.4) entlang der Aufnahmewerte der ersten Achse an (Tabelle 6.4). *Trifolium repens* zeigt ein deutlich unimodales Verhalten entlang der Achse (die Art kommt recht eng begrenzt nur in der Mitte der geordneten Tabelle vor, d. h. sie besiedelt entlang des Feuchtegradienten nur die mittleren Standorte, während *Alopecurus pratensis* viel weiter verbreitet ist. Beide haben aber ähnliche Artwerte entlang der ersten Achse. Vorstellbar wäre auch eine Art, die über den gesamten Gradienten gleich häufig ist, was sich ebenfalls in mittleren Artwerten niederschlägt.

7.2 Umweltvariablen – Interaktionen von Effekten

Komplizierter wird es, wenn wir mit in Betracht ziehen, dass einzelne Umweltvariablen mit anderen interagieren können. Das bedeutet, dass der Effekt einer Umweltvariablen (z. B. auf die Abundanz einer Art) in Abhängigkeit von einem anderen Variablen steht (Kap. 2.9). Schauen wir uns z. B. das Verhalten von *Alopecurus pratensis* und *Deschampsia cespitosa* entlang des Bodenfeuchtegradienten für die 3 Auenbereiche, in denen die Arten vorkommen (rezente Aue, Altaue, Auenrand), einmal im Detail an (Abb. 7.2).

Die Vorkommenswahrscheinlichkeit wurde mit Hilfe logistischer Regression ausgewertet (Kap. 2.8), wobei ein erweiterter Datensatz von 206 Aufnahmen verwendet wurde. *Alopecurus pratensis* besitzt eine breite Amplitude bzgl. der Feuchte, wobei die sehr nassen Standorte gemieden werden (Abb. 7.2 a). Untersuchen wir aber nun die Vorkommenswahrscheinlichkeit der Art getrennt für jedes Auenkompartiment, so zeigen sich deutliche Unterschiede: *Alopecurus pratensis* bevorzugt in der rezenten Aue weit niedrigere Grundwasserstände als im Hinterland einschließlich des Auenrandes (Abb. 7.2 b). Die Ordinationsanalyse liefert aber nur einen mittleren Artwert für die jeweilige Achse und damit auch für die erste Achse, die wir als Bodenfeuchtegradient interpretiert haben. Bei *Deschampsia cespitosa* werden die Interaktionen im Ordinationsdiagramm abgebildet, denn die Art kommt in der rezenten Aue selten vor (geringe Vorkommenswahrscheinlichkeit in Abb. 7.2 b), was sich in der Lage der Artwerte entlang der zweiten Achse bemerkbar macht (Abb. 6.4 a).

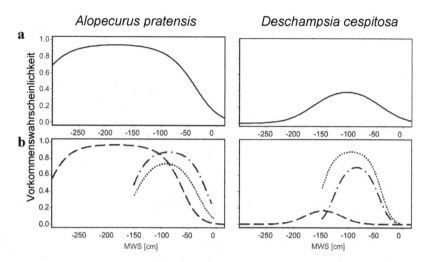

Abb. 7.2. Beispiel für Interaktionen von Umweltvariablen: **a** Einfluss von MWS über alle Auentypen für *Alopecurus pratensis* und *Deschampsia cespitosa*. **b** MWS und Auentyp zeigen Interaktionen, d. h. der Effekt der Variable MWS auf das Vorkommen von *Alopecurus pratensis* und *Deschampsia cespitosa* hängt vom Auentyp ab (—— gesamte Reaktion, — — rezente Aue, — · Altaue, ······ Auenrand)

Interaktionen wie im Fall von *Alopecurus pratensis* können mit Hilfe der vorgestellten Ordinationsmethoden nicht aufgedeckt werden. Daher empfiehlt es sich, im Anschluss an die multivariate Analyse der grundlegenden Struktur der Daten und der wesentlichen Faktoren in die Analyse der Einzelarten zu gehen. Das genaue Verhalten einer Art entlang von Umweltgradienten aus der Ordinationsanalyse interpretieren zu wollen, ist dagegen häufig Kaffeesatzleserei!

7.3 Ordination und Umweltdaten

Ist neben einem Datensatz der Artenzusammensetzung auch ein Datensatz mit Umweltvariablen vorhanden, gibt es 2 komplementäre Ansätze, diese miteinander in Beziehung zu setzen. Bleiben wir zunächst bei der indirekten Gradientenanalyse. Je nachdem, ob sich die Arten eher linear oder unimodal verhalten (Länge des Gradienten in einer ersten DCA!), führen wir eine PCA (Kap. 9) oder DCA durch. Nun gibt es mehrere Möglichkeiten, die Umweltdaten für eine Interpretation der Achsen zu nutzen. Ein simples Vorgehen ist, die Werte der Umweltvariablen neben die Punkte der Aufnahmewerte in das Diagramm einzutragen. Einfache Gradienten entlang der Achsen lassen sich dann leicht erkennen.

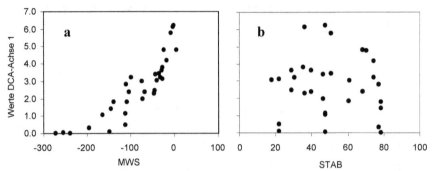

Abb. 7.3. Zusammenhang zwischen **a** MWS und den Aufnahmewerten (*sample scores*) der ersten Achse, **b** STAB und den Aufnahmewerten der ersten Achse

Eine andere Möglichkeit ist, Korrelationskoeffizienten zwischen Umweltvariablen und den entsprechenden Aufnahmewerten in der Ordination zu berechnen. Dazu brauchen wir die Aufnahmewerte, z. B. für die erste Achse einer Ordination und setzen diese dann zu Umweltvariablen in Beziehung (Abb. 7.3). Die Stärke des Zusammenhangs der entsprechenden Achsen mit den Umweltgradienten lässt sich so sehr gut beschreiben und als Korrelationskoeffizient ausdrücken (Tabelle 7.1). Je nachdem, welche Datentypen wir benutzen, bieten sich hier parametrische oder nichtparametrische Koeffizienten an. Wollen wir z. B. ordinalskalierte Ellenberg-Zeigerwerte mit dem Ordinationsachsen korrelieren, dann ist es sinnvoll, rangbasierte Korrelationskoeffizienten zu verwenden (Spearman *rank*, Kendalls tau, Kap. 2.3). Das Interpretationsprinzip ist aber immer das gleiche, eine Ordination wird in einem zweiten Schritt, also ***post hoc***, durch weitere Analyseschritte interpretiert. Derartige *Post-hoc*-Korrelationen werden von vielen Softwarepaketen direkt angeboten, sie können aber auch leicht berechnet werden, indem Aufnahmewerte aus einer Ordination in ein normales Programm für univariate Statistik überführt und dann mit Umweltvariablen korreliert werden (Abb. 7.3, Tabelle 7.1).

Die Richtung der maximalen Änderung einer Umweltvariablen lässt sich aber auch im Ordinationsdiagramm darstellen. Basis der Berechnung ist meist eine multiple Regression (Methode der kleinsten Fehlerquadrate, Kap. 2.6) mit der zu betrachtenden Umweltvariablen als abhängiger (y) und den Aufnahmewerten der ersten (x_1) und zweiten Achse (x_2) als erklärende Variablen:

$$y = b_0 + b_1 x_1 + b_2 x_2 \qquad (7.1)$$

	DCA-Achse 1	DCA-Achse 2
REZENT	-0.09	0.66
ALT	0.07	-0.20
RAND	0.04	-0.57
INTENS	-0.29	0.26
MWS	0.87	-0.09
STAB	-0.11	0.60
ÜFD	0.79	0.22
ÜF>50	0.50	0.47

Tabelle 7.1. Korrelation der Umweltvariablen mit der ersten und zweiten Achse der DCA (Pearson-Korrelationen)

Die Richtung der maximalen Korrelation wird durch den Winkel α zwischen diesem und der ersten Achse definiert: $\alpha = \arctan (b_1/b_2)$. Im Diagramm wird die Richtung durch einen Pfeil bestimmt, die relative Länge des Pfeils im Vergleich zu der Pfeillänge anderer Umweltvariablen gibt die Stärke der Änderung an (Abb. 7.4). Ursprung des Pfeils ist der Mittelpunkt der Punktwolke, der von der Gesamtheit der Aufnahmewerte gebildet wird; der Endpunkt wird durch die Koordinaten b_1 und b_2 bestimmt. Auf diese Weise können Richtung und Stärke der Auswirkung unterschiedlicher Einzelvariablen in Beziehung zum Art- und Aufnahmemuster gesetzt werden.

Obwohl jede Umweltvariable getrennt mit den Achsen korreliert wird, kann man die Korrelationskoeffizienten untereinander vergleichen und durch unterschiedlich lange Vektoren symbolisieren. Dabei kommt es auf die relative Länge der Vektoren untereinander an, während die absolute Länge der Vektoren im Diagramm letztlich willkürlich ist. Sie sind ja in eigenen Einheiten skaliert und haben mit den Ordinationsachsen (*weighted averages*) keinen direkten Zusammenhang. Die absolute Länge der Vektoren im Verhältnis zu den Ordinationsachsen ist also eine Layoutfrage.

Neben ordinal- und ratioskalierten Daten können auch nominale Variablen in das Diagramm projiziert werden. Ein Pfeil ist dann aber sicher nicht die richtige Darstellungsform, geben nominale Variablen doch keine Gradienten an, sondern trennen den Datensatz nur nach Klassenzugehörigkeit. Sie sind daher am besten als Zentroid abzubilden, d. h. als Mittelpunkt der Punktwolke, die von der Gruppe von Objekten gleicher Klassenzugehörigkeit gebildet wird (Abb. 7.4).

Im Gegensatz zur beschriebenen Methode, die Umweltvariablen mit der Artenzusammensetzung *post hoc* zu analysieren, werden bei der im nächsten Kapitel erläuterten **direkten** (multivariaten) **Gradientenanalyse** die Umweltdaten direkt mit den Artdaten in Beziehung gesetzt. Die indirekte Gradientenanalyse wird im Englischen auch als ***unconstrained ordination***, die direkte als ***constrained ordination*** bezeichnet. Eine deutsche Übersetzung ist schwierig; inhaltlich bedeutet es, dass das Muster der Arten und Aufnahmen in Bezug zu den Achsen bei den indirekten Verfahren (z. B. DCA, PCA) unabhängig (uneingeschränkt = *unconstrained*) von den Umweltdaten ermittelt wird. Die Variabilität, die abgebildet und durch Kennwerte belegt wird, entspricht der Hauptvariation in den Artdaten. Anders ist dies bei den direkten Gradientenanalysen CCA (Kap. 8) und RDA (Kap. 10). Hier wird nur die Variation in der Artenzusammensetzung ermittelt, die in Beziehung zu den berücksichtigten Umweltvariablen steht.

Beide Verfahren haben ihre Berechtigung, aber auch ihre Einschränkungen: Während bei der direkten Gradientenanalyse unter Umständen der Hauptanteil der Variation in der Artenzusammensetzung unerkannt bleibt (nämlich dann, wenn die für die Artzusammensetzung wichtigsten Umweltvariablen nicht gemessen wurden), kann bei der indirekten Gradientenanalyse der Teil der Variation, der in Beziehung zu den Umweltdaten steht, nicht immer ermittelt werden. Beide Verfahren anzuwenden und die Ergebnisse miteinander zu vergleichen (Kap. 8), ist daher empfehlenswert (Okland 1990).

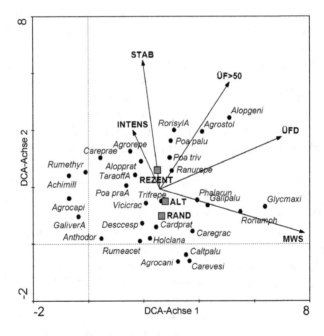

Abb. 7.4. DCA-Diagramm des Elbauensatzes (wie Abb. 6.4) mit *Post-hoc-*Korrelation der Umweltvariablen. Nominale Variablen sind als Zentroide dargestellt (Mittelpunkt der Punktwolke, die durch die Objekte einer Klasse gebildet wird). Aus Platzgründen sind nur 30 Arten dargestellt (Eigenwerte erste/zweite Achse: 0.71/0.44; Gradientenlänge: 6.2/3.8 SD)

8 Kanonische Ordination (*constrained ordination*)

Seit den 80er Jahren des 20. Jahrhunderts werden Verfahren der kanonischen Ordination in der Ökologie angewandt. Sie haben zum Ziel, diejenige Variation der Artenzusammensetzung aufzudecken, die in Beziehung zu den gemessenen Umweltvariablen steht. Dazu kombinieren diese Methoden die Verfahren der indirekten Gradientenanalyse (CA bzw. DCA und PCA) mit (multiplen) Regressionen auf die zusätzlich gemessenen Umweltvariablen, d. h. mit Methoden der univariaten direkten Gradientenanalyse. Kanonische Ordination wird daher auch als direkte Gradientenanalyse bezeichnet, obwohl „multivariate direkte Gradientenanalyse" passender wäre, um sie von univariaten Verfahren abzugrenzen. Kanonische Ordinationen sind also Weiterentwicklungen indirekter Verfahren: So beruht die **Kanonische Korrespondenzanalyse (CCA** oder **DCCA,** s. unten) auf einer Korrespondenzanalyse (Kap. 6), die **Redundanzanalyse (RDA,** Kap. 10) auf einer Hauptkomponentenanalyse (Kap. 9).

8.1 Prinzip der Kanonischen Korrespondenzanalyse (CCA)

Ter Braak (1987) hat die Methode der CA zur CCA erweitert. Erinnern wir uns noch einmal, dass die CA einen theoretischen Gradienten entwickelt, der am besten die Variation der Artdaten erklärt, d. h. bei dem die Arten so entlang eines Gradienten angeordnet werden, dass sie maximal ausgebreitet sind. Die Korrespondenzanalyse erreicht dies durch die (im Hinblick auf die Artdaten) optimale Anordnung der Aufnahmewerte entlang der Ordinationsachse. Die Positionen der Aufnahmewerte (*sample scores*) sind dabei gewichtete Mittel (*weighted averages*) der Artwerte (*species scores*). Bei der Kanonischen Korrespondenzanalyse kommt nun ein weiterer Schritt hinzu (Abb. 8.1): Wir fordern, dass die abgeleiteten Gradienten, sprich die Ordinationsachsen, **Linearkombinationen** der aufgenommenen Umweltvariablen darstellen; dazu wird ein multiples lineares Regressionsmodell benutzt, bei dem die Umweltdaten als erklärende Variablen dienen. Auch Interaktionen zwischen Variablen können hier durch entsprechende Terme in dem Regressionsmodell berücksichtigt werden.

Die CCA sucht die Linearkombination der Umweltvariablen, die am besten die Aufnahmewerte erklärt, welche aber weiterhin auch von der Artenzusammensetzung abhängen. Auch hier werden Arten entlang von Gradienten angeordnet, die möglichst viel von der enthaltenden Varianz ausdrücken, allerdings mit der Einschränkung (*constrained ordination!*), dass der Gradient gleichzeitig eine Linearkombination der Umweltvariablen darstellt. Eine kanonische Ordination hängt also nicht nur von den Arten oder nur von den Umweltvariablen ab, sondern fasst die multivariate Beziehung zwischen beiden zusammen. Die CCA ist also dann geeignet, wenn die Variation der Artdaten, die in Zusammenhang mit den verfügbaren Umweltvariablen steht, interessant ist. Außerdem sollte natürlich das in der (C)CA verwendete unimodale Modell für die Artdaten angemessen sein.

Der Algorithmus beginnt mit einer CA. Sie berechnet die gewichteten Mittel der Artwerte und leitet daraus Aufnahmewerte ab (Kap. 6). Diese Aufnahmewerte werden nun als abhängige Variable, die Umweltvariablen als erklärende Variablen in einer multiplen linearen Regression verwendet (Kap. 2.6). Die ursprünglichen Aufnahmewerte werden dann durch die aus dem Regressionsmodell als Linearkombination der Umweltvariablen berechneten Werte ersetzt. Letztere bilden den Ausgangspunkt für die nächste CA-Iteration. Der Vorgang wird so lange wiederholt, bis sich die Werte stabilisiert haben. In der Kanonischen Korrespondenzanalyse gibt es also 2 Arten von Aufnahmewerten (Abb. 8.1):

- Aufnahmewerte, die vor dem Regressionsschritt als **gewichtete Mittel** der Artwerte berechnet wurden. Nennen wir sie **GM-Werte** (engl. *WA-scores* basierend auf *weighted averages*).
- Aufnahmewerte, die als Ergebnis des Regressionsschritts Linearkombinationen der Umweltvariablen sind: die **LK-Werte** (englisch: *LC-scores* basierend auf *linear combinations*).

Anfänglich wurden im Ordinationsdiagramm meist GM-Werte dargestellt, weil sie auch dann noch eine Aussage ermöglichen, wenn die Umweltvariablen z. B. sehr viel Rauschen enthalten (McCune 1997). Andererseits sind nur die LK-Werte wirklich aus einer direkten Gradientenanalyse hervorgegangen, werden daher häufiger empfohlen (Palmer 1993; ter Braak 1994) und z. B. in neueren Versionen von CANOCO auch standardmäßig verwendet. Die Struktur des Ordinationsraums wird hier also sehr stark von den Umweltvariablen bestimmt – lediglich die Wichtungen (kanonische Koeffizienten, s. unten) der einzelnen Variablen sind von der Artenzusammensetzung abhängig.

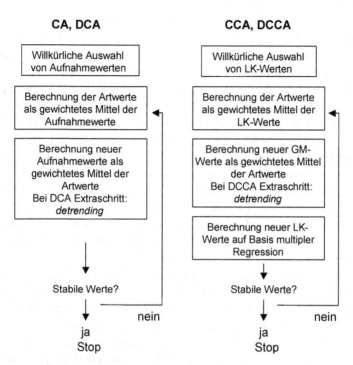

Abb. 8.1. Vereinfachte Darstellung der Schritte eines Iterationszyklus in CA, DCA und CCA im Vergleich (in Anlehnung an Palmer 1993)

Die Eigenwerte *(eigenvalues)* der CCA-Achsen sind wie bei der CA ein Maß für die maximale Dispersion, also die Auftrennung der Artwerte entlang der Achsen. Gleichzeitig sind sie ein Maß für den Anteil der auf der Achse abgebildeten Varianz an der Gesamtvarianz der Artenzusammensetzung. Je größer der Eigenwert, desto stärker steht diese Achse und damit der zugrunde liegende Gradient mit der Variation in der Artenzusammensetzung in Beziehung. Die Eigenwerte sind dabei immer kleiner als die entsprechenden Werte der CA, da die Aufnahmewerte ja nicht nur gewichtete Mittel der Artwerte sein müssen, sondern gleichzeitig Linearkombinationen der Umweltvariablen. Es wird also nicht die aus Sicht der Artdaten optimale Achse benutzt, sondern die aus Sicht der Art- *UND* Umweltdaten optimale Achse. Diese Beschränkung (*constrained ordination*) führt dazu, dass CCA-Achsen stets einen kleineren Anteil an der Varianz der Artdaten abbilden als die entsprechende CA.

In der kanonischen Analyse sind alle kanonischen Achsen im Licht der Umweltvariablen interpretierbar. Artifizielle *Arch*-Effekte (Kap. 6.2) sind daher bei der CCA i. d. R. gering ausgeprägt, weshalb die DCCA (*detrended canonical correspondence analysis*, mit dem Extraschritt des *detren-*

ding analog zur DCA) selten verwendet wird (Palmer 1993; ter Braak u. Šmilauer 2002). Allerdings gibt es Ausnahmen. Die DCCA kann gelegentlich sinnvoll sein, wenn viele und redundante Variablen mit in die Analyse eingehen. Die Beschränkungen der CCA werden nämlich umso geringer, je mehr Variablen in die Analyse eingehen. Ist die Zahl der Umweltvariablen eins weniger der Zahl der Aufnahmen, gibt es keine Restriktionen mehr und die CCA entspricht einer CA mit allen Problemen wie z. B. dem *Arch*-Effekt. Entsprechend geht die DCCA bei sehr vielen Umweltvariablen in eine DCA über; in solchen Fällen können also auch gleich indirekte Ordinationsmethoden genutzt werden. Besser ist es daher, die Zahl der Variablen in der Analyse zu beschränken und mit diesem kleineren Datensatz eine CCA zu berechnen. Es gibt verschiedene rechnerische Möglichkeiten der Reduktion von redundanten, „überflüssigen" Variablen (z. B. *forward selection* s. unten, oder Reduktion der Umweltvariablen durch anfängliche Hauptkomponentenanalyse PCA, Kap. 9).

Neben dem Eigenwert gibt es aber noch eine Reihe anderer Kennwerte der CCA, die zur Interpretation der Daten herangezogen werden können. Die **Kanonischen (Regressions-) Koeffizienten** bilden die Wichtungen der erklärenden Umweltvariablen bei der multiplen linearen Regression im CCA-Zyklus. Sie sind damit die Gewichtungsfaktoren bei der Berechnung der CCA-Achsen (Tabelle 8.1). Die **Intraset-Korrelation** gibt Auskunft über die lineare Korrelation der Umweltvariablen mit den LK-Werten der Aufnahmen; dagegen wird bei der **Interset-Korrelation** die Beziehung von Umweltvariablen und den GM-Werten betrachtet. Aus der Intraset-Korrelation kann abgeleitet werden, wie stark und in welche Richtung die Umweltvariablen im Ordinationsraum zu- oder abnehmen, was auf die Bedeutung der einzelnen Umweltvariablen für die CCA-Achsen schließen lässt. Auch die kanonischen Koeffizienten sind dazu im Prinzip geeignet. Das gilt aber leider nur dann, wenn die Umweltvariablen nicht bzw. kaum miteinander korreliert sind, was bei ökologischen Daten aber eher selten der Fall ist. Sind sehr stark miteinander korrelierte Umweltvariablen in der Analyse enthalten, sollte Abstand von der Interpretation der kanonischen Koeffizienten genommen werden, da dann das Multikollinearitätsproblem auftritt, wie wir es aus der multiplen Regression kennen (Kap. 2.6).

Wenn z. B. nominale Variablen durch Dummy-Variablen ersetzt werden (Kap. 3.3), enthält die letzte Dummy-Variable redundante Information, denn bei 3 möglichen Zuordnungen muss eine Aufnahme, die nicht in die ersten beiden Gruppen fällt, in die dritte Gruppe gehören. Aus diesem Grund schließt der Algorithmus der CCA solche direkt als redundant erkennbaren Variablen selbsttätig von der Regression aus; in Tabelle 8.1 ist dies z. B. der Auenrand.

Tabelle 8.1. Kanonische Koeffizienten der Umweltvariablen, die die erste und zweite Achse definieren, dazu die Intraset- und Interset-Korrelationen der Umweltvariablen mit den Achsen. Die Variable RAND geht nicht in die Analyse der kanonischen Koeffizenten mit ein, da sie eine Linarkombination der Variablen REZENT und ALT ist

	Kanonische Koeffizienten		Intraset-Korrelation		Interset-Korrelation	
	1. Achse	2. Achse	1. Achse	2. Achse	1. Achse	2. Achse
REZENT	-0.19	-1.04	0.07	-0.98	0.07	-0.87
ALT	-0.03	-0.14	-0.08	0.36	-0.08	0.32
RAND	-	-	-0.01	0.78	-0.01	0.69
INTENS	0.01	-0.08	0.10	-0.19	0.09	-0.17
MWS	-0.95	-0.09	-0.90	0.40	-0.87	0.35
STAB	-0.21	-0.13	0.06	-0.88	0.06	-0.79
ÜFD	-0.26	-0.05	-0.78	-0.30	-0.75	-0.27
ÜF>50	0.07	0.10	-0.46	-0.72	-0.44	-0.64

In unserem Beispiel deuten die kanonischen Koeffizienten an, dass die zweite Achse v. a. die Lage der Aufnahmen in der rezenten Aue abbildet. Der Wasserstandsschwankungsgradient STAB hat dagegen einen niedrigen kanonischen Koeffizienten für die zweite Achse, was aber z. B. den Ergebnissen einer DCA widerspricht (Abb. 7.4, Tabelle 7.1). Der Grund liegt hier darin, dass die Variable STAB eng mit der Lage in der rezenten Aue korreliert ist. Der geringe Anteil an eigener, nicht redundanter Information führt zu einem geringen kanonischen Koeffizienten für die Variable STAB. Dagegen kann die Intraset-Korrelation auch bei miteinander eng korrelierten Variablen zur Interpretation herangezogen werden, denn die Werte werden auch von starker Redundanz nicht beeinflusst. Entsprechend zeigt Tabelle 8.1 hohe Intraset-Korrelationen der zweiten Achse mit der Lage in der rezenten Aue und dem Wasserstandsschwankungsgradienten STAB. Wir nutzen also besser die Intraset-Korrelationen zur Interpretation der CCA und schließen aus Tabelle 8.1, dass die erste kanonische Ordinationsachse hauptsächlich ein Bodenfeuchtegradient ist (charakterisiert durch den mittleren Grundwasserstand und die Überflutungsdauer), während die zweite Achse ein Gradient der Auendynamik ist.

Die Gesamtvarianz in der Artenzusammensetzung ist in CA/DCA und CCA gleich, da hier die Varianz gemeint ist, die unabhängig von den Umweltvariablen in der Artenzusammensetzung vorhanden ist. Diese ist, wie bei der CA ausgeführt, die Summe der Eigenwerte der CA, also der Eigenwerte der *unconstrained ordination*. Diese Kenngröße wird auch in der CCA als *total inertia* bezeichnet (vgl. Kap. 6.1). Daneben gibt es den für

die *constrained ordination* spezifischen Kennwert „Summe aller kanonischen Eigenwerte". Da die kanonischen Eigenwerte kleiner sind als die
entsprechenden Werte der CA, ist auch die Summe aller kanonischen Eigenwerte im Vergleich zur *total inertia* geringer (Tabelle 8.2).

Auf einen weiteren Kennwert sei hier noch verwiesen, der als **Arten-
Umwelt-Korrelation** bezeichnet wird (*species environment correlation*).
Dieser beschreibt die Korrelation der GM-Werte mit den LK-Werten. Die-
se Korrelation ist ein Maß für die Güte der Beziehung zwischen Arten und
Umweltdaten. Allerdings können Achsen mit sehr geringen Eigenwerten
einen hohe Art-Umwelt-Korrelationswert haben und damit eine enge Art-
Umwelt-Beziehung vortäuschen. Da die Art-Umwelt-Korrelation selbst bei
Zufallszahlen in der Umweltmatrix hoch sein kann, ist diese kein zuverläs-
siger Kennwert zur Interpretation der CCA (McCune 1997).

Tabelle 8.2. Eigenwerte von CCA und DCA für den Elbauendatensatz im
Vergleich. Ferner ist die Summe aller (kanonischen) Eigenwerte angegeben

	1. Achse	2. Achse	3. Achse	4. Achse	Summe aller Eigenwerte	Summe aller kanonischen Eigenwerte
Eigenwerte CCA	0.630	0.414	0.288	0.165	5.095	1.797
Eigenwerte DCA	0.710	0.442	0.197	0.132	5.095	-

8.2 Interpretation eines CCA-Diagramms

Auch in einem CCA-Diagramm werden Art- und Aufnahmewerte als
Punkte dargestellt. Die ordinalskalierten (sofern sie nicht durch Dummy-
Variablen ersetzt wurden, Kap. 3.3) und quantitativen Umweltvariablen
sind als Vektorpfeile abgebildet. Nominale Variablen werden meist als
Zentroide gezeichnet (Abb. 8.2 a, b), da sie den Datensatz nur nach Klassenzugehörigkeit und nicht entlang eines Gradienten gliedern. Sind alle
drei Klassen (Art-, Aufnahmewerte, Umweltvariablen) im Diagramm eingetragen, so wird es *triplot*, bei zweien je nach Skalierung *biplot* oder *joint
plot* genannt (Kap. 7.1).

Bei einem *biplot* kann jede Art näherungsweise in Beziehung zu jeder
Umweltvariablen gesetzt werden, in dem Lote von den Arten auf die Umweltvektoren gefällt werden (*Biplot*-Regel, Abb. 7.1), der jeweilige Vektor
muss dabei über den Koordinatenursprung hinaus verlängert gedacht werden. Die Reihenfolge dieser projizierten Artpunkte entspricht näherungsweise der Reihenfolge der gewichteten Mittel der Arten für diese Variable.

So bevorzugt *Ranunculus flammula* Standorte mit höheren mittleren Grundwasserständen als *Cardamine pratensis* und diese wiederum höhere als *Agrostis capillaris* (Abb. 8.2 a). Der Koordinatenursprung entspricht dabei einem mittleren Wert für eine Umweltvariable. Damit haben Arten, deren Lote auf der Seite mit der Pfeilspitze liegen, ein höheres gewichtetes Mittel für die gegebene Umweltvariable als der Durchschnitt der Arten; Lote die auf der anderen Seiten des Koordinatenursprungs liegen, haben ein unterdurchschnittliches gewichtetes Mittel.

Auch hier ist, wie schon in Kapitel 7.1 dargelegt, darauf zu achten, dass Artpunkte in der Mitte des Diagramms nicht unbedingt dort ihren Schwerpunkt haben müssen. Wenn sie gar nicht in Beziehung zu den synthetischen Achsen bzw. den Umweltvariablen stehen oder ein bimodales Verhalten aufweisen, liegen die Werte ebenfalls nahe des Diagrammzentrums.

Auch Aufnahmen können nach der *Biplot*-Regel interpretiert werden; in diesem Fall gibt die Reihenfolge der Lote auf die Umweltvariable einen Eindruck von der relativen Größe der Werte für die Umweltvariable in den entsprechenden Aufnahmen.

Die Position der Pfeilspitze in Bezug zu einer CCA-Achse ist abhängig von deren Eigenwert und der Intraset-Korrelation. Der Pfeil gibt durch seine Orientierung die Richtung und durch seine Länge die Stärke der Änderung einer Variablen in den Aufnahmen wider. Je länger ein Pfeil relativ zu einer bestimmten Achse ist (durch Fällung des Lotes von der Pfeilspitze zur Achse zu ermitteln), desto enger steht die Umweltvariable mit dieser Achse und der damit verbundenen Variation in der Artenzusammensetzung in Beziehung. In Abb. 8.2 ist der mittlere Wasserstand MWS sehr eng mit der ersten Achse korreliert, weit geringer mit der zweiten. Für die Stärke der Wasserstandsschwankungen STAB gilt das Umgekehrte. Kurze Vektorpfeile deuten dagegen eine geringe Korrelation mit den Achsen und der entsprechenden Variation in der Artenzusammensetzung an. Hierbei ist jedoch Vorsicht geboten: Solche Umweltvariablen müssen nicht zwangsläufig gar keinen Einfluss auf die Artenstruktur besitzen. Sie können sehr wohl in Beziehung z. B. zur dritten Achse stehen und damit durchaus einen Teil der Daten erklären. Ein Blick auf die höheren Achsen kann also für die Interpretation der Daten von Interesse sein, häufig sind aber keine klaren Muster mehr erkennbar.

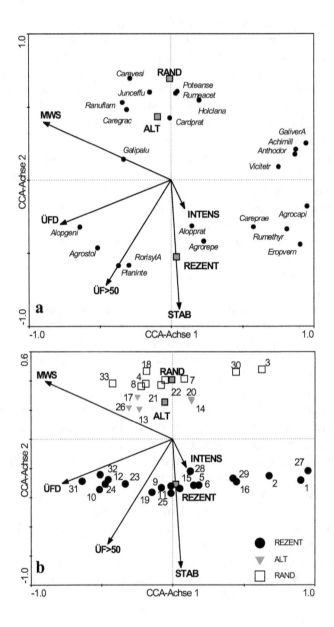

Abb. 8.2. CCA-Diagramm des Elbauendatensatzes **a** mit Artwerten (als Punkte dargestellt) und Umweltvariablen (als Vektorpfeile und Zentroide dargestellt), **b** mit Aufnahmewerten (als Punkte dargestellt) und Umweltvariablen. Eigenwerte erste/zweite Achse: 0.630/0.414, nur 23 Arten dargestellt

8.3 *Forward selection* bei kanonischen Ordinationen

Forward selection ist eine Methode zur Reduzierung der Zahl von Umweltvariablen, bei der das Regressionsmodell schrittweise nur um diejenigen Umweltvariablen erweitert wird, die einen signifikanten Beitrag zur Erklärung der Artenzusammensetzung liefern. Dies ist dann von großem Interesse, wenn die Zahl der Umweltvariablen im Vergleich zur Zahl der Aufnahmen groß ist und damit eine CCA in eine CA überzugehen droht (s. oben), was bei explorativen Untersuchungen schnell der Fall sein kann. Außerdem ist es ebenso wie bei der Entwicklung von multiplen Regressionsmodellen grundsätzlich sinnvoll, nur die Variablen zu betrachten, die tatsächlich einen Erklärungsanteil liefern. *Forward selection* ist methodisch eng mit dem Vorgehen zur Ermittlung des minimalen angemessenen Modells in der Regressionsanalyse verwandt (Kap. 2.6). Die Methode ist z. B. im Programm CANOCO, ter Braak u. Šmilauer (2002) implementiert.

Zunächst wird dabei der Erklärungsbeitrag für jede Variable einzeln in einem separaten Modell ermittelt, d. h. es wird für jede Variable einzeln eine CCA gerechnet und die erklärte Varianz verglichen. Die Variablen werden nun in der Reihenfolge dieses Erklärungsbeitrags geordnet, die Variable mit dem höchsten Beitrag steht am Anfang. Beginnend mit dem Null-Modell wird dann die erste Variable in das Modell implementiert. Ihr Anteil an erklärter Varianz wird auf Signifikanz getestet, wofür ein Monte-Carlo-Permutationstest verwendet wird (Kap. 17.2). Ist der Erklärungsanteil der ersten Variablen signifikant, wird das Null-Modell um diese Variable erweitert.

Die verbliebenen Variablen können nun aufgrund von Multikollinearität redundante Information enthalten, d. h. ein Teil der von ihnen beschriebenen Varianz wird schon durch die erste Variable abgedeckt. Entsprechend wird dieser gemeinsame Anteil bei allen noch nicht in das Modell einbezogenen Variablen entfernt, und nur der darüber hinausgehende, unabhängige Anteil der erklärten Varianz bleibt erhalten. Die Variable, die nun den größten unabhängigen Anteil aufweist, wird als nächstes auf einen signifikanten Beitrag getestet und entsprechend in das Modell einbezogen oder nicht. Mit den übrigen Variablen wird in gleicher Weise verfahren. Am Ende sind alle Umweltvariablen, die keinen signifikanten Beitrag liefern, identifiziert und aus dem Modell ausgeschlossen worden. Aber Vorsicht: Wie bei der multiplen linearen Regression schon beschrieben (Kap. 2.6), taucht auch hier das Problem der Multikollinearität auf. Wir können aus einer *forward selection* nicht ableiten, dass wirklich die kausal wirksamen Variablen in das Modell einbezogen sind (wenn sie denn überhaupt gemessen wurden), da die Reihenfolge der Implementierung der Variablen einen großen Einfluss auf deren unabhängigen Beitrag für das Modell hat. Das hat u. a. dazu geführt, dass einige Autoren schrittweise Korrelations- oder Regressionsanalysen ganz ablehnen (vgl. James u. McCulloch 1990), was sicher eine Extremposition ist. In jedem Fall ist es sinnvoll, die durch *forward selection* getroffene Auswahl auf biologische Sinnhaftigkeit kritisch zu überprüfen und ggf. weitere für die Interpretation notwendige Variablen in die Analyse mit einzubeziehen.

Bei unseren Elbauendaten sind die Umweltvariablen nach den anfänglichen Einzelanalysen in folgender Reihenfolge aufgestellt: MWS, ÜFD, REZENT, ÜF>50, STAB, RAND, INTENS, ALT. Der mittlere Grundwasserstand zeigt also die engste Beziehung zu den Artdaten. Durch die *forward selection* werden nun schrittweise MWS, REZENT und INTENS für die darauf folgende CCA ausgewählt, alle anderen Variablen liefern keinen darüber hinausgehenden signifikanten Anteil an erklärter Varianz. Allerdings hat die nominale Variable REZENT an sich keinen ökologischen Effekt, sondern sie steht stellvertretend für verschiedene ökologisch wirksame Umweltfaktoren, z. B. den Wasserstandsschwankungsgradienten STAB, welcher allerdings durch *forward selection* ausgeschlossen wurde. Dieser ist für die Interpretation des Artmusters aber von wesentlicher Bedeutung.

8.4 Überprüfung einer CCA

Die kanonischen Ordinationen machen lediglich Aussagen über die Bedeutung der verfügbaren Umweltvariablen für die Artenzusammensetzung. Woher wissen wir aber, dass die Variablen, die wir gemessen haben, auch wirklich die sind, die das Muster in unserer Artenzusammensetzung hauptsächlich bestimmen? Diese Frage ist mit der Durchführung einer CCA allein nicht zu beantworten. Vielmehr müssen hier die Ergebnisse der indirekten Gradientenanalyse vergleichend mit hinzugezogen werden. Ein Hinweis darauf, ob die wesentlichen Umweltvariablen erfasst worden sind, gibt der Vergleich des Art- und Aufnahmemusters von DCA und CCA. Wenn die Umweltvariablen in Beziehung zur Hauptvariation in der Artenstruktur stehen, liegen Arten und Aufnahmen in DCA und CCA ungefähr in gleicher Position in Bezug zu den Achsen. Das ist in unserem Beispiel der Fall (vgl. Abb. 7.4 und 8.2 a, b; Spiegelung der Achsen ist unerheblich). Anders sieht es aus, wenn die Umweltvariablen, die stark mit der ersten Achse (also mit der Hauptdifferenzierung der Arten) korreliert sind, fehlen. Nehmen wir einmal an, die Variablen MWS, ÜFD und ÜF>50 wären bei unserer Elbauenuntersuchung nicht mit aufgenommen worden. Bei

der entsprechenden CCA zeigt sich die zweite Achse von Abb. 8.2 als erste Achse, da nun STAB zusammen mit den Variablen des Auentyps am
stärksten mit der Artenvariation in Beziehung steht (Abb. 8.3). Die Unterschiede im Artenmuster zwischen DCA und CCA sind dann sehr groß, die
wichtigsten Umweltvariablen sind nicht mit erfasst worden.

Liegen die Eigenwerte der CA/DCA und CCA für die jeweilige Achse
in einer ähnlichen Größenordnung, ist dies ebenfalls ein Hinweis darauf,
dass die erhobenen Umweltvariablen in Beziehung zum Hauptmuster der
Artenzusammensetzung stehen (Tabelle 8.2). Die Eigenwerte der CA sind
dabei aber immer etwas größer als die entsprechenden Eigenwerte der
CCA.

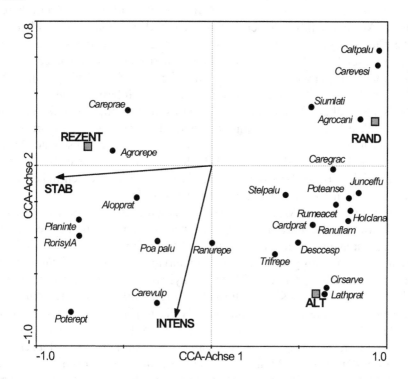

Abb. 8.3. CCA-Diagramm des Elbauendatensatzes mit Artwerten und einem Teil
der Umweltvariablen. Die Umweltvariablen, die eng in Beziehung zur ersten
Achse aus Abb. 8.2 stehen, sind nicht mit aufgenommen. Deutlich verschiebt sich
dadurch das Artenmuster. Die Variable STAB ist nun nicht mehr mit der zweiten,
sondern mit der ersten Achse eng korreliert. Die Eigenwerte der ersten/zweiten
Achse sind deutlich geringer als bei der CCA aus Abb. 8.2: 0.415/0.248; nur 25
Arten dargestellt

Bei der DCA ist dies i. d. R. auch der Fall, manchmal allerdings können DCA-Eigenwerte der zweiten oder einer höheren Achse geringer als die Werte für die entsprechenden CCA-Achsen ausfallen. Wir konnten dies bei Daten beobachten, die in der CCA einen *Arch*-Effekt hervorriefen, der nicht auf ein mathematisches Artefakt zurückzuführen war, sondern durchaus eine ökologische Bedeutung hatte. Das ist dann der Fall, wenn z. B. eine unimodale Beziehung zwischen 2 wesentlichen Umweltvariablen vorliegt, die mit der ersten und zweiten Achse korrelieren. In diesem Fall führt das *detrending* bei der DCA zur Zerstörung eines „echten" Bogens, so dass die zweite DCA-Achse eine geringere Bedeutung als bei der CCA bekommt. Einem *Arch*-Effekt in der CCA sollte man daher Aufmerksamkeit schenken, es handelt sich meist um ein ökologisch interpretierbares Muster (Ausnahmefälle können auf zu viele und redundante Variablen zurückzuführen sein; s. oben). Der erhöhte CCA-Eigenwert der zweiten Achse im Vergleich zur DCA scheint geeignet, hierüber Aufschluss zu geben. Höhere CCA-Eigenwerte der dritten und vierten Achsen, wie sie im Elbauendatensatz auftreten, lassen sich dagegen kaum interpretieren.

Aufschluss über die Bedeutung der gemessen Variablen für die Variation in der Artenzusammensetzung kann auch der Vergleich von Korrelationen zwischen den einzelnen Umweltvariablen und den Achsen der DCA und CCA geben (Tabelle 7.1 und Tabelle 8.1: Intraset-Korrelation). Sind diese ähnlich, ist ebenfalls davon auszugehen, dass die wesentlichen Umweltvariablen in die Analyse implementiert wurden.

Es gibt also einige Möglichkeiten, die Bedeutung der gemessenen Umweltfaktoren für die Variation in der Artenzusammensetzung bei der direkten Gradientenanalyse abzuschätzen. Und trotzdem: Auch wenn wir feststellen, dass die aufgenommenen Umweltvariablen in Beziehung zum Hauptmuster stehen, kann uns kein Analyseverfahren verraten, ob diese wirklich die direkt wirksamen Umweltfaktoren sind oder ob sie „nur" mit den wirksamen eine enge Korrelation aufweisen. Ein Beispiel: Die Bodenfeuchte in Niedermooren ist meist stark positiv mit dem Kohlenstoffgehalt korreliert, d. h. je höher der Wasserstand, desto stärker der Luftabschluss und desto stärker die Akkumulation der organischen Substanz aufgrund mangelnder mikrobieller Aktivität. Nehmen wir bei einer Vegetationsuntersuchung den Kohlenstoffgehalt als Variable auf, so wird dieser bei der CCA vermutlich einen sehr langen Vektorpfeil entlang der ersten Achse besitzen. Tatsächlich ist es aber vielleicht nicht der Kohlenstoffgehalt sondern vielmehr der Wassergehalt des Bodens, der die (wahrscheinlich große) Variation in der Artenzusammensetzung erklärt. Das ist das alte Problem von Korrelation und Kausalität. Hier hilft nur biologische Sachkenntnis, um die ökologischen Zusammenhänge hinter dem Vegetations-Standort-Muster zu verstehen.

Insgesamt ist festzuhalten, dass die CCA keine vermeintlich überlegene Alternative zur CA/DCA ist, sondern ein komplementäres Verfahren mit anderer Zielsetzung. Indirekte und direkte Ordinationen durchzuführen und die Ergebnisse miteinander in Beziehung zu setzen, ist daher in den meisten Fällen sinnvoll, zumindest, wenn es darum geht zu prüfen, ob die für die Artenzusammensetzung relevanten Variablen aufgenommen wurden (Okland 1990, 1996). Mit der CCA kann außerdem die Hypothese geprüft werden, dass die Artenzusammensetzung von bestimmten Umweltvariablen abhängt, deren Beziehung nicht offensichtlich ist und daher in einer (D)CA oft unsichtbar bleibt. Als Alternative bietet sich hier allerdings auch ein Mantel-Test an (Kap. 17.3). Ein weiterer Einsatzbereich ist die Quantifizierung der Bedeutung von Gruppen erklärender Variablen (z. B. Nutzungs- gegen Umweltvariablen) für die Artenzusammensetzung mit Hilfe der partiellen kanonischen Korrespondenzanalyse. Hierbei wird die Gesamtvarianz in den Artdaten auf die jeweiligen Variablengruppen aufgeteilt (*variance partitioning*, Kap. 11.4). Auch zur Vorhersage von Artenzusammensetzungen auf Basis von Umweltvariablen findet die CCA Verwendung. Dabei dient die Kanonische Korrespondenzanalyse zur Entwicklung des Modells der Art-Umwelt-Beziehungen. Dieses wird dann auf Räume übertragen, für die nur die Umweltvariablen bekannt sind (z. B. Dirnböck et al. 2003; Ohmann u. Gregory 2002).

9 Hauptkomponentenanalyse (PCA)

9.1 Das Prinzip – geometrische Herleitung

Die Hauptkomponentenanalyse ist eines der ältesten Ordinationsverfahren. Sie wurde in der ersten Hälfte des 20. Jahrhunderts im angloamerikanischen Raum entwickelt, daher stammt die auch in Deutschland häufig verwendete Abkürzung **PCA** für *principal component(s) analysis*. Sie ist ursprünglich nicht für ökologische Fragen entworfen worden, lässt sich aber leicht auf diese beziehen. In den meisten Anwendungen in der Ökologie werden Objekte, z. B. Vegetationsaufnahmen, im Raum ihrer Variablen (meist Umweltwerte) analysiert. Wir wollen hier auch mit einer PCA von Umweltvariablen beginnen, denn für die Ordination von Aufnahmen im Artenraum ist die PCA nur unter bestimmten Voraussetzungen geeignet (s. unten). Das Ergebnis ist aber immer ein in seinen Dimensionen reduzierter Raum, der je nach Datensatz möglichst die wichtigsten abiotischen, floristischen oder faunistischen Zusammenhänge abbildet. Der Raum wird hier durch synthetische Achsen aufgespannt; diese Achsen sind die **Hauptkomponenten**.

Die grundlegende Idee ist, dass sich in einer typischen Aufnahme-Umweltmatrix viele Umweltfaktoren ähnlich verhalten; dies gilt entsprechend auch für Arten in einer Art-Aufnahme-Matrix (s. Kap. 1.2). Die Variablen sind also untereinander korreliert; ökologische Matrices enthalten viel redundante Information. Die PCA sucht nun neue Achsen, wenn man so will „Supervariablen", die möglichst effektiv diese Redundanz zusammenfassen. Das mathematische Prinzip der PCA ist etwas komplizierter als bei der CA. Wir wollen hier daher neben der mathematischen zuerst eine geometrische Erläuterung anbieten (in Anlehnung an Backhaus et al. 2003; Kent u. Coker 1992); mathematisch orientierte Leser können diese auch auslassen und direkt zum nächsten Unterkapitel übergehen.

Bei der geometrischen Ableitung gibt es im Detail leicht unterschiedliche Methoden zur Berechnung der Kennwerte und Koordinaten; wir wollen hier aber nur das generelle Prinzip verdeutlichen. Wir nehmen den einfachsten Fall: Objekte sollen im Umweltraum analysiert werden. Dazu haben wir aus unserer Sekundärmatrix (Tabelle 1.2) einen kleineren Teildatensatz ausgewählt (10 Aufnahmen, dazu Variablen STAB, MWS, ÜF>50). Vor der Analyse machen wir alle Umweltvariablen vergleichbar, indem sie alle auf „Mittelwert Null – Varianz Eins" standardisiert werden (s. Kap. 3.2). Der erste Schritt ist die Berechnung einer Ähnlichkeitsmatrix zwischen den Umweltvariablen, als Ähnlichkeitsmaß dient hier immer der Korrelationskoeffizient nach Pearson; die Ähnlichkeit basiert also auf einem **linearen** Modell (s. Kap. 2.3). Grundlegend für die geometrische Ableitung der Hauptkomponentenanalyse ist nun die Idee, dass sich Pearson-Korrelationskoeffizienten geometrisch in einem Dreieck abbilden lassen.

Wir können uns die Umweltvariablen als Vektoren vorstellen, die von einem gemeinsamen Punkt ausgehen. Die Länge der Vektoren ist wegen der vorgeschalteten Standardisierung vergleichbar. Denken wir uns 2 Umweltvariablen, die sich ähnlich verhalten, und deswegen z. B. auf dem Niveau $r = 0.64$ korreliert sind. Dies wollen wir dadurch symbolisieren, dass die entsprechenden Vektoren relativ nahe beieinander liegen, sie spannen ein schmales Dreieck auf (Abb. 9.1 a). Wenn die Variablen unkorreliert sind, stehen die Vektoren senkrecht aufeinander und wenn sie sich in ihren Werten tendenziell ausschließen, also negativ korreliert sind, sollten die Vektoren in entgegen gesetzte Richtungen zeigen (Abb. 9.1 b, c).

Der Winkel α zwischen den Vektoren hängt also mit der Stärke und Richtung (positiv/negativ) der Korrelation zusammen. Der formale Zusammenhang lässt sich geometrisch ableiten (Abb. 9.2). Wir können ein Lot von dem zweiten Vektor auf den ersten Vektor fällen und so ein rechtwinkliges Dreieck mit den Eckpunkten Ursprung (O), Endpunkt des zweiten Vektors (B) und Schnittpunkt des Lots mit dem ersten Vektor (S_A) aufspannen.

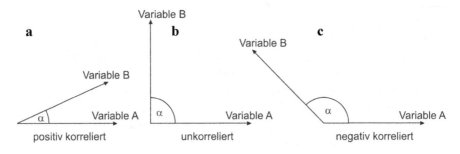

Abb. 9.1. a, b, c Grafische Darstellung von möglichen Korrelationen zwischen 2 Umwelt- oder Artvariablen

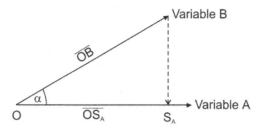

Abb. 9.2. Zusammenhang der Form des von 2 Umweltvektoren aufgespannten Dreiecks mit der Korrelation zwischen den Umweltvariablen. Der Winkel α ist über den Kosinus mit der Strecke $\overline{OS}_A$ verknüpft, diese kann als Maß für die Korrelation genutzt werden

Ein Vergleich mit Abb. 9.1 zeigt, dass die Strecke $\overline{OS}_A$ offensichtlich mit der Größe von α variiert. Der Zusammenhang ergibt sich aus schlichter Trigonometrie. Die Strecke $\overline{OS}_A$ ist die Ankathete des rechtwinkligen Dreiecks, die Strecke $\overline{OB}$ die Hypotenuse, ihr Quotient ist der Kosinus von α:

$$\cos \alpha = \overline{OS}_A \,/\, \overline{OB} \qquad (9.1)$$

Da die Strecke $\overline{OB}$ dank der Standardisierung die Länge 1 hat, ist $\overline{OS}_A$ gleich dem $\cos \alpha$. Einem Winkel von 50° entspricht dann eine Länge $\overline{OS}_A$ von ca. 0.64. Die Länge von $\overline{OS}$ schwankt zwischen +1 und −1 und hat damit die Schwankungsbreite des Pearson-Korrelationskoeffizienten, den wir ja eingangs als Ähnlichkeitsmaß gewählt hatten.

Wir können also jedem beliebig korrelierten Paar von Variablen ein bestimmtes Dreieck mit einem bestimmten Winkel α zuordnen. Das geht auch für mehrere Umweltvariablen; in Abb. 9.3 für 3 Vektoren in einem bewusst vereinfachten, 2dimensionalen Fall dargestellt. Die Hauptkomponentenanalyse versucht nun, eine neue Achse zu finden, die möglichst viel der Korrelationen zwischen den Umweltvariablen abbildet. Anders ausgedrückt, über alle Variablen sollte die Summe aller Strecken (genannt EV für Eigenwert/*eigenvalue*) möglichst groß sein:

$$EV = OS_{MWS}^2 + OS_{\ddot{U}F>50}^2 + OS_{STAB}^2 \qquad (9.2)$$

Da es auch negative Strecken bzw. Korrelationen geben kann, werden die Werte vor der Aufsummierung quadriert.

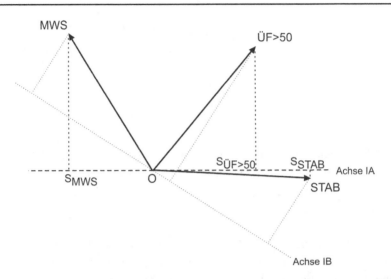

Abb. 9.3. Grafische Darstellung der Suche nach der optimalen Hauptkomponente (gestrichelt) durch Fällen der von den Umweltvektoren ausgehenden Lote und Addieren der sich ergebenden Strecken. Aus Platzgründen sind nur 2 von vielen Möglichkeiten dargestellt. Die Länge der Umweltvektoren sei eine Standardabweichungseinheit

Das lässt sich prinzipiell durch Ausprobieren lösen. Für die Achse IA (Abb. 9.3) ergibt sich die Summe: $EV_{IA} \approx (-0.52)^2 + (0.66)^2 + (0.99)^2 = 1.69$. Für eine andere Achse IB ergibt sich: $EV_{IB} \approx (-0.89)^2 + (0.12)^2 + (0.85)^2 = 1.53$.

Der zweite Wert ist kleiner; Achse IA ist also besser geeignet. Durch mehrfaches Probieren bzw. Schwenken der Achse lässt sich die optimale Achse finden (das gilt auch im mehrdimensionalen Raum). Dieser Vektor ist die erste **Hauptkomponente** (***principal component* I**). Hauptkomponenten werden konventionell mit römischen Zahlen nummeriert.

Die Hauptkomponenten sind also abstrakte Achsen, zu denen die Umweltvariablen in jeweils unterschiedlich starkem Maß beitragen. Auch hier gilt, dass die Strecke bis zu den Schnittpunkten der Lote der Umweltvektoren ($\overline{OS_{STAB}}$, $\overline{OS_{MWS}}$ etc.) mit der Hauptkomponente ein Maß für die Korrelation der einzelnen Umweltvariablen mit dieser Hauptkomponente ist. Diese Korrelationen werden **Ladungen** genannt. Hat eine Umweltvariable eine hohe Ladung auf einer Hauptkomponente, dann nimmt sie in Richtung der Komponente stark zu (bzw. bei negativem Vorzeichen ab).

Tabelle 9.1. Beispiel für eine mögliche Berechnung der Eigenwerte für 2 Kandidaten von Hauptkomponenten. Achse IA bildet mehr Varianz ab (die einzelnen Ladungen werden standardmäßig quadriert, weil auch negative Ladungen möglich sind)

	Achse IA	Achse IB
MWS	$(-0.52)^2$	$(-0.89)^2$
ÜF>50	$(0.66)^2$	$(0.12)^2$
STAB	$(0.99)^2$	$(0.85)^2$
Eigenwert	1.69	1.53

Die Ladungen geben also an, welche Variablen stark mit der jeweiligen Hauptkomponente zusammenhängen und werden daher zur Interpretation der Hauptkomponenten genutzt. So bildet Achse IA v. a. Information ab, die mit der Variable STAB zusammenhängt (Abb. 9.3). Die Summe aller Ladungen auf einer Hauptkomponente ist der schon erwähnte Eigenwert, ein Maß dafür, wie viel der ursprünglichen Beziehungen zwischen den Variablen sie abbildet (Tabelle 9.1; auch hier verschiedene Berechnungsmöglichkeiten).

Weitere Achsen lassen sich jetzt genauso erzeugen. Die einzige Einschränkung ist, dass sie senkrecht auf der ersten Hauptkomponente stehen sollten, dass sie also unkorreliert sind und unabhängige Information abbilden (Abb. 9.4). Auch hier wird eine neue Hauptkomponente gesucht, für die die Summe der Strecken $\overline{OS}_{MWSII} + \overline{OS}_{ÜF>50II} + \overline{OS}_{STABII}$ maximal ist. Das lässt sich so für weitere Achsen fortsetzen, die dann jeweils senkrecht auf den ersten stehen müssen (Kriterium der Orthogonalität: Kap. 5.2). Ab der dritten, spätestens der vierten Achse wird diese grafische Ableitung unanschaulich, das Problem lässt sich aber mathematisch lösen (s. unten).

Da wir im ersten Schritt bereits die aus Sicht der Datenstruktur optimale Achse ausgewählt haben, können höhere Achsen nur kleinere Eigenwerte haben, und sind damit für die Interpretation der Daten immer weniger relevant. Wir haben also im Prinzip eine Dimensionsreduktion erreicht. Da es diese weniger wichtigen Achsen weiterhin gibt, könnten wir auch hier etwas exakter von einer Dimensionskonzentration sprechen, also der Zusammenfassung der redundanten Information durch einige wenige wichtige Achsen, während höhere Achsen (vermutlich) nur irrelevantes Rauschen abbilden (Kenkel u. Orlocci 1986).

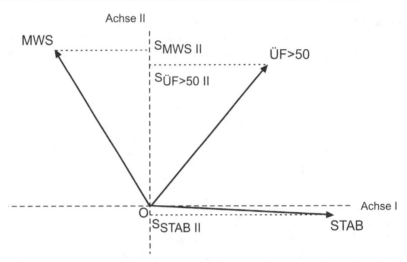

Abb. 9.4. Auffinden der zweiten Hauptkomponente durch Rotieren von Vektoren in einer Ebene, die senkrecht zu der ersten Hauptkomponente steht

Zusammenfassend können wir also sagen, dass die PCA eine erste Achse extrahiert, die möglichst viel der insgesamt vorhandenen Varianz abbildet. Die zweite Achse bildet dann den maximal möglichen Teil der Restvarianz ab, wobei sie orthogonal zur ersten Achse steht. Die dritte Achse steht wiederum orthogonal auf den beiden anderen, und bildet einen möglichst großen Teil der jetzt noch verbleibenden Restvarianz ab.

Die Aufnahmen lassen sich nun in das neue, von den Hauptkomponenten aufgespannte Koordinatenkreuz eintragen. Dazu wird der Wert jeder Umweltvariablen in jeder Aufnahme mit ihrer Ladung auf der jeweiligen Hauptkomponente multipliziert. Da wir die Variablen vorher durch Standardisierung vergleichbar gemacht haben, nutzen wir hier auch die standardisierten Werte. Diese Produkte werden für alle Umweltvariablen addiert, und diese Summe wird als Koordinate für die Aufnahme auf der Hauptkomponente abgebildet. Das verdeutlicht Tabelle 9.2, in der für 2 Aufnahmen die Koordinaten für die erste Achse berechnet wurden. Der Prozess lässt sich analog für weitere Achsen fortsetzen, so dass eine entsprechende Grafik erstellt werden kann.

Die letzte Frage ist die nach der Güte der Ordination. Diese ist wichtig, denn nicht jedem Datensatz liegen einige wenige Hauptgradienten zugrunde. Die Ordination wird zwar auch in diesem Fall Hauptkomponenten finden, nur bilden diese dann geringe Teile der ursprünglichen Varianz im Datensatz ab. Die erste Frage ist also, wie groß die ursprüngliche Varianz ist. Wären alle Variablen zu 100 % miteinander korreliert, dann sollte die PCA nur eine einzige Hauptkomponente finden, auf der alle Arten die Ladung 1.0 hätten; für 3 Variablen wäre dann der maximal mögliche **Eigenwert** = $(1.0)^2 + (1.0)^2 + (1.0)^2 = 3$.

In manchen Computerprogrammen wird dieser maximale Eigenwert durch die Zahl der Variablen geteilt, die maximal mögliche Varianz beträgt dann immer 1. Dieser maximale Wert wird in der Realität nie erreicht. Trotzdem ist das Verhältnis von beobachtetem Eigenwert zu maximal möglichem Eigenwert ein Maß für die Bedeutung der Hauptkomponente. In unserem Beispiel (Tabelle 9.1) wäre die Bedeutung $1.69/3 \approx 0.56$ oder 56 %. Die alternative Achse hätte demgegenüber nur $1.53/3 \approx 0.51$ oder 51 % der Varianz abgebildet. In diesem Zusammenhang wird auch von **Prozent erklärter Varianz** gesprochen, also dem Anteil der Gesamtvarianz, der auf die jeweilige Achse entfällt. Dieser Anteil wird von den meisten Programmen für alle Achsen berechnet und im Ergebnisteil aufgeführt. Je nach Struktur der ursprünglichen Daten können die kumulierten erklärten Varianzen für die ersten beiden Achsen deutlich über 50 % der Gesamtvarianz liegen; in unserem nahezu idealen Fall waren es mehr als 98 %. Bei anderen Daten können es aber auch weniger als 10 % sein. In so einem Fall hat die PCA kaum Dimensionsreduktion gebracht und war damit erfolglos.

Eine letzte wichtige Frage ist, ob nur Objekte oder auch Variablen dargestellt werden sollen. Dies mag erstaunen, denn die PCA versucht ja ausdrücklich, nur Objekte im Variablenraum darzustellen. Anders als bei der Korrespondenzanalyse gibt es also nur für die Objekte Koordinaten (Tabelle 9.2). Woher kommen die Werte für die Variablen? Hier können wir die Ladungen nutzen. Die Ladungen zeigen uns, in welche Richtung die Variablen in Bezug auf die gewählten Hauptkomponenten zunehmen, außerdem ist die Größe der Ladungen ein Maß für die Stärke des Zusammenhangs. Auf dieser Basis lassen sich die Variablen über das Ordinationsdiagramm der Aufnahmen legen, es entsteht ein *biplot* (Kap. 7.1, weitere Details bei Lepš u. Šmilauer 2003; ter Braak u. Šmilauer 2002).

Tabelle 9.2. Berechnung der Koordinaten für 2 Aufnahmen O1 und O2 auf der ersten Hauptkomponente (PC I) aus Tabelle 9.1 (z. B. für O1 und MWS (-0.52) · (-1.76) = 0.92)

	Ladungen PC I	Wert O1 standardisiert	Werte PC I	Ladungen PC I	Wert O2 standardisiert	Werte PC I
MWS	-0.52	-1.76	0.92	-0.52	0.97	-0.50
ÜF>50	0.66	-0.73	-0.48	0.66	-0.73	-0.48
STAB	0.99	0.82	0.81	0.99	-1.03	-1.01
Koordinaten PC I			**1.25**			**-1.99**

9.2 Das Prinzip – der mathematische Ansatz

Die in Computerprogrammen implementierten PCA-Algorithmen arbeiten mit Matrixalgebra oder mit Iterationsverfahren und nicht mit dem dargestellten geometrischen Ansatz. Daher wollen wir hier noch ein stärker mathematisch orientiertes Erklärungsmodell anbieten, wobei wir versucht haben, die Ähnlichkeit zum Algorithmus der Korrespondenzanalyse zu betonen (in Anlehnung an ter Braak 1995).

Beginnen wir auch bei der PCA wieder mit unserem Elbauendatensatz, diesmal nutzen wir die Art-Aufnahme-Matrix (Tabelle 9.3). Wir nehmen an, dass sich die Arten linear und nicht unimodal zu den grundlegenden Umweltgradienten und damit den PCA-Achsen verhalten. Wie bei der CA beginnen wir hier zunächst mit der Analyse von Arten entlang eines „echten" Umweltgradienten, bevor wir das Prinzip auf die Hauptkomponentenanalyse übertragen. Wir verwenden zur Bestimmung einer Regressionsgeraden, die die Art-Umwelt-Beziehung abbilden soll, die Methode der kleinsten Fehlerquadrate (Kap. 2.5). Die Art ist dabei die abhängige, der Umweltfaktor die unabhängige (erklärende) Variable. Wir wählen die Regressionsgerade, welche die Summe der Fehlerquadrate über alle Aufnahmen minimiert (vgl. z. B. Abb. 2.4). Die Methode der kleinsten Fehlerquadrate können wir nun auf den gesamten Datensatz, d. h. auf alle Arten erweitern. Ein Maß dafür, wie gut eine Variable das Verhalten aller Arten (Art 1 bis Art m) erklärt, ist die Summe der Fehlerquadrate der Art 1 plus die Summe der Fehlerquadrate für Art 2 plus die Summe der Fehlerquadrate der Art 3 etc., d. h. die Gesamtsumme der Fehlerquadrate für alle Arten. Wenn die Umweltvariable in enger Beziehung zum Datensatz steht, ist diese Gesamtsumme der Fehlerquadrate entsprechend klein.

Das Grundprinzip der PCA ist nun, dass sie eine synthetische Variable generiert, welche die Gesamtsumme der Fehlerquadrate minimiert und somit die Variation in der Artenzusammensetzung bestmöglich darstellt. Dies wird durch die optimale Auswahl neuer Aufnahmewerte erreicht, die dann eine optimale synthetische Achse bilden. Entlang dieser Achse können die Abundanzen der einzelnen Arten abnehmen, d. h. sie sind negativ mit dieser Achse korreliert; sie können zunehmen, d. h. eine positive Korrelation zeigen oder aber stehen überhaupt nicht mit dieser Achse in Beziehung. Ein Maß für diese Beziehung ist die Steigung, d. h. der Regressionskoeffizient, den wir schon in Kapitel 2 vorgestellt haben. Arten, die einen ähnlichen Regressionskoeffizienten aufweisen, verhalten sich also bzgl. dieser Achse ähnlich, während umgekehrt sehr unterschiedliche Werte ein konträres Verhalten zweier Arten andeuten.

Tabelle 9.3. Berechnung der Regressionskoeffizienten *b* über alle Arten. Beispielhaft sind die zentrierten Abundanzen für *Achillea millefolium* dargestellt. Dargestellt sind auch die willkürlich gewählten Aufnahmewerte (→) und die daraus durch Zentrierung und Transformation berechneten Anfangswerte für die Iteration

	1	2	3	4	5	6	7	8	9	10	11	12	13	14	15	16	17	18	19	20	21	22	23	24	25	26	27	28	29	30	31	32	33	MW	b
Achimill		4	4		1																1									3				0.394	-1.463
Achimill (zentriert)	-0.394	3.606	3.606	-0.394	0.606	-0.394	-0.394	-0.394	-0.394	-0.394	-0.394	-0.394	-0.394	-0.394	-0.394	-0.394	-0.394	-0.394	-0.394	-0.394	0.606	-0.394	-0.394	-0.394	-0.394	-0.394	-0.394	-0.394	-0.394	2.606	-0.394	-0.394	-0.394		
Agrocani						4	5										6				1													0.485	-1.481
Agrocapi	3	4	2											8						1	1				4		5	3						0.939	0.073
Agrorepe	1	1				7	5			4		4		9	3			3	5				5						9	5				1.848	-0.457
Agrostol						6				4	12						5		1		2	3								8				1.242	-0.219
Alopgeni										4	1						2					3		5									6	0.636	2.102
Alopprat	1					7	7	1		2		5		1	1	4	2		4	5		3	2		5	1	1	3	2					1.727	-1.517
Anthodor	6							5						1		1			1						4				4					0.667	-0.969
Caltpalu				1											1	5				6														0.394	0.402
Cardprat				2			2	1						1	3					1	1	2	1						1					0.455	-0.695
Caredist																1					2													0.091	0.165
Caregrac				4			5	8		1				7	2			4	3				1	2			2						1	1.212	-2.943
Careprae	2	2			1	1									2		1						2		1	3	1							0.485	-0.183
Carevesi				4				1	4							1	7					2												0.576	-1.481
Carevulp									1			1		1	1				3		1			1										0.273	-0.055
Cirsarve							1								4					3									1					0.273	0.000
Cirslanc																					1													0.030	0.091
Cniddubi																												2						0.061	0.439
Desccesp													8			1				5	4							3	1					0.667	1.097
Eleounig											1		2						1	1														0.152	-0.146
Eropvern	1				1																					1	1							0.121	-0.110
Euphesul		1																								1	1							0.091	0.183
Festprat							2	1																				1						0.121	-0.311
Galipalu				1					2	1		1	1	3	2			3		1		1	3	1	1	2							1	0.727	0.165
GaliverA	1	1	3												4										4			1	4					0.545	0.347
Glycflui									1											2				7						2				0.364	1.316
Glycmaxi									1				2									1	2	3		1					1	11	1	0.970	6.709
Holclana						4	2					4			1				2	6									1					0.606	-0.494
Junceffu				1			1	1						1						4	1				1									0.303	-0.091
Lathprat													1	1					1										1					0.121	0.165
Lotucorn		1	1		1															1									1					0.152	-0.384
Lychflos		1			2										1					1		1												0.182	-0.475
Phalarun				5				1	2	2	1	11	8	2				1			2	1	6			1					1			1.394	-2.815
Planinte										3	3	1								1						1								0.273	-0.750
Poa palu				1			1	1			11		4		1		1		1	6	2		4	1		6	3							1.303	-0.603
Poa praA	3	2	1	5	6	1							3		1				1		4		2	2					4	2				1.121	-2.157
Poa triv				1		2	1	1	4											2		2	3	3		3	1							0.606	-0.347
Poteanse				1				2							1					1	2													0.212	-0.530
Poterept									1										1							1								0.091	0.037
Ranuflam				1			1	3						1						1								3						0.303	-0.420
Ranurepe				4	1	1	1	2		4	1	4		1	3				3		5	4	4	2	6			9	9					1.939	1.060
Roriamph										4		7																1	1					0.394	-0.859
RorisylA										1	2	1				1							3	4										0.394	0.402
Rumeacet				1				4							4								4					1		1				0.455	-0.475
Rumethyr	1	5	2			3	5								3											2		4		1				0.788	-2.633
Siumlati				1					2				1			3							2	1			1							0.333	-0.201
Stelpalu				2			1					1		1	1				1	1	2		1	1										0.364	-0.640
Sympoffi																								3	1									0.121	0.384
TaroffA				1	1	1	1						1						1	1		1			2					1	1			0.394	-0.110
Trifrepe			2				3														4	4	1	1										0.455	-0.494
Vicicrac				1			1						9		4																1	2		0.545	-0.932
Vicilath	1																																	0.030	-0.274
Vicitetr	1	1													2												1	1						0.182	-0.256

→	1	2	3	4	5	6	7	8	9	10	11	12	13	14	15	16	17	18	19	20	21	22	23	24	25	26	27	28	29	30	31	32	33		
x (transf.)	-0.293	-0.274	-0.256	-0.238	-0.219	-0.201	-0.183	-0.165	-0.146	-0.128	-0.110	-0.091	-0.073	-0.055	-0.037	-0.018	0.000	0.018	0.037	0.055	0.073	0.091	0.110	0.128	0.146	0.165	0.183	0.201	0.219	0.238	0.256	0.274	0.293		

Dieser für jede Art berechenbare Regressionskoeffizient entspricht der schon im geometrischen Ansatz vorgestellten Ladung. Das Verfahren zur Berechnung der entsprechenden Aufnahme- und Artwerte ist im Prinzip eine Erweiterung der Methode der kleinsten Fehlerquadrate. Das konkrete Vorgehen ähnelt dem Prinzip der Erstellung der CA-Achsen (vgl. Abb. 8.1 und Abb. 10.1).

1. Schritt: Wir wählen willkürliche, aber ungleiche Anfangs-Aufnahmewerte aus.

2. Schritt: Wir berechnen eine Geradengleichung für jede Art, um den Regressionskoeffizienten b (Kap. 2.5) als Artwert zu erhalten. Die Gleichung wird vereinfacht, wenn wir uns nicht um den Schnittpunkt der Regressionsgeraden kümmern müssen. Dies erreichen wir, indem sowohl die Abundanzen der Arten als auch die Aufnahmewerte zum Mittelwert Null zentriert werden (vgl. Kap. 3.2). Der Schnittpunkt liegt dann im Ursprung, d. h. ist Null. Die Berechnung des Regressionskoeffizienten b (vgl. Kap. 2.5) wird weiterhin vereinfacht, wenn wir zusätzlich die Aufnahmewerte transformieren:

$$\sum_{i=1}^{n}(x_i - \overline{x})^2 = 1$$

(9.3)

Damit lässt sich die ursprüngliche Formel zur Berechnung des Regressionskoeffizienten b (Gl. 2.6) stark reduzieren. Den Schnittpunkt mit der Y-Achse können wir wegen der Zentrierung ignorieren (da Null, s. oben); nach der Standardisierung der Aufnahmewerte ist der Regressionskoeffizient, also die Steigung der Geraden und damit der Artwert für jede Art k in n Aufnahmen:

$$b_k = \sum_{i=1}^{n} y_{ki} x_i$$

(9.4)

Für die Art *Achillea millefolium* in Tabelle 9.3 (zentrierte Daten) erhalten wir also $b_{Achimill} = (-0.394) \cdot (-0.293) + (3.606) \cdot (-0.274) + ...+ (-0.394) \cdot (0.274) + (-0.394) \cdot (0.293) = -1.463$.

Dieser Prozess wird als **gewichtete Summation (*weighted summation*)** bezeichnet.

3. Schritt: Nachdem nun Artwerte verfügbar sind, werden neue Aufnahmewerte bestimmt. Wir kennen ja die Geradengleichung, die den Zusammenhang von einer bestimmten Art mit einer ökologischen Achse beschreibt. Wir kennen auch den Regressionskoeffizienten (b_k) und können daher durch die Abundanzen der Art auf den Aufnahmewert rückschließen. Dies wird als **Kalibrierung** bezeichnet. In unseren speziellen Fall bedeutet dies für jede Aufnahme i für m Arten:

$$x_i = \sum_{k=1}^{m} y_{ki} b_k$$

(9.5)

Dies sind unsere neuen Aufnahmewerte. Wie in der CA findet in der PCA eine wechselseitige Neuberechnung der Aufnahme- und Artwerte statt, nur dass hier nicht die Berechnung der gewichteten Mittel, sondern die Berechnung der gewichteten Summen die Basis jedes Iterationszyklus ist. Wie in der CA werden so lange Iterationszyklen durchlaufen, bis sich die Arten- und Aufnahmewerte stabilisiert haben. Die Artwerte entsprechen dann den schon erwähnten Ladungen (s. oben), sind also ein Maß für den Zusammenhang der Arten mit den jeweiligen Achsen; diese Achsen sind die Hauptkomponenten. Eine zweite Achse wird analog dem Vorgehen in der CA generiert (Orthogonalisierung: Kap. 6.1).

Anders als in der CA entsteht keine Diagonalstruktur in der Datenmatrix, auch sind die seltenen Arten meist nicht außen, sondern in der Mitte der Matrix zu finden (Tabelle 9.4). Wie in den Korrespondenzanalysen ergeben sich aus den abschließenden Artwerten (hier also den Ladungen) und den Aufnahmewerten die Positionen im Ordinationsdiagramm. Demnach sind z. B. *Alopecurus pratensis* und *Potentilla reptans* eng positiv mit der ersten Achse korreliert; *Rumex thyrsiflorus* und *Carex praecox* korrelieren mit der zweiten Achse, da ihre Ladungen dort entsprechend hoch sind (Abb. 9.5 b). *Galium palustre* ist dagegen eng negativ mit der zweiten Achse korreliert. Sind Arten und Aufnahmen zusammen in einem *biplot* dargestellt, folgt die Interpretation der Grafik den üblichen Prinzipien der *Biplot*-Regel, die in Kapitel 7.1 beschrieben wurden (Details: Lepš u. Šmilauer 2003; ter Braak u. Šmilauer 2002). Die ökologische Interpretation des Ordinationsdiagramms fällt für unser Beispiel allerdings schwer, da – wie wir unten sehen werden – die PCA kein geeignetes Verfahren bei der Analyse unseres Datensatzes ist.

9.3 Optionen bei einer PCA

Fast alle Statistikprogramme können eine PCA berechnen. Nachdem die Daten in die entsprechende Software importiert wurden, müssen üblicherweise einige Optionen gewählt werden. Die wichtigsten betreffen die Fragen nach Anpassung an Normalverteilung, Standardisierung und Zentrierung. Alle 3 Verfahren beziehen sich in der PCA normalerweise auf die Variablen und nicht auf die Objekte, es werden also z. B. die Deckungswerte innerhalb einer Art standardisiert.

Tabelle 9.4. Arten und Aufnahmen, geordnet nach ihren abschließenden Arten- und Aufnahmewerten in der PCA (symmetrische Skalierung nach ter Braak und Šmilauer 2002)

	8	32	33	18	7	30	1	27	24	17	13	12	14	3	21	4	2	16	31	22	29	10	23	26	28	15	20	5	11	6	19	9	25	b
Caregrac	8	1	3	5									4	7		2	4				1	1	2	2										-0.626
Anthodor					5	4	6	4		1				1		1																		-0.582
Glycmaxi	1	11	1									3		2						1	1		2	1										-0.539
Agrocani	5						4									6					1													-0.492
Carevesi	4		7	1						1						4				2														-0.480
GaliverA						4	1	4					4	3			1			1														-0.465
Rumeacet						4	1	1					4	4	1																			-0.436
Holclana	2					4	1			1			4	6												2								-0.389
Festprat	1					2															1													-0.363
Lychflos						2							1			1	1						1											-0.339
Agrocapi								3	3	4					2	1		4	8			1	5											-0.315
Siumlati	2										3	1					1			2			1	1										-0.310
Junceffu	1						1						1	4	1					1			1											-0.290
Cardprat	1					2							1		3		2	2		1	1					1					1			-0.289
Ranuflam	3						1							1			1	1						3										-0.286
Caredist				1														2																-0.259
Vicitetr									1				2	1		1										1								-0.214
Caltpalu					5						1						1				6													-0.211
Poteanse					1	2									1		1										2							-0.180
Lathprat							1						1	1													1							-0.174
Galipalu	2	1		3							1		3	1	2		1			3		2				1		1				1	1	-0.159
Glycflui	1									7									2												2			-0.138
Roriamph													1	7						4		1												-0.126
Achimill						3									4		4											1					1	-0.119
Lotucorn						1							1	1	1						1													-0.117
Vicilath																		1																-0.103
Euphesul						1									1											1								-0.098
Cirsarve					1	1									4										3									-0.073
Stelpalu		1	1								1	1		1		1	2			1										1	2			-0.057
Desccesp						1						1			8						4	3				5								-0.024
Cirslanc																				1														0.023
Cniddubi																					2													0.025
Sympoffi																					3		1											0.045
Eropvern								1	1												1						1							0.090
Eleounig													2		1															1	1			0.126
Vicicrac						1	2						4		1					1							9							0.206
Rumethyr						1	1	4							2			5	3							3			5				2	0.216
Phalarun	2						1				1	2	8		1	5		1	1		1	6	1			2			11	1			2	0.241
Trifrepe							3								1	2		1			1					4							4	0.265
Alopgeni											3										6		1		5							2	4	0.342
Careprae								1							2		2	2			1				3		1	1	1				2	0.482
Poa praA							1						3	2	4	1	3	1			2			2			4	5		6	1		2	0.492
Agrostol																				8	1		12		3					6	5	4	2	0.564
Carevulp													1	1	1											1					3	1	1	0.657
Planinte																								3						1	1	3	1	0.743
TaraoffA									1						1	1	1			1	1					1	1	1	1	1			2	0.798
Ranurepe	2						1				3	1		3		4	4				2	1	6	9			4	1	4	1	5	4	9	0.807
Poa triv	1						1										1				2		3	1			2			2		4	3	0.808
RorisylA																				2	3				1		1				1	1	1	0.819
Poterept																															1	1	1	0.946
Poa palu							1						1	1			1				4		1	3		1	2		4	1	6	11	6	1.065
Agrorepe																	1	3			5					9	5	7	4	5	3	4	5	1.115
Alopprat				1						1			1	1		1	2			3	2		2	1	3	4	5	7	5	7	4	2	5	1.255
x	-0.804	-0.794	-0.789	-0.695	-0.667	-0.616	-0.605	-0.533	-0.521	-0.507	-0.451	-0.407	-0.405	-0.346	-0.340	-0.267	-0.247	-0.104	-0.064	0.056	0.061	0.146	0.173	0.366	0.567	0.607	0.674	0.764	0.956	0.980	1.056	1.303	1.454	

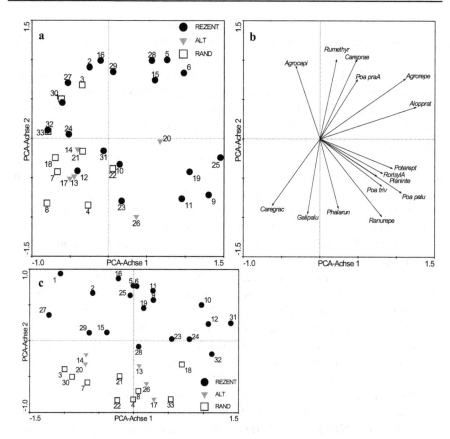

Abb. 9.5. Hauptkomponentenanalyse der Elbauendaten (Artdaten zentriert). **a** Streudiagramm mit Aufnahmekoordinaten, **b** Streudiagramm mit Artkoordinaten, der Übersichtlichkeit halber nur 15 Arten, (Achse 1: Eigenwert 0.181 / erklärte Varianz 18.1; Achse 2: 0.151 / 15.1; Achse 3: 0.114 / 11.4). **c** Streudiagramm der Aufnahmen, wenn statt Arten Umweltvariablen genutzt werden (Umweltvariablen zentriert und standardisiert; Achse 1: Eigenwert 0.429 / erklärte Varianz 42.9; Achse 2: 0.307 / 30.7; Achse 3: 0.177 / 17.7; nominale Variablen sind nicht in die PCA eingegangen)

Im ersten Schritt werden die Daten häufig normalisiert. Die PCA geht ja von parametrischen Pearson-Korrelationen aus, daher ist es i. d. R. günstig, die Daten vorher durch z. B. Logarithmieren an eine Normalverteilung anzupassen (Kap. 3.1, McCune et al. 2002). Andere Autoren schlagen alternativ vor, die Daten im ersten Schritt auf multivariate Normalität hin zu untersuchen, was allerdings aufwändig ist und nur indirekt geht (Details: z. B. McGarigal et al. 2000). In der Praxis reicht es meist, das Ordinationsdiagramm auf Ausreißer zu untersuchen. Diese haben oft extreme Werte und weisen auf stark schiefe Verteilungen in den Variablen hin. Hier hilft meist die beschriebene Logarithmierung oder die Entfernung der Ausreißer.

Unter Standardisierung ist hier die Methode „Mittelwert Null – Varianz Eins" gemeint. Diese Standardisierung ist i. d. R. nötig, wenn die Variablen in unterschiedlichen Einheiten gemessen wurden, ansonsten würden ja „Äpfel mit Birnen" verglichen (Kap. 3.2). Nach Standardisierung ist es auch prinzipiell möglich, in einer Analyse sowohl ratio- als auch nominalskalierte Variablen zu verrechnen, auch wenn gelegentlich Einwände gegen die Nutzung solcher gemischter Datensätze erhoben werden (McGarigal et al. 2000). Abundanzen von Arten sind dagegen i. d. R. in vergleichbaren Einheiten (z. B. Individuenzahl, Deckung etc.) angegeben; hier ist eine Standardisierung nicht nötig. Sie kann sogar ungünstig sein, weil die Standardisierung die Effekte möglicher Transformationen verwischt (Franklin et al. 1995).

Noch etwas Terminologie: Wenn die PCA mit standardisierten Daten durchgeführt wird, bildet sie die Korrelationen zwischen den Arten ab; sie wird dann auch **Korrelationsmatrix-PCA** genannt. Diese Standardisierung beinhaltet eine Zentrierung zum Mittelwert Null, im zweiten Schritt werden die Variablen dann noch auf die Varianz bezogen (Kap. 3.2). Der zweite Schritt ist nur nötig, wenn die Variablen auf unterschiedlichen Skalen gemessen wurden. Der erste Schritt, die Zentrierung, ist praktisch für alle Fälle angezeigt; von unzentrierten Hauptkomponentenanalysen wird abgeraten (McCune et al. 2002). Wurde nur zentriert, basiert die PCA auf einer **Varianz-Kovarianz-Matrix**. Für Artdaten mit gleicher Abundanzskala wird also i. d. R. eine Varianz-Kovarianz-Matrix analysiert.

Bei der Erstellung der Ordinationsdiagramme stellt sich (bei einer 2dimensionalen Darstellung) die Frage, welche Achsen interpretiert bzw. dargestellt werden sollen. Hier können die Anteile abgebildeter Varianz zur Entscheidung beitragen, die für eine PCA der Elbauendaten in Tabelle 9.5 zusammengefasst wurden. Die erste Hauptkomponente bildet ca. 18.1 % der Gesamtvarianz ab, die zweite 15.1 % und die dritte noch 11.4 %. Hauptkomponenten höherer Ordnung sind weniger wichtig. Wenn überhaupt, lohnt es sich in unserem Beispiel nur, die ersten 3 Achsen anzuschauen, allerdings geben sie nur etwa 44.6 % der floristischen Variabilität wieder. Eine Auswertung der ersten 3 Achsen ignoriert also große Teile der möglicherweise interessanten ökologischen Information. Anders ausgedrückt: Die Dimensionsreduktion war in unserem Beispiel mäßig effektiv. Trotzdem lässt sich natürlich immer ein Diagramm zeichnen (Abb. 9.5 a, b). Regeln dafür, wie viele Achsen interpretiert werden sollen, diskutieren auch Franklin et al. (1995). In ökologischen Anwendungen werden meist nur die ersten 2-4 Achsen interpretiert, und oft werden dann auch nur diese berechnet.

Weitere Optionen bei einigen Programmen betreffen die Skalierung der Achsen im endgültigen Diagramm (z. B. CANOCO, s. Kap. 10; diese Optionen sind aber von untergeordneter Bedeutung). Schließlich gilt die grundsätzliche Regel, dass Variablen in **linearen** Ordinationsmethoden als Vektoren dargestellt werden, in **unimodalen** Ordinationsmethoden (Kap. 6) als Zentroide (vgl. punktförmige Darstellung der Artwerte z. B. in Abb. 8.2 a).

Tabelle 9.5. Zusammenfassung der erklärten Varianzen und Ladungen für die ersten 4 Achsen der PCA der Elbauendaten (Abb. 9.5 a, b). Exemplarisch wurden Ladungen für einige Arten dargestellt

	Achse 1	Achse 2	Achse 3	Achse 4
Eigenwerte	0.181	0.151	0.114	0.085
% erkläre Varianz kumulativ	18.053	33.128	44.511	53.049
Ladungen				
Achi mill	-0.119	0.615	-0.006	-0.263
Agro cani	-0.492	-0.485	-0.455	-0.437
Agro capi	-0.315	0.929	-0.129	-0.235
Agro repe	1.115	0.766	-0.346	0.342
Agro stol	0.564	-0.258	1.213	-0.758
Alop geni	0.342	-0.500	1.016	-0.439
Alop prat	1.255	0.407	-0.461	0.215
Anth odor	-0.582	0.230	-0.340	-0.606

9.4 Stärken und Schwächen der PCA

Hauptkomponentenanalysen spielen bei Analysen von Artdaten nur noch eine geringe Rolle. Der Grund liegt in dem verwendeten Ähnlichkeitsmodell. Die PCA geht von linearen Korrelationen von Arten mit anderen Arten und damit mit den Hauptkomponenten aus. Die Hauptkomponenten sollen dabei die wichtigsten ökologischen Gradienten widerspiegeln. In Kapitel 6.1 haben wir aber ausgeführt, dass Arten häufig ein unimodales Verhalten gegenüber Umweltvariablen zeigen. Haben wir es also mit langen Gradienten und entsprechend heterogenen Daten zu tun, versucht die PCA, überwiegend unimodale Artkurven durch eine Gerade abzubilden – ein hoffnungsloses Unterfangen. Wollen wir dennoch mit der PCA arbeiten, müssen wir den Datensatz in homogene Teildatensätze zerlegen. Meist

ist aber eine Analyse mit einem für heterogene Daten geeigneten Verfahren günstiger (CA und verwandte Ordinationen).

Es lässt sich zeigen, dass die PCA als Distanzmaß die Euklidische Distanz abbildet, ähnlich wie die CA implizit die Chi-Quadrat-Distanz darstellt. Mit dem verwendeten Distanzmaß hängt auch zusammen, dass wir in der PCA nicht nur wie bei der CA häufig einen *Arch*-Effekt beobachten, sondern dass der Bogen sogar an den Enden eingekrümmt ist, die ganze Ordination also häufig hufeisenförmig ist (*Horseshoe*-Effekt, Abb. 9.6). Hier sind, anders als bei der CA, also nicht nur die relativen Abstände der Objekte verzerrt, sondern an den Enden stimmt nicht einmal die relative Reihenfolge der Objekte. Die am weitesten entfernten Aufnahmen werden also unproportional nah beieinander angeordnet; dies lässt sich mit den Eigenschaften des verwendeten Distanzmaßes erklären. Wie in Kapitel 4.4 beschrieben, wird bei der Euklidischen Distanz gemeinsames Fehlen von Arten als fehlende Distanz, also in gewisser Weise Ähnlichkeit gewertet; bei sehr langen Gradienten bzw. sehr heterogenen Datensätzen ist das ein großes Problem. Als Folge entsteht der *Horseshoe*-Effekt: Aufnahmen ohne gemeinsame Arten liegen näher beieinander als weniger unähnliche Aufnahmen.

Unter welchen Bedingungen lassen sich Hauptkomponentenanalysen überhaupt noch sinnvoll nutzen? Auch das lässt sich aus dem bereits Gesagten ableiten. Wenn die floristischen Gradienten sehr kurz sind, dann werden die meisten Arten nur einen Teil ihres unimodalen Verhaltens gegenüber dem Gradienten zeigen. Das ist z. B. dann der Fall, wenn wir in dem in Kapitel 6 besprochenen Grundwassergradienten nur den mittleren Teil betrachten. In Abb. 9.7 wurden die äußeren Teile des Gradienten maskiert, auf dem freien Stück in der Mitte zeigen viele Arten nun sehr wohl ein lineares Verhalten. Nur eine Art zeigt weiterhin eine deutliche unimodale Artreaktion. Da die meisten Arten an den meisten Standorten entlang dieses Gradienten vorkommen, gibt es wenig Nullwerte, der Datensatz ist also homogen. In so einem Fall kann eine PCA einer Ordination auf Basis eines unimodalen Modells (CA, DCA) überlegen sein.

Ein Gradient kann dann als kurz gelten, wenn die meisten Arten weniger als die Hälfte einer vollen unimodalen Antwortkurve durchmessen; anders ausgedrückt, wenn auch die unähnlichsten Objekte noch mehr als die Hälfte ihrer Arten gemeinsam haben. Diese Information lässt sich, wie schon dargestellt, einer DCA (*detrending by segments*) entnehmen (Kap. 6.3). Wenn die längste Achse weniger als 3 multivariate Standardabweichungen (SD) umfasst, ist es sinnvoll, eine PCA zu versuchen.

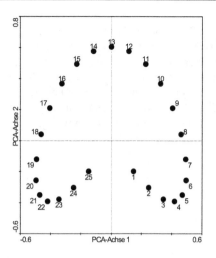

Abb. 9.6. *Horseshoe*-Effekt bei der PCA einer Petrie-Matrix (Kap. 6.2). Eine ähnliche zirkuläre Struktur ist auch in Abb. 9.5 a zu erkennen

Wenn es nur einige wenige Objekte sind, die den Gradienten stark verlängern, kann es auch sinnvoll sein, diese extremen Ausreißer vor der Analyse zu entfernen und dann mit dem (leicht) reduzierten Datensatz weiterzurechnen. Ausreißer lassen sich direkt im Ordinationsdiagramm untersuchen oder auch auf Basis formalerer Kriterien identifizieren (z. B. Abweichung vom Gesamtmittel des Datensatzes in Standardabweichungen, s. McCune et al. 2002; McGarigal et al. 2000).

Mit dem verwendeten Modell hängen auch 2 weitere Anforderungen an den Datensatz zusammen. Da die PCA von einem Regressionsmodell ausgeht, sollten in der Tendenz mehr Objekte als Variablen eingehen (McGarigal et al. 2000). Das wird deutlich, wenn man sich einen Extremfall vorstellt, bei dem das Verhalten von z. B. 20 Arten (Variablen) durch Werte von 2 Aufnahmen (Objekte) berechnet werden soll.

Insgesamt zeigen die Ergebnisse der DCA für unseren Elbauendatensatz (Gradientlänge: 6.2 SD) und die Grafik zur PCA (*Horseshoe*-Effekt, Abb. 9.5 a), dass letztere nicht zur Analyse der beträchtlichen Variation in der Artenzusammensetzung geeignet ist. Anders sieht es aus, wenn wir die a-biotischen Variablen in der Sekundärmatrix analysieren. Hier gibt es wenig Nullwerte, und die Idee, dass sich Variablen zueinander linear verhalten, ist plausibel. Wir können also die PCA nutzen, um z. B. zu überprüfen, ob sich die Auenkompartimente hinsichtlich ihrer Standortfakoren unterscheiden. Für die PCA haben wir die nominalen Variablen für das Auenkompartiment (REZENT, ALT, RAND) aus dem Datensatz entfernt, denn wir wollen schauen, ob die anderen Umweltvariablen für sich genommen eine Differenzierung nach dem Auentyp zeigen. Die Werte wurden vorher standardisiert, um sie vergleichbar zu machen (Korrelationsmatrix-PCA).

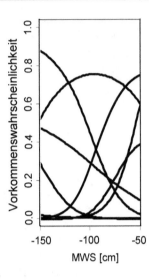

Abb. 9.7. Lineare Artreaktionen bei kurzen ökologischen Gradienten. Gegenüber Abb. 6.1 wird hier nur der mittlere Bereich des Gradienten (mittlerer Grundwasserstand, MWS) dargestellt. In diesem engen Bereich zeigen die meisten Arten tatsächlich weitgehend lineares Verhalten

Das entsprechende Ordinationsdiagramm (Abb. 9.5 c) zeigt dann auch eine Anordnung der Aufnahmen, bei der die verschiedenen Auenkompartimente gut aufgeteilt werden.

Damit ergeben sich die Haupteinsatzgebiete der PCA. Sie ist immer dann angezeigt, wenn wir es mit relativ homogenen Datensätzen zu tun haben. Das ist allerdings bei Artdaten eher selten der Fall. Viel wichtiger ist die PCA dagegen, wenn aus einem großen Set von Umweltvariablen für weitere Rechenschritte die wichtigsten Hauptgradienten extrahiert werden sollen. Erstens sind Tabellen mit Umweltvariablen meist insofern homogen, dass selten Werte für eine Aufnahme gleich Null sind: Es gibt immer einen pH-Wert oder eine Konzentrationsangabe. Zweitens bedeutet ein Phosphatgehalt von Null tatsächlich, dass kein Phosphat vorhanden war. Das Fehlen einer Art als Variable zeigt dagegen oft nichts an (Kap. 4.1). Drittens verhalten sich Messwerte untereinander häufig tatsächlich linear, was ja ebenfalls bei Arten ganz anders ist. Bei Messwerten für Umweltvariablen sind also lineare Abstandsmaße wie die Euklidische Distanz durchaus sinnvoll. Die meisten Anwendungsbeispiele stammen daher auch aus Applikationen bei Messwerten. Sie zeigen dann z. B., dass verschiedene Bodenvariablen stark miteinander korrelieren und sich auf wenige Hauptgradienten reduzieren lassen. Für weitere Analysen kann dann mit den Hauptkomponenten weitergerechnet werden; diese werden über die Ladungen der Messwerte interpretiert. Umstritten ist, ab welchem Wert eine Ladung als interpretationswürdig gelten kann; wir schlagen hier als Faustregel vor, Ladungen kleiner als -0.3 und größer als +0.3 in die Interpretation einzubeziehen (s. a. McGarigal et al. 2000).

9.5 Faktorenanalyse

Der Begriff der Faktorenanalyse ist eng mit der Hauptkomponentenanalyse verknüpft, gelegentlich werden die Verfahren auch als synonym angesehen. Das ist nicht ganz korrekt, auch wenn die prinzipielle Rechenmethode in weiten Teilen identisch ist. Wir haben gesehen, dass die PCA Hauptkomponenten extrahiert, die möglichst viel gemeinsame Varianz zwischen Variablen (z. B. Umweltfaktoren) abbilden. Die Variablen werden also zu synthetischen Komponenten zusammengefasst; die Herausarbeitung der gemeinsamen Varianz ist dabei das Hauptziel.

Nun können wir einwenden, dass auch hoch korrelierte Variablen sich immer nur zu einem gewissen Teil identisch verhalten, es bleibt ein Rest eigenständiger Varianz (zumindest solange die Korrelation untereinander kleiner 1 ist). Dieser eigenständige Rest wird bei der PCA auf Hauptkomponenten höherer Ordnung abgebildet, die meist gar nicht erst berechnet, auf jeden Fall aber kaum interpretiert werden. Damit bleibt ein Rest an Information, der in der PCA i. d. R. ignoriert wird. Denkbar wäre nun aber auch, bei der Analyse explizit die eigenständige Varianz einzubeziehen und zu fragen, wie viel der Gesamtvarianz eigentlich gemeinsam ist und wie viel demgegenüber die Variablen eigenständig beitragen. In dieser Unterscheidung liegt auch der (vermeintlich vernachlässigbare) Unterschied zwischen PCA und Faktorenanalyse. Die Faktorenanalyse berücksichtigt explizit die beiden Aspekte, also die gemeinsame Varianz, die dann **Kommunalität** genannt wird, und die eigenständige Varianz. Ziel ist hier nicht die Zusammenfassung der Daten, sondern eine Abschätzung ihrer Kommunalität und anschließend eine Interpretation der Ursachen für diese gemeinsame Varianz.

Der wichtigste Unterschied liegt also in der Fragestellung, nicht in der Berechnung. Werden für eine PCA wirklich alle Hauptkomponenten benutzt, dann wird die eigenständige Varianz der Variablen durch die Verwendung der Komponenten höherer Ordnung berücksichtigt; das Ergebnis entspricht der Faktorenanalyse. Manche Autoren sehen dann auch die PCA als Spezialfall der Faktorenanalyse. In der ökologischen Praxis hat die Faktorenanalyse aber nur geringe Bedeutung, da sie etwas komplexer als die PCA ist und die oben beschriebenen Probleme (*Horseshoe*-Effekt etc.) mit dieser teilt. Wir wollen hier deswegen nicht näher auf Details eingehen. Eine gut lesbare Einführung findet sich bei Bahrenberg et al. (2003), eine genauere synoptische Betrachtung der beiden Verfahren und ihrer Unterschiede geben Backhaus et al. (2003, dort als Begriffspaar Hauptkomponentenanalyse vs. Hauptachsenanalyse).

10 Lineare Methoden und Umweltdaten: PCA und RDA

10.1 Indirekte Ordination

Die Interpretation einer PCA von Arten und Aufnahmen mit Hilfe von zusätzlichen Umweltvariablen gleicht im Prinzip der Interpretation der Korrespondenzanalyse. Die einfachste Methode ist die nachträgliche (*post hoc*) Korrelation von Umweltvariablen mit den Achsen einer PCA, wie wir in Kapitel 7.3 für die (D)CA gesehen haben. Dies soll hier nicht neu erläutert werden. Es gibt aber auch für die PCA ein Verfahren der direkten Ordination, das einige Verbreitung gefunden hat und hier besprochen werden soll.

10.2 Kanonische Ordination - Prinzip der Redundanzanalyse

Die **Redundanzanalyse** (*redundancy analysis*, **RDA**) ist weitgehend analog zur CCA, nur basiert dieses Verfahren nicht auf unimodalen Art-Umweltantworten wie die Korrespondenzanalyse, sondern auf einem linearen Verhalten der Arten entlang der Umweltgradienten. Damit ist die RDA das kanonische Gegenstück zur PCA, so wie die CCA das Gegenstück zur CA ist. Die Methode wurde zwar schon 1964 von Rao beschrieben, doch fand sie erst in den 80er Jahren des 20. Jahrhunderts für ökologische Daten Anwendung.

Nehmen wir wieder an, dass wir das Verhalten von verschiedenen Arten durch eine bestimmte Umweltvariable erklären wollen. Also berechnen wir für jede Art getrennt eine Regressionsgerade nach der Methode der kleinsten Fehlerquadrate. Je besser die Daten durch diese Variable erklärt werden, desto kleiner ist die Summe der Fehlerquadrate. Die Gesamtsumme der Fehlerquadrate über alle Arten gibt an, wie gut die Variable den Gesamtdatensatz erklärt. Die PCA ist nun die Methode, welche die synthetische Achse auf der Basis der gewichteten Summation generiert, bei der die

Gesamtsumme der Fehlerquadrate (für die Artdaten) minimal wird. Dies wird durch die beste Auswahl an Aufnahmewerten erreicht.

Die RDA dagegen sucht, ähnlich wie die CCA (Kap. 8), die synthetische Achse mit der besten Linearkombination der aufgenommenen Umweltvariablen, die wiederum die kleinstmögliche Gesamtsumme der Fehlerquadrate für die Artdaten ergibt. Die RDA minimiert also wie die PCA die Gesamtsumme der Fehlerquadrate. Der Unterschied besteht darin, dass die PCA dies tut, ohne die Umweltvariablen zu berücksichtigen. Es gibt auch hier verschiedene Methoden der Berechnung; wir wählen hier eine iterative Methode, ähnlich wie oben für die PCA beschrieben (Jongman et al. 1995; alternative Wege: Legendre u. Legendre 1998). Die RDA-Achsen werden dabei durch eine Erweiterung des PCA-Algorithmus berechnet, die der Erweiterung des CA-Algorithmus zur Bildung der CCA-Achsen ähnelt (Abb. 10.1).

Zunächst werden die Aufnahmewerte als gewichtete Summen der Artwerte berechnet (Schritt 3 des Verfahrens zur Erzeugung der PCA-Achse). Diese Aufnahmewerte werden nun als abhängige Variablen, die Umweltvariablen als unabhängige Variablen in einer multiplen linearen Regression verwendet. Die neuen Aufnahmewerte und damit die RDA-Achsen sind Linearkombinationen der Umweltvariablen. Es handelt sich also bei dieser Methode wie im Fall der CCA um eine *constrained ordination*. Es gibt bei der RDA also analog zur CCA Aufnahmewerte, die aus den Artwerten errechnet werden (allerdings nicht auf Basis des gewichteten Mittels, sondern der gewichteten Summation; nennen wir sie **GS-Werte**); und es gibt Aufnahmewerte, die wie in der CCA auch Linearkombinationen der Umweltvariablen sind (**LK-Werte**, Abb. 10.1).

10.3 Interpretation einer RDA

Kennwerte wie Kanonische (Regressions-) Koeffizienten und IntrasetKorrelationen sind genauso wie die entsprechenden Werte der CCA zu interpretieren (Kap. 8.1). Das Ordinationsdiagramm mit Artvektoren und Punkten der Aufnahmewerte sowie der Umweltvariablen wird mit Hilfe der *Biplot*-Regel (Kap. 7.1) interpretiert. Werden bei der Darstellung im Ordinationsdiagramm die LK-Werte verwendet (Standard), können näherungsweise die angepassten Abundanzen der Arten (und nicht die beobachteten!) abgeleitet werden.

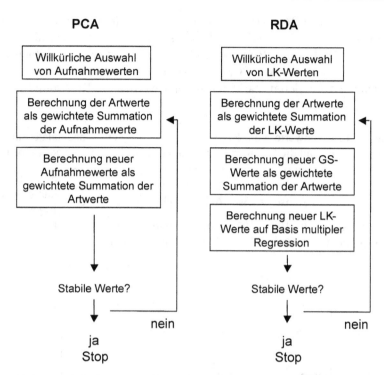

PCA   **RDA**

Willkürliche Auswahl von Aufnahmewerten

Berechnung der Artwerte als gewichtete Summation der Aufnahmewerte

Berechnung neuer Aufnahmewerte als gewichtete Summation der Artwerte

Stabile Werte?

nein

ja
Stop

Willkürliche Auswahl von LK-Werten

Berechnung der Artwerte als gewichtete Summation der LK-Werte

Berechnung neuer GS-Werte als gewichtete Summation der Artwerte

Berechnung neuer LK-Werte auf Basis multipler Regression

Stabile Werte?

nein

ja
Stop

Abb. 10.1. Vereinfachte Darstellung der Schritte eines Iterationszyklus in PCA und RDA im Vergleich

Wie bei der CCA entscheidet die Wahl der Skalierung der Achsen über die weitere Interpretation (Details: z. B. ter Braak 1994; Lepš u. Šmilauer 2003). Kennwerte, um die Güte des *biplot* abzuschätzen, sind analog zu denen der CCA und basieren auf den Eigenwerten. Die Eigenwerte liegen bei der RDA niedriger als bei der PCA, wie wir es bei den entsprechenden unimodalen Verfahren schon kennen gelernt haben (Tabelle 10.1). Auch bei der RDA gilt, dass die Variation in der Artenzusammensetzung nur in Beziehung zu den gemessenen Umweltvariablen analysiert wird. Ob diese nun wirklich in Beziehung zur Hauptvariation im Datensatz stehen, ist allein auf Basis der RDA nicht abzuschätzen. Hier müssen die Ergebnisse der entsprechenden PCA mit einbezogen werden, wie wir das beim Vergleich von indirekten und direkten unimodalen Methoden gesehen haben (Kap. 8.4, Abb. 9.5 und Abb. 10.2).

Wie schon bei der PCA erläutert, ist die RDA eine geeignete Methode, wenn ein lineares Verhalten der Arten zugrunde gelegt werden kann. Da dies häufig nicht der Fall ist, besitzt das Verfahren für Artgemeinschaftsdaten nur begrenzte Relevanz. Wichtiger ist diese Methode z. B. in der Populationsbiologie und -genetik. So können morphologische Variablen (Samengewicht, Blattgröße, Blütenzahl etc.) oder genetische Variablen (Allelfrequenzen) mit Hilfe der PCA analysiert und mit Hilfe der RDA direkt in Beziehung zu anderen Variablen gesetzt werden (z. B. Totland u. Nyléhn 1998).

Tabelle 10.1. Eigenwerte von RDA und PCA für den Elbauendatensatz im Vergleich. Ferner sind die Summen aller (kanonischen) Eigenwerte angegeben

	1. Achse	2. Achse	3. Achse	4. Achse	Summe aller Eigenwerte	Summe aller kanonischen Eigenwerte
Eigenwerte RDA	0.110	0.102	0.075	0.036	1.000	0.366
Eigenwerte PCA	0.181	0.151	0.114	0.085	1.000	-

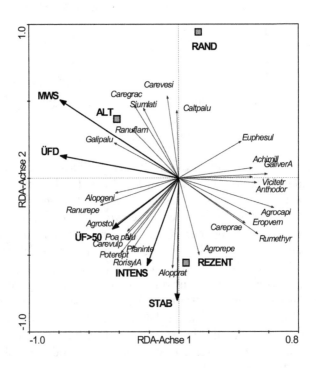

Abb. 10.2. RDA-Ordinationsdiagramm mit Art- und Umweltvektorpfeilen (Eigenwerte Achse 1: 0.11; Achse 2: 0.10, nur 25 Arten dargestellt)

11 Partielle Ordination und *variance partitioning*

11.1 Kovariablen

Vor allem bei Freilandstudien steht die Variation in der Artenzusammensetzung oft mit einer Vielzahl von Umweltvariablen in Beziehung, aber nicht alle sind von Interesse. Es lohnt sich daher häufig, sowohl bei explorativen Studien als auch bei hypothesengesteuerten Experimenten die Effekte dieser nicht gewünschten Variablen aus dem Datensatz „herauszufaktorisieren". Diese Variablen werden dann **Kovariablen** genannt. Das Prinzip dieser partiellen Analysen haben wir schon in Kapitel 2.11 erläutert. Sie spielen auch bei Ordinationen eine große Rolle und können sowohl bei indirekter als auch bei direkter Gradientenanalyse angewendet werden (engl. *partial ordination, partial constrained ordination*).

Welche Gründe gibt es, die Effekte einer Umweltvariablen X, d. h. die Variation der Artdaten, die mit X in Beziehung steht, aus dem Datensatz zu entfernen? Ein Beispiel haben wir schon in Kapitel 2 genannt: Effekte von manchen Umweltvariablen sind so stark, dass die Effekte von anderen, im Mittelpunkt des Interesses stehenden Variablen überdeckt werden.

Wollen wir z. B. die Effekte der Nutzungsart und -intensität auf unsere Artengemeinschaften untersuchen, kann es sinnvoll sein, die Effekte der Bodenfeuchte auszuschließen. In ähnlicher Weise hat im Gebirge oft der Höhengradient einen alles überdeckenden Effekt. Werden nun Düngungseffekte im Gebirge analysiert, mag es sinnvoll sein, die Meereshöhe als Kovariable zu verwenden. Auch der Zeitpunkt einer Untersuchung kann natürlich einen Effekt auf die Artenzusammensetzung haben. Wollen wir die Fischgemeinschaften von unterschiedlichen Auengewässern analysieren und nehmen dafür alle 2 Monate Proben, so kann ein Teil der Variation auf den saisonalen Veränderungen zwischen den Datenaufnahmen beruhen. Diese ist dann aus dem Datensatz zu entfernen, um die Effekte der Gewässertypen besser verstehen zu können. Andererseits kann aber gerade die Entwicklung einer Artengemeinschaft während eines Jahres im Mittelpunkt des Interesses stehen. Die Variation zwischen den einzelnen Probeflächen ist dann uninteressant und könnte herausgerechnet werden.

Ein weiteres Beispiel: Eine der wichtigsten Annahmen bei der statistischen Auswertung ökologischer Daten ist die räumliche Unabhängigkeit der Daten. Diese ist aber häufig gerade nicht gegeben. Untersuchen wir die Effekte unterschiedlicher Beweidungsregime in 6 Untersuchungsgebieten in der Rhön, so wird ein Teil der Variation in den Daten auf der Variation der unterschiedlichen Untersuchungsgebiete beruhen. Es ist daher sinnvoll, bestimmte räumliche Daten als Kovariablen zu verwenden. Die Notwendigkeit, bei experimentellen Untersuchungen Kovariablen zu definieren, wurde schon in Kapitel 2.11 erläutert. Ein klassisches Beispiel sind hier randomisierte Blockdesigns, bei denen die auf den Faktor „Block", also auf die räumliche Variabilität entfallene Varianz in der Analyse getrennt betrachtet wird, um den Haupteffekt besser zu verstehen (Shipley 1999; Sokal u. Rohlf 1995).

11.2 Partielle PCA, CA, DCA

Partielle Ordinationen lassen sich leicht ableiten, wenn man das Prinzip der partiellen Analysen benutzt (Kap. 2.11). Für eine partielle PCA werden Kovariablen extrahiert, indem für jede Art eine lineare Regression auf die entsprechende Umweltvariable durchgeführt wird. Dann werden die Residuen (Abb. 2.4) statt der eigentlichen Abundanzen in die Art-Aufnahme-Matrix eingetragen, und mit dieser Matrix wird dann eine PCA durchgeführt.

Etwas anders liegt der Fall bei CA und DCA. Wir führen eine Regressionsanalyse mit den Aufnahmewerten entlang der ersten Achse der CA oder DCA als abhängiger und der entsprechenden Umweltvariable als unabhängiger Variable durch. Die Residuen der Regressionsanalyse sind dann die neuen Aufnahmewerte, mit denen die weiteren Iterationszyklen der CA oder DCA durchgeführt werden.

Nehmen wir in unserem Elbauendatensatz die Variablen MWS, ÜFD und ÜF>50 als Kovariablen, so ist der wichtigste mit der ersten Achse der partiellen DCA korrelierende Umweltfaktor nicht mehr länger die Bodenfeuchte, da wir die Daten unkorreliert zu den Variablen für Bodenfeuchte gemacht haben. Stattdessen gibt es eine Korrelation der Nutzungsintensität INTENS und STAB mit der ersten Achse (Diagramm nicht dargestellt). Zu beachten ist, dass die Summe aller Eigenwerte nicht mehr der Gesamtvarianz in den Daten (*total inertia*) entspricht, da ja die Kovariablen schon einen (manchmal großen) Teil der Varianz in den Daten erklären. Die Eigenwertsumme entspricht der verbleibenden Varianz (3.942 statt 5.095). Die Eigenwerte der einzelnen Achsen sind daher kleiner als im Vergleich zum Ausgangsdatensatz; so fällt in unserem Beispiel der Eigenwert der ersten Achse von 0.71 auf 0.61, der Eigenwert der zweiten Achse von 0.44 auf 0.34.

11.3 Partielle kanonische Ordination

Auch bei der CCA und RDA können Umweltvariablen als Kovariablen verwendet werden. Das Verfahren ist ähnlich dem eben beschriebenen: Die Variablen, deren Effekte aus dem Datensatz extrahiert werden sollen, werden durch die Residuen ersetzt, die sich bei einer linearen Regression mit den interessierenden Umweltvariablen auf die Kovariablen ergeben. Diese werden dann in den Iterationszyklus der kanonischen Analyse implementiert.

In unserem Beispiel (Abb. 11.1, MWS, ÜFD und ÜF>50 als Kovariablen) hat sich das Muster in der partiellen CCA des Elbauendatensatzes im Vergleich zur CCA deutlich verändert (vgl. Abb. 8.2). Die Variable, die nun den größten Teil der Variation in den Daten erklärt, ist die Intensität der Landnutzung INTENS zusammen mit dem Auentyp RAND. Die Summe aller kanonischen Eigenwerte ist kleiner als bei einer CCA, in die alle Umweltvariablen mit eingehen. Der Eigenwert der ersten Achse fällt von 0.630 auf 0.293, der Eigenwert der zweiten Achse von 0.414 auf 0.172. Zum Schluss sei noch erwähnt, dass die Analyse nicht gleichbedeutend mit der CCA aus Abb. 8.3 ist, auch wenn exakt die gleichen Umweltvariablen mit eingehen. In Abb. 8.3 wurden die Variablen MWS, ÜFD und ÜF>50 einfach weggelassen, die Variation der Artdaten, die mit diesen Variablen in Beziehung steht, ist aber weiterhin vorhanden. Anders verhält es sich in Abb. 11.1: die Variation, die mit den Kovariablen in Beziehung steht, wurde entfernt, die Summe aller Eigenwerte, die der Gesamtvarianz in den Daten entspricht, ist daher von Anfang an geringer, wie wir ja auch schon bei der partiellen DCA gesehen haben.

Fazit: Partielle kanonische Ordination ist geeignet, spezifische Hypothesen zum Zusammenhang von Umweltvariablen und Artenzusammensetzung zu prüfen. Dabei können versteckte Zusammenhänge sichtbar gemacht und z. B. mit Hilfe eines Permutationstests auf Signifikanz geprüft werden. Ein Problem dabei ist allerdings, dass die Kovariablen mehr oder weniger stark mit der interessierenden Variable korrelieren können. Entfernen wir den Teil der Varianz, der einer Kovariablen zuzuordnen ist, so entfernen wir zwangsläufig auch einen Teil der durch die interessierende Variable erklärbaren Varianz, was bei der Interpretation zu berücksichtigen ist.

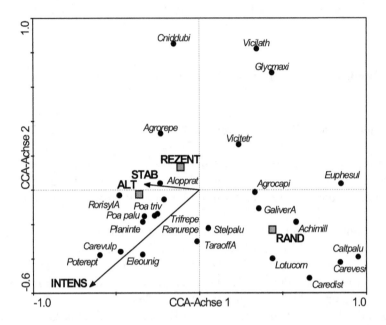

Abb. 11.1. Partielle CCA der Elbauendaten mit MWS, ÜFD und ÜF>50 als Kovariablen. Die erste Achse ist nun insbesondere mit der Intensität der Landnutzung INTENS korreliert, der dominante Effekt der Bodenfeuchte wurde entfernt (vgl. Abb. 8.2). Eigenwerte der ersten/zweiten Achse: 0.293/0.172, nur 25 Arten dargestellt

11.4 *Variance partitioning*

Eine Weiterentwicklung der partiellen Ordination ist das *variance partitioning*, also die Aufteilung der Gesamtvarianz auf verschiedene Faktoren oder Gruppen von Faktoren (Legendre u. Legendre 1998). Mit dieser Technik können die separaten Effekte von erklärenden Variablen auf die Gesamtvariation in der Artenzusammensetzung quantifiziert werden. Dabei kann es sich um einzelne Variablen handeln, aber in der Ökologie werden oft mehrere Variablen zu Gruppen zusammenfasst, da die Analyse bei mehr als 3-4 Variablen(gruppen) extrem unübersichtlich wird. Diese Gruppen repräsentieren dann jeweils klar getrennte, ökologisch interpretierbare Eigenschaften, z. B. Umweltvariablen, die dem Faktor Bodenchemie zuzuordnen sind, gegenüber Umweltvariablen, welche die Nutzung repräsentieren. Die Variation in Beziehung zu räumlichen und zeitlichen

Variablen ist ein zweites Beispiel. In jedem Fall sollten die Variablengruppen aber möglichst unabhängige Information abbilden.

Der Erklärungsanteil zweier Variablengruppen A und B auf die Artenzusammensetzung ergibt sich dabei aus dem Anteil, den A alleine erklärt plus dem Anteil, den A und B zusammen erklären, plus dem Anteil, den B alleine erklärt. Zusammen mit dem Anteil nicht erklärter Varianz Z ergibt sich die Gesamtvarianz GV in den Daten (Abb. 11.2). Wie groß der gemeinsame Anteil $A^\wedge B$ im Vergleich zu den Einzelanteilen A und B ist, hängt dabei natürlich von der Stärke der Korrelation beider Variablengruppen ab. Diese unterschiedlichen Anteile lassen sich durch partielle kanonische Ordination berechnen:

1. Nicht erklärter Anteil Z: Durchführung einer kanonischen Ordination mit den Umweltvariablen beider Gruppen A und B. Die Differenz zwischen der Gesamtvarianz GV und der Varianz, die von den Umweltvariablen erklärt wird (d. h. die Summe aller Eigenwerte abzüglich der Summe aller kanonischen Eigenwerte), ergibt die nicht erklärte Varianz Z: $Z = GV - AB$.

2. Anteil A: Durchführung einer partiellen kanonischen Ordination mit A als Umweltvariablen und B als Kovariablen. Die Summe aller kanonischen Eigenwerte ist der Anteil A.

3. Anteil B: Durchführung einer partiellen kanonischen Ordination mit B als Umweltvariablen und A als Kovariablen. Die Summe aller kanonischen Eigenwerte ist der Anteil B.

4. Anteil der Varianz, den A und B gemeinsam erklären: $A^\wedge B = GV - Z - A - B$ oder auch $AB-A-B$.

Dies sei an einem Beispiel erläutert: Für eine vegetationsökologische Analyse wurden neben Artdaten 4 hydrologische und 12 geologisch-bodenkundliche Variablen aufgenommen (Datenmatrices nicht dargestellt). Nun stellt sich die Frage, welchen Anteil der Varianz von der Gruppe der Bodenvariablen im Vergleich zur Gruppe der hydrologischen Variablen erklärt wird.

Eine CCA ohne Kovariablen ergibt eine Gesamtvarianz in den Daten (*total inertia*) von 8.129, (Tabelle 11.1). Dies entspricht der Gesamtvarianz, die unabhängig von der Einbeziehung der Umweltvariablen ist und die wir damit auch bei der indirekten Gradientenanalyse der DCA (CA) erhalten würden. Die Summe aller kanonischen Eigenwerte entspricht der Varianz, die durch die einbezogenen Umweltvariablen erklärt wird. In unserem Fall ist diese 2.740.

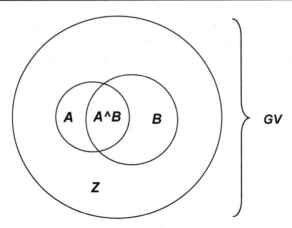

Abb. 11.2. Partitionierung der Gesamtvarianz *GV* in den Anteil von Variablengruppe *A*, den Anteil von Variablengruppe *B*, in den gemeinsamen Anteil *A^B* und den Anteil der unerklärten Varianz *Z*

Eine CCA unter Einbeziehung von hydrologischen Eigenschaften als Umweltvariablen und Bodenfaktoren als Kovariablen ergibt eine Summe der kanonischen Eigenwerte von 0.654. Die Gesamtvarianz in den Daten ist allerdings geringer geworden (6.043), schließlich haben wir ja im Vorfeld die Varianz durch die Verwendung von Kovariablen reduziert.

Eine CCA unter Einbeziehung des Bodens als Umweltvariablen und der Hydrologie als Kovariablen ergibt dagegen einer höhere erklärte Varianz (1.591), die Gesamtvarianz in den Daten ist größer als in der Analyse mit den Bodeneigenschaften als Kovariablen (6.980). Somit ist der Anteil, den die Hydrologie alleine erklärt 0.654, der Anteil, für den der Boden alleine Rechnung trägt 1.591, und der Teil, der von beiden zusammen erklärt wird 2.740 - 0.654 - 1.591 = 0.495.

Den größten Anteil hat dabei aber die nicht durch die Umweltvariablen erklärte Varianz (8.129 - 2.740 = 5.389). Bei der Interpretation der Ergebnisse („Der Faktor Boden ist wichtiger als der Faktor Hydrologie") ist aber Vorsicht geboten, da weit mehr Bodenvariablen als hydrologische Variablen aufgenommen wurden. Dieser Aspekt beeinflusst das Ergebnis sehr stark.

Variance partitioning kann auch genutzt werden, um Effekte von räumlicher Autokorrelation zu bearbeiten. In eine Rasterkartierung werden sich benachbarte Quadranten vermutlich nicht nur wegen evtl. ähnlicher Umweltbedingungen, sondern auch schlicht wegen ihrer räumlichen Nähe ähneln; es liegt möglicherweise räumliche Autorkorrelation vor. Wenn nun in die eine Sekundärmatrix z. B. geografische Koordinaten in geeigneter Form (UTM oder Gauss-Krüger-Koordinaten) kodiert werden, in die andere die Umweltvariablen, kann durch *variance partitioning* abgeschätzt werden, wie groß die Bedeutung der räumlichen Struktur für die Artenzusammensetzung ist und was demgegenüber rein durch die Umweltvariablen erklärt wird. Das Prinzip beschreiben Legendre u. Legendre (1998), eine aktuelle Anwendung für Rasterdaten geben Titeux et al. (2004).

Insgesamt ist von einer Interpretation der quantitativen Werte von Gesamtvarianz und unerklärter Varianz eher abzuraten. Bei Ordinationen von Artdaten gibt es praktisch immer unerklärte Varianz, weil Verzerrungen (*Arch-*, *Horseshoe*-Effekt etc.) nie verhindert werden können (Podani u. Miklós 2002). Selbst ausgewählte kanonische Analysen mit sozusagen idealen Umweltdaten erklären selten mehr als 20-50 % der Varianz in den Artdaten (Okland 1999), die erklärte Varianz ist außerdem abhängig von der Zahl der Arten und Aufnahmen (Lepš u. Šmilauer 2003). Daher können auch Achsen mit einem im Verhältnis zur *total inertia* geringen Eigenwert ökologisch interpretierbar sein. Insgesamt sollte also weniger auf das Verhältnis erklärte/unerklärte Varianz geachtet werden als auf die Verhältnisse der durch die Variablen(-gruppen) erklärten Varianzen untereinander. Wir schließen uns damit der Meinung von Mike Palmer an, der die Situation so zusammenfasst: „Eine der Kernaussagen ist damit, dass Forschende nicht enttäuscht sein sollten, wenn die erklärte Varianz klein scheinen mag. Das muss nichts mit den natürlichen Bedingungen zu tun haben (*"One of the take-home messages of this is that an investigator should not be disappointed if the variance explained seems small. It may have nothing to do with nature"*, Palmer 2006).

Tabelle 11.1. *Variance partitioning* als Ergebnis verschiedener CCA (mit und ohne Kovariablen). Angegeben sind die Summe der Eigenwerte und die Summe der kanonischen Eigenwerte für den Elbauendatensatz mit hydrologischen und Bodenvariablengruppen als erklärende Faktoren

CCA-Varianten	Summe aller Eigenwerte (*total inertia*)	Summe aller kanonischen Eigenwerte
Mit beiden Variablengruppen ohne Kovariablen	8.129	2.740
Mit Hydrologie Boden als Kovariable	6.043	0.654
Mit Boden Hydrologie als Kovariable	6.980	1.591

12 Multidimensionale Skalierung

12.1 Der andere Weg zum Ziel

Die bisher geschilderten Ordinationsverfahren verfolgen alle das Prinzip, gemessene Variablen in einem Datensatz durch geeignete synthetische Variablen zu ersetzen (CA-Achsen, Hauptkomponenten) und so möglichst viel der ursprünglich vorhandenen Varianz mit möglichst wenigen Achsen abzubilden. Bei den in den vorigen Kapiteln geschilderten Algorithmen (*weighted averaging, weighted summation*) ist die Struktur des von den Achsen aufgespannten Ordinationsraums durch die Wahl der Methode festgelegt, die PCA/RDA bilden im Prinzip Euklidische Distanzen ab, die Korrespondenzanalysen Chi-Quadrat-Distanzen. Beide Maße sind in mancher Hinsicht ungünstig für viele ökologische Fragestellungen, so dass in letzter Zeit verstärkt versucht wird, flexiblere Ordinationsmethoden zu etablieren. Die im ersten Teil des Buches erwähnte polare Ordination (Kap. 5.2) ist solch ein flexibles Verfahren, das heute aber selten benutzt wird.

Auch alternative Verfahren gehen von einer Unähnlichkeits- oder Distanzmatrix zwischen den Objekten aus (Kap. 4) und versuchen dann, die Abstände zwischen den Objekten direkt in einem Koordinatensystem abzubilden. Mit anderen Worten: Die Objekte werden so in einen neuen Raum projiziert, dass ihre „wahren" Abstände möglichst wenig verzerrt werden. Dieser Weg wird **multidimensionale Skalierung** (MDS) genannt. Die multidimensionalen Skalierungen sind sehr flexible Verfahren, insbesondere kann die anfängliche Dreiecksmatrix mit verschiedenen Unähnlichkeits- oder Distanzmaßen berechnet werden (z. B. Tabelle 4.5, Tabelle 14.1). Damit tragen multidimensionale Skalierungen einem der großen Probleme bei den bisher geschilderten Ordinationsverfahren Rechnung, denen ja die oben erwähnte eher ungünstigen Distanzmaße zugrunde liegen. Aus diesem Grunde sehen einige Autoren in den multidimensionalen Skalierungen viel versprechende Alternativen, die in Zukunft vermutlich an Bedeutung gewinnen werden (Legendre u. Gallagher 2001; McCune et al. 2002). Wir möchten daher hier auf die Prinzipien eingehen.

Es stellt sich eingangs die Frage, wie die Dreiecksmatrix der Abstände zwischen den Aufnahmen berechnet wird. Je nach der weiteren Verarbeitung der Unähnlichkeit oder Distanz werden metrische von nichtmetrischen Verfahren unterschieden.

12.2 Metrische Multidimensionale Skalierung – Hauptkoordinatenanalyse

Eine Familie von entsprechenden Methoden wird **Metrische Multidimensionale Skalierung** oder auch **Hauptkoordinatenanalyse** (*principal coordinate analysis*, **PCoA, PCO**) genannt. In der Namensgebung deutet sich eine gewisse Ähnlichkeit zur PCA an, die tatsächlich auch gegeben ist, denn man kann die PCoA als verallgemeinerte Form der PCA auffassen. In der PCoA ist das verwendete Abstandsmaß weitgehend frei wählbar; es kann also z. B. die Bray-Curtis-Unähnlichkeit sein, die ja für Artgemeinschaftsdaten besonders günstig ist (Kap. 4.2). Für Transformationen und andere vorgeschaltete Datenmanipulationen gilt das gleiche wie für die PCA, so können hohe Abundanzen z. B. durch Logarithmierung herabgewichtet werden. Die PCoA sucht nun nach einer Projektion, die diese Ähnlichkeiten bzw. Distanzen möglichst unverzerrt auf den Achsen eines multidimensionalen Raumes abbildet. Die Methode ist also metrisch, weil die Distanzen dabei weitgehend bewahrt werden. Dieser Raum ist ein normales Koordinatensystem, zeigt also die uns vertrauten geometrischen Eigenschaften (rechte Winkel, Gültigkeit des Satz des Pythagoras etc.). Solche Räume werden verwirrenderweise auch als euklidisch bezeichnet; gemeint ist hier aber nicht die Verwendung der Euklidischen Distanz in der ursprünglichen Dreiecksmatrix, sondern dass das Ergebnis, also das Ordinationsdiagramm, den Gesetzen der euklidischen Geometrie gehorcht.

Hauptkoordinatenanalysen unterscheiden sich von Hauptkomponentenanalysen v. a. in der Wahl des Ähnlichkeitsmodells und in dessen anfänglicher Verarbeitung. Die Berechnung ist ansonsten in den weiteren Schritten einer PCA ähnlich, entsprechend ähnlich sind die in den meisten Softwarepaketen verwendeten Routinen. Tatsächlich lassen sich viele Hauptkoordinatenanalysen mit Standardsoftware realisieren, wenn man die Daten auf geeignete Weise transformiert und sie dann einer zentrierten, aber nicht standardisierten PCA unterzieht (Legendre u. Gallagher 2001; ter Braak u. Šmilauer 2002).

In Abb. 12.1 haben wir für die Elbauendaten die Unähnlichkeit mit dem Bray-Curtis-Koeffizienten berechnet, die Dreiecksmatrix quadratwurzeltransformiert (s. unten), und dann die Werte einer PCoA unterzogen.

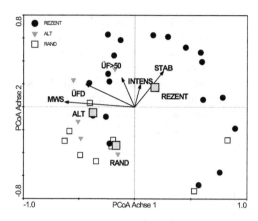

Abb. 12.1. Hauptkoordinatenanalyse der Elbauendaten, basierend auf dem Bray-Curtis-Koeffizienten. Die Abb. kann verglichen werden mit anderen Ordinationen, z. B. Abb. 6.4 (Quadratwurzel Bray-Curtis-Unähnlichkeit, Umweltvariablen *post hoc* eingefügt)

Tabelle 12.1. Zusammenfassung der Kennwerte der Hauptkoordinatenanalyse für die Elbeauendaten (vgl. Abb. 12.1)

	Achse 1	Achse 2	Achse 3	Achse 4
Eigenwerte	2.708	1.899	1.643	1.017
Kumulative Varianz (Artdaten)	22.48	38.25	51.89	60.33

Die Umweltvariablen wurden nachträglich (*post hoc*) über die Analyse gelegt, wie wir es schon in Kap. 7.3 (Ordination und Umweltdaten) beschrieben haben. Es zeigt sich, dass diese Ordination effektiv die wichtigsten Gradienten abbildet; wie in den vorigen Kapiteln auch fallen besonders die Variablen MWS und STAB auf. Wie in der DCA (Abb. 7.4), ist der Wasserstand v. a. mit der ersten Achse korreliert, die Schwankungen des Wasserstandes sind in unserer PCoA mit der ersten und der zweiten Achse korreliert. Tabelle 12.1 zeigt an Hand der Kennwerte, dass die Hauptkoordinatenanalyse mäßig effektiv die Dimensionen reduziert hat; 52 % der ursprünglich vorhandenen Varianz wird auf den ersten 3 Achsen abgebildet, alle weitere Achsen haben sehr geringe Eigenwerte (diese werden in der PCoA gewöhnlich nicht so skaliert, dass die Werte zwischen 0 und 1 liegen).

Allerdings zeigt die Ordination auch einen *Arch*-Effekt; wahrscheinlich sogar einen *Horseshoe*-Effekt. Die Position der Aufnahmen im Diagramm ähnelt dabei einer Hauptkomponentenanalyse. Diese Ähnlichkeit lässt sich genauer überprüfen, indem wir eine weitere PCoA errechnen, diesmal auf Basis der Euklidischen Distanz. Diese liegt ja auch implizit der PCA zugrunde, so dass die Ergebnisse direkt mit denen einer Hauptkomponentenanalyse vergleichbar sein sollten.

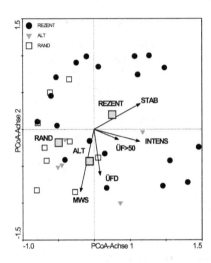

Abb. 12.2. Hauptkoordinatenanalyse auf Basis der Euklidischen Distanz (Elbdaten, erste und zweite Achse, PCoA analog zu Abb. 12.1). Das Diagramm und auch die erklärten Varianzen sind identisch mit denen der entsprechenden PCA (Achse 1: 18.1%, Achse 2: 15.1 %, Abb. 9.5 a)

Abbildung 12.2 zeigt das Ergebnis der auf Euklidischer Distanz basierenden PCoA, das mit der PCA (Abb. 9.5 a) verglichen werden kann. Beide Diagramme sind identisch, und auch die Kennwerte sind gleich (kumulative Varianz der ersten beiden Achsen: 33 %). Der *Horseshoe*-Effekt ist ebenfalls deutlich, die PCA kann also als spezielle Variante der PCoA aufgefasst werden, und beide zeigen z. T. ähnliche Probleme.

Leider ist also auch in der Hauptkoordinatenanalyse eine gewisse Verzerrung unausweichlich (Minchin 1987; Podani u. Miklós 2002). Flexibel ist nur der ursprüngliche Ähnlichkeitsraum, also die Berechnung der Dreiecksmatrix. Der Raum, in den abgebildet wird, ist dagegen wie bei allen Ordinationsmethoden ein (i. d. R.) 2 bis 3dimensionales normales Koordinatensystem, also ein euklidischer Raum. Hier bringt die große Stärke der PCoA, also die Flexibilität bei der Wahl des Abstandsmaßes, Probleme mit sich. Wir wollen häufig nichteuklidische Abstandsmaße nutzen (z. B. die hier bevorzugte Bray-Curtis-Unähnlichkeit); diese lassen sich aber nicht perfekt in einem einfachen Koordinatensystem abbilden, denn sie sind **nichtmetrisch** (s. a. Kap. 4). Details dieses Problems beschreiben Legendre u. Legendre (2001) und Podani (2000); hier wollen wir nur festhalten, dass bei der Verwendung nichtmetrischer Distanzmaße Achsen mit negativen Eigenwerten auftreten können. Dies ist z. B. bei der Bray-Curtis-Unähnlichkeit der Fall, die wie in Kapitel 4 angedeutet ein semimetrisches Distanzmaß ist.

Die negativen Eigenwerte treten allerdings meist bei Achsen höherer Ordnung auf und können oft ignoriert werden. Besser ist es aber, für die Hauptkoordinatenanalyse die Quadratwurzel der ursprünglich berechneten Distanz zu benutzen, die meist metrische Eigenschaften hat (Lepš u.

Šmilauer 2003). Auch dann bleibt aber oft das Problem des *Arch-* oder sogar *Horseshoe*-Effekts, wie das Beispiel des Elbauendatensatzes (Abb. 12.2), aber auch die Ordination einer Petrie-Matrix (Abb. 12.3) zeigen.

Obwohl aus theoretischen Gründen einiges für Hauptkoordinatenanalysen spricht, wurden PCoA bisher eher selten für ökologische Fragestellungen benutzt. Das hat sicher damit zu tun, dass ihre Stärken und Schwächen noch kaum im Detail vergleichend untersucht worden sind (s. a.: Podani u. Miklós 2002), zeigt aber auch, dass die weiter oben ausführlich dargestellten Standardmethoden trotz ihrer theoretischen Schwächen in der Praxis doch die meisten Nutzer zufrieden stellen. Im Moment scheinen sich auch die häufigsten Anwendungen für PCoA außerhalb der klassischen Synökologie zu finden; gerade in der Populationsgenetik sind Hauptkoordinatenanalysen bereits das Standardverfahren zur Visualisierung von genetischer Ähnlichkeit. Kanonische Formen der PCoA werden *constrained analysis of proximities* genannt oder in Anlehnung an die kanonische Form der PCA auch ***distance-based Redundancy Analysis*** (*db-RDA*, Legendre u. Anderson 1999). Die wenigen Anwendungen in der Ökologie sind meist experimenteller Natur (Lepš u. Šmilauer 2003).

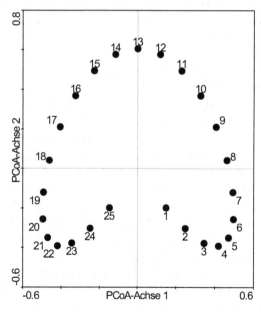

Abb. 12.3. Hauptkoordinatenanalyse einer Petrie-Matrix mit 25 Objekten und 27 Arten (Bray-Curtis-Unähnlichkeit, Quadratwurzel transformiert)

12.3 Nichtmetrische Multidimensionale Skalierung

12.3.1 Das Prinzip

Ein offensichtliches Problem aller Ordinationsverfahren ist die Schwierigkeit, letztlich sehr komplexe und variable Beziehungen zwischen Arten bzw. Arten und ihrer Umwelt effektiv in einem schlichten, wenigdimensionalen Raum abzubilden. Das Problem hat seine Entsprechung in der univariaten Statistik, denn bei der Berechnung von Korrelationskoeffizienten versuchen wir auch oft mit einem simplen linearen Modell (Pearson-Korrelation) Beziehungen von möglicherweise viel größerer Komplexität abzubilden.

Wenn wir möglichst wenige Annahmen über die Zusammenhänge und Eigenschaften der Daten machen wollen, bietet sich in der univariaten Statistik die Verwendung von Rängen anstelle von realen Werten an. Die Objekte werden dafür in Bezug auf ihre Variablen in eine Rangfolge gebracht; das tun wir z. B., wenn wir Korngröße und Humusgehalt korrelieren und dafür den Spearman Rangkorrelationskoeffizienten verwenden (Kap. 2.3). Der nichtparametrische Ansatz wird dabei immer solange sinnvolle Ergebnisse liefern, wie eine klare Rangfolge vorliegt, also so lange, wie wir von einem monoton steigenden Zusammenhang ausgehen können. Statt Linearität wie bei der Pearson-Korrelation ist also nur noch Monotonie der Beziehung gefordert. Ist diese nicht vorhanden, ist die Rang-Korrelation entsprechend schwach.

Eine rangbasierte multivariate Analyse muss versuchen, die Beziehungen zwischen Objekten hinsichtlich vieler Variablen abzubilden. Als Ausgangspunkt bietet sich die Berechnung einer Unähnlichkeits- oder Distanzmatrix an, aus der dann leicht eine Rangfolge der paarweisen Abstände zwischen den Objekten abgeleitet werden kann. Die **Nichtmetrische Multidimensionale Skalierung (NMDS)** bildet diese Rangfolge in einem wenigdimensionalen Raum ab. Wie bei den metrischen multidimensionalen Skalierungen (PCoA) auch, wird hier eine Projektion gesucht, die die Beziehungen in dem ursprünglichen Datensatz möglichst unverzerrt wiedergibt. Allerdings wird bei der NMDS nur auf Monotonie in den Beziehungen geachtet, nicht auf die absolute Größe der Distanzen. Sie benutzt dafür also eben nicht direkt die Werte aus der Dreiecksmatrix, sondern nur die relative Reihenfolge der Objekte bzw. Aufnahmen in Bezug auf den gewählten Unähnlichkeits- oder Distanzkoeffizienten. Die NMDS ist also ein rangbasiertes Verfahren. Damit hat sie die gleiche Flexibilität wie die PCoA, ist aber robuster. Wegen des einfacheren Modells gilt die NMDS sogar als relativ unempfindlich gegen fehlende Werte in der Matrix und kann daher bei lückigen Datensätzen hilfreich sein (Legendre u. Legendre 1998). Theoretisch sollte die NMDS also die ideale generelle Ordinationsmethode sein und wird entsprechend auch von einigen Autoren als die vielversprechendste Alternative zu den klassischen Verfahren propagiert (Brehm u. Fiedler 2004; McCune et al. 2002; Minchin 1987).

So einfach die Idee ist, so schwierig ist aber ihre Umsetzung. NMDS ist die aufwändigste der hier vorgestellten indirekten Ordinationsmethoden, und wir beschränken uns nur auf die Erklärung des Prinzips. In der Regel wird auch in der NMDS ein iterativer Algorithmus genutzt (Kruskal 1964). Die ersten Schritte ähneln der PCoA; wir können die Daten evtl. transformieren und müssen dann ein Unähnlichkeits- oder Distanzmaß wählen. Wegen ihrer für ökologische Fragestellungen günstigen Eigenschaften wird oft die Bray-Curtis-Unähnlichkeit benutzt (Faith et al. 1987). Dass sie semimetrische Eigenschaften hat, stört hier nicht, denn bei den weiteren Schritten wird ja nicht mit den direkten Distanzen, sondern nur mit deren Rängen gerechnet. Ähnlich wie bei Spearman-Rangkorrelationen treten zwar auch hier häufig Bindungen auf (Kap. 2.3), denn die Bray-Curtis-Unähnlichkeit liefert ja Werte von 1, wenn die Objekte keine Arten gemeinsam haben. NMDS kann damit aber umgehen (Details: Legendre u. Legendre 1998). Gelegentlich wird stattdessen auch die Euklidische Distanz empfohlen (Backhaus et al. 2003; Kenkel u. Orlocci 1986), diese sollte aber, wie in Kap. 4.3 gezeigt, bei ökologischen Fragestellungen nur mit Vorsicht angewandt werden.

Das Prinzip der Projektion ist nun, die Objekte (i. d. R.) zunächst zufällig in einem z. B. 3dimensionalen Ordinationsraum zu verteilen und dann zu vergleichen, wie gut oder schlecht diese neue Anordnung mit der Rangstruktur in der ursprünglichen Dreiecksmatrix übereinstimmt. Dazu berechnen wir die Distanzen der Objekte im neuen (z. B. 3dimensionalen) Ordinationsraum. Da dieser euklidisch ist, nutzen wir dafür den Satz des Pythagoras, also die Euklidische Distanz. Wenn wir jetzt die Objektpaare entsprechend der Reihenfolge ihrer Abstände in der ursprünglichen Dreiecksmatrix auftragen und in die nächste Spalte die entsprechenden Distanzen im Ordinationsraum schreiben, können wir die Güte der Ordination beurteilen. Im Idealfall sollten paarweise Abstände, die in der ursprünglichen Matrix relativ klein waren (also einen niedrigen Rang hatten), auch im neuen Ordinationsraum einen kleinen Wert haben. Anders ausgedrückt, die Werte sollten monoton steigen.

Diese Idee verdeutlicht ein **Shepard-Diagramm**. Dabei werden die ursprünglichen Abstände zwischen den Objekten (hier auf Basis der Bray-Curtis-Dreiecksmatrix) gegen die neuen Distanzen im Ordinationsraum aufgetragen (Abb. 12.4).

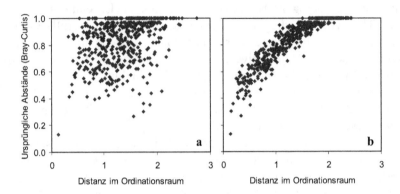

Abb. 12.4. Shepard-Diagramme zur Beziehung von ursprünglicher Rangfolge (vertikale Achse) und Rangfolge der Distanzen im Ordinationsraum (horizontale Achse) für die NMDS. **a** gibt die Konfiguration nach 2 Iterationen basierend auf einer zufälligen Verteilung der Objekte (3dimensionale Lösung). **b** zeigt die entsprechenden Ränge für die NMDS in Abb. 12.5 c

Wenn die Rangfolgen ähnlich sind, sollte sich eine monoton steigende Beziehung im Shepard-Diagramm zeigen. Am Anfang der NMDS ist dies natürlich nicht der Fall, wie Abb. 12.4 a verdeutlicht. Wir müssen die Konfiguration also noch optimieren, und dafür brauchen wir ein quantitatives Kriterium.

Mit der eben geschilderten Idee lässt sich ein Maß für die Güte der Ordination ableiten, das bei NMDS **Stress** genannt wird. Der Stress gibt an, wie stark die Lagebeziehungen im Ordinationsraum hinsichtlich ihrer Monotonie von denen in der ursprünglich berechneten Dreiecksmatrix abweichen. Der Ansatz zur Berechnung von Stress ist konzeptionell einer Korrelation ähnlich (Formeln zur Berechnung von Stress, ausführliche Erklärung: Backhaus et al. 2003; McCune et al. 2002).

Da die Objekte im ersten Schritt der Ordination i. d. R. zufällig im Ordinationsraum angeordnet werden, ist der Stress am Anfang sehr hoch (Abb. 12.4 a). Der Algorithmus versucht nun schrittweise (iterativ), die Objekte im Ordinationsraum besser anzuordnen, also den Stress zu verringern. Dabei werden die Objekte so verschoben, dass die Abweichungen von der monoton steigenden Beziehung minimiert werden, wir also einen deutlicheren Zusammenhang zwischen ursprünglicher Rangfolge und Rangfolge der Distanzen im Ordinationsraum bekommen (Abb. 12.4 b). Auf die Details dieser Optimierung wollen wir hier nicht genauer eingehen, das Prinzip ist aber, die Punkte in einer Richtung zu verschieben, die sich aus der partiellen Ableitung der Stressfunktion an dem jeweiligen Punkt ergibt (*method of steepest descent*: McCune et al. 2002).

Die weiteren Schritte entsprechen dann in vieler Hinsicht dem Vorgehen bei anderen indirekten Ordinationen. Die Ordinationsachsen haben hier allerdings keinen direkt interpretierbaren Zusammenhang mit den Variablen, sie sind also z. B. keine Linearkombinationen von Arten bzw. Variablen wie in der PCA. Dennoch haben sie eine metrische Struktur (Backhaus et al. 2003), wir können sie also z. B. durch *Post-hoc*-Korrelationen mit Umweltvariablen interpretieren. Das haben wir in der Abb. 12.5 getan. Etwas Vorsicht ist hier allerdings geboten, denn anders als in den bisher dargestellten Ordinationsverfahren sind bei der NMDS die Achsen nicht zwingend orthogonal, können also untereinander korreliert sein. In unserem Fall waren z. B. die Werte der Objekte auf Achse 1 und 2 für eine 3dimensionale NMDS auf dem Niveau $r = 0.334$ korreliert, für eine vergleichbare DCA lag der Wert bei $r = 0.001$. Die Achsen einer NMDS bilden also nicht unbedingt unabhängige (Umwelt)Information ab. Das dürfte allerdings in der Praxis kaum Probleme bereiten. Wichtiger ist dagegen, dass die Achsen einer NMDS nicht notwendigerweise absteigende Bedeutung haben, es sind einfach gleichwertige Dimensionen. Aus diesem Grund kann ein NMDS-Diagramm auch beliebig rotiert oder gespiegelt werden, um die Interpretation zu erleichtern (Legendre u. Legendre 1998; McCune et al. 2002). Der Ordinationsraum könnte z. B. so rotiert werden, dass auf der ersten Achse die maximal erklärte Varianz liegt.

Insgesamt erweist sich die indirekte NMDS in unserem Beispiel als günstig (kanonische NMDS wird in der Ökologie bisher nicht genutzt). Anders als bei der PCoA (Abb. 12.1) zeigt sich kein deutlicher *Arch*-Effekt, und auch der Vergleich mit der DCA (Abb. 7.4) legt nahe, dass das Ergebnis sinnvoll ist.

12.3.2 NMDS – Optionen und Probleme

Allerdings gibt es auch bei der NMDS eine Fülle von Modifikationen und möglichen Problemen. Offensichtlich ist, dass die Wahl des Abstandsmaßes das Ergebnis beeinflusst. Obwohl NMDS rangbasiert ist, können sich an dieser Stelle auch nichtmonotone Transformationen der Daten auswirken, denn sie können die Reihenfolge der Distanzen bzw. Unähnlichkeiten ändern.

Weniger offensichtlich, aber von großer Bedeutung ist das Problem der sog. **lokalen Minima**. Die NMDS verringert iterativ die Abweichungen von der Monotonie in der Beziehung von ursprünglicher Rangfolge der Unähnlichkeit/Distanz und Rangfolge der Distanz im neuen Ordinationsraum. Das tut sie solange bis weitere Schritte den Stress nicht weiter minimieren. In Abhängigkeit von der letztlich willkürlichen Startkonfiguration muss dieses Minimum aber nicht immer das optimale sein, eine andere Startkonfiguration kann zu anderen Ergebnissen führen. Dazu eine Analogie (in Anlehnung an McCune et al. 2002): Wir stehen auf einem Berggipfel und versuchen abzusteigen. Es ist neblig, und unser einziges Instrument ist ein Neigungsmesser. Die nahe liegendste Strategie ist, immer bergab zu gehen, bis weitere Schritte wieder bergauf führen würden. Wir erreichen so ganz sicher ein Minimum, dass aber nicht zwingend der tiefste Punkt der ganzen Region sein muss. Im Extremfall kann es ein sehr hoch gelegenes Gletscherbecken sein, aber auch wenn wir dieses umgehen, können wir in irgendeinem Hochtal landen. Erst, wenn wir das sehr häufig wiederholt haben und von verschiedenen Punkten aus losgelaufen sind, können wir wirklich sicher sein, den absolut tiefsten Punkt gefunden zu haben.

Die Bedeutung von lokalen Minima zeigt der Vergleich der Abb. 12.5 a und c. Hier ergaben 2 verschiedene zufällig ausgewählte Ausgangsoptionen 2 verschiedene Ordinationsdiagramme. Der Stress, also die Güte der Abbildung der ursprünglichen Dreiecksmatrix ist bei beiden Diagrammen sehr ähnlich (ca. 11.2), und auch die Gruppierung der Punkte im Hinblick auf ihre Lage in der Aue geben beide Diagramme sinnvoll wider. Allerdings scheinen erste und zweite Achse vertauscht zu sein. Dies ist aber von geringer Bedeutung, denn bei der NMDS haben die Achsen ja nicht zwingend absteigende Bedeutung; die Ordinationsdiagramme können daher gedreht oder gespiegelt werden. Es lohnt sich daher immer, auch Ordinationsachsen höherer Ordnung (sofern berechnet) anzuschauen (Abb. 12.5 b) bzw. die Ordination so zu rotieren, dass die Achse mit der höchsten Varianz als erste Achse abgebildet wird. Hierfür gibt es Standardverfahren, ein besonders bekanntes ist die Varimax-Rotation, bei der alle Achsen unter Beibehaltung der rechten Winkel zwischen ihnen gleichzeitig gedreht werden (Details: McCune et al. 2002).

In jedem Fall aber sollte sichergestellt werden, dass der Stress möglichst gering ist und nicht ein in dieser Hinsicht ungünstiges lokales Minimum ausgewählt wurde (entsprechend einem Hochtal in obiger Analogie). Als Lösung kann man bei einer NMDS viele verschiedene Startkonfigurationen ausprobieren und dann die mit dem geringsten Stress auswählen; diese sollte dem **globalen Minimum**, also der Optimallösung, nahe kommen (Faith et al. 1987; Minchin 1987). Für die Abb. 12.5 a und c haben wir je 500 zufällige Startkonfigurationen überprüft, je nach Rechenleistung wären aber auch 1000 Konfigurationen möglich und würden dann ein noch sichereres Ergebnis liefern. Die Schwankungsbreite des Stresses ist zwischen den einzelnen NMDS häufig relativ groß; die Ordinationen mit den minimalen Stresswerten sollten dann für die Interpretation ausgewählt werden (Abb. 12.6).

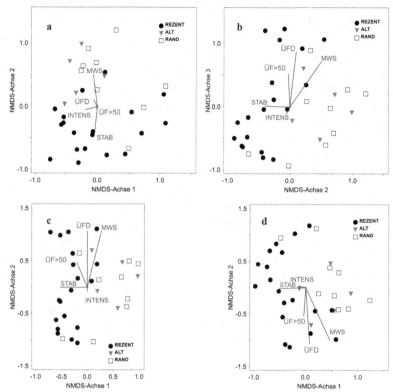

Abb. 12.5. NMDS der Elbauendaten; zur Interpretationshilfe wurden *post hoc* die wichtigsten Umweltgradienten über die Ordination gelegt (ohne nominale Variablen). Symbole deuten die Lage in der Aue an
a NMDS basierend auf Bray-Curtis-Unähnlichkeit; 3dimensionale Startkonfiguration aus 500 Läufen ausgewählt, Stress 11.19; alle Achsen signifikant $p \leq 0.01$; 100 Permutationen). **b** Wie a, allerdings Achse 2 und 3 dargestellt. **c** Wie a, allerdings mit Startkonfiguration aus 500 neuen Läufen ausgewählt. Das Bild ist grob ähnlich (Stress ebenfalls 11.19, alle Achsen $p \leq 0.01$). **d** Wie a, aber Startkonfiguration aus DCA-Werten (vgl. Abb. 7.4, Stress wieder 11.19, alle Achsen $p \leq 0.01$)

Da es bei umfangreichen Datensätzen sehr aufwändig ist, durch Probieren die beste Konfiguration herauszufinden, kann man stattdessen auch gleich mit einer günstigen Ausgangskonfiguration beginnen und diese dann weiter mit NMDS optimieren. Hier bietet sich das Ergebnis einer vorherigen Ordination an, also z. B. die Verwendung von Koordinaten aus einer Korrespondenzanalyse. Für unsere Elbauendaten (Abb. 12.5 d) gab die NMDS im 3dimensionalen Modell einen Stresswert von ca. 11.2 (gerundet) für die aus der DCA stammende Startkonfiguration und den gleichen Wert für die besten zufällig ausgewählten Startkonfigurationen. Der zusätzliche Aufwand bei der Suche nach einer geeigneten Konfiguration hat sich also nicht gelohnt. Allerdings ist im Vergleich mit der ursprünglichen DCA (Abb. 7.4) zu sehen, dass die Vorgabe von Startkoordinaten das Endergebnis doch stark vorbestimmt (Kenkel u. Orlocci 1986).

Mit dem Stresswert hängt auch eine weitere Besonderheit der NMDS zusammen: Mit der Anzahl der Dimensionen des Ordinationsraumes ändert sich die ganze Projektion. Das hat zur Folge, dass sich die Werte für die ersten beiden Achsen einer 3dimensionalen Lösung von denen einer 2dimensionalen Lösung unterscheiden. Anders als bei anderen Ordinationen ist es also ein Unterschied, ob wir nur die ersten oder auch weitere Dimensionen bei der Ordination extrahieren. Die Zahl der Achsen wird üblicherweise anhand des Stresswertes festgelegt, es werden mehrere Dimensionalitäten ausprobiert (üblicherweise bis zur fünften oder sechsten Dimension). Dann wird die Anzahl an Dimensionen ausgewählt, bei der die stärkste Abnahme im Stress beobachtet wurde. Es wird also ein Kompromiss gesucht zwischen einer möglichst geringen Anzahl von Dimensionen und einem relativ kleinen Stresswert. In unserem Beispiel (Abb. 12.6) ist die Abnahme des Stresswertes für die drei ersten Dimensionen am größten, alle weiteren Dimensionen tragen wenig zur Verbesserung des Ergebnisses bei. Daher sollte für die Auswertung die 3dimensionale Lösung gewählt werden, evtl. sogar nur die 2dimensionale.

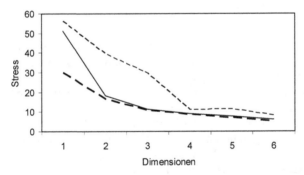

Abb. 12.6. Vergleich von Stresswerten für verschiedene Dimensionen bei einer NMDS. Insgesamt wurden 100 verschiedene zufällige Startkonfigurationen probiert; die durchgezogene Linie zeigt die Mittelwerte der 100 Konfigurationen an, die schraffierten Linien die jeweiligen maximalen und minimalen Werte. Letztere kommen als Startkonfiguration in Frage. Das Abflachen (der „Ellenbogen") der Kurve ab der dritten Konfiguration legt eine 3dimensionale Lösung nahe

Tabelle 12.2. Richtwerte für die Einschätzung der Güte einer NMDS anhand des Stresswertes (basierend auf Kruskals „Stress 1"-Formel, s. a. Backhaus et al. 2003, McCune et al. 2002). Je nach Programm werden die Stresswerte auch als Dezimalen angegeben; 0.05; 0.1; 0.2 etc.)

Stress	Bewertung
< 1	Unrealistisch, Ergebnis überprüfen (sehr selten)
1-5	Hervorragend, Ergebnis zuverlässig (sehr selten)
5-10	Gut, Ergebnis höchst wahrscheinlich zuverlässig
10-15	Ergebnis wahrscheinlich noch brauchbar, Details des Plots sollten aber nicht interpretiert werden
15-20	Ergebnis möglicherweise noch brauchbar, Gefahr von Fehlinterpretationen aber hoch
> 20	Wahrscheinlich wertlos, ab einem Wert von 35 ist das Ergebnis rein zufällig

Rechenleistung ist der limitierende Faktor bei der NMDS v. a. bei größeren Datensätzen mit z. B. einigen 100 Objekten. Aus diesem Grund sollte die Anzahl der Iterationen (also der Schritte „nach unten") innerhalb der einzelnen Analyse möglichst klein gehalten werden. Normalerweise stabilisiert sich das Ergebnis (also die Position des lokalen Minimums) nach weniger als 20 Schritten, so dass 100-200 Iterationen praktisch immer ausreichen. Alternativ kann man auch einen Schwellenwert für die Stabilität einführen und die Iterationen nach Erreichen einer hinreichend stabilen Lösung abbrechen. Die gesparte Rechnerleistung kann dann für das Ausprobieren verschiedener Ausgangskonfigurationen genutzt werden.

Neben der Signifikanz der Achsen ist Stress der wichtigste Parameter um die Güte der Ordination einzuschätzen. Tabelle 12.2 gibt hier Richtwerte; mit einem Stress von 11.2 ist unsere Ordination noch akzeptabel. Allerdings ist es auch bei der NMDS so, dass es mit zunehmender Komplexität des Datensatzes tendenziell schwieriger wird, eine gute Projektion zu erreichen. Insofern sind Werte zwischen 10 und 15 (bzw. 0.1 und 0.15) bei großen Datensätzen nicht ungewöhnlich schlecht. Vorsicht ist geboten, wenn der Stress sehr klein ist (< 1 bzw. 0.01), dann gibt es mehrere praktisch optimale Lösungen, und die Objekte klumpen ohne klare Struktur einfach in der Mitte des Ordinationsdiagramms (Backhaus et al. 2003). In ökologischen Studien dürfte das aber kaum ein Problem darstellen, denn die Komplexität der Daten verhindert, dass so geringe Stresswerte erreicht werden können.

Abschließend sei noch erwähnt, dass die NMDS immer nur Koordinaten für die Objekte generiert; wollen wir Arten oder andere Variablen mit NMDS auswerten, müssen wir die Datenmatrix vorher transponieren und evtl. ein anderes Abstandsmaß nehmen (z. B. Euklidische Distanz). Einige

Programme bieten allerdings an, die Arten oder andere Variablen nachträglich in das Ordinationsdiagramm zu projizieren, indem für jede Art auf Basis der Aufnahmekoordinaten gewichtete Mittel für die Ordinationsachsen berechnet werden. Dies kann für eine Interpretation hilfreich sein.

NMDS werden zwar zunehmend häufiger zur Analyse multivariater Daten genutzt, sind aber trotzdem nicht so verbreitet wie Korrespondenzanalysen und die entsprechenden abgeleiteten Ansätze. Dies ist erstaunlich, denn theoretisch spricht einiges für NMDS. Gegen NMDS spricht aber wohl v. a. ein rein pragmatisches Argument, dass viel mit Gewohnheit zu tun hat. Sie verfolgt ein ganz anderes Prinzip als die anderen Standardverfahren – formal ausgedrückt: sie ist keine Eigenvektoranalyse (Backhaus et al. 2003). Deswegen ist sie auch nicht in wichtigen Standardpaketen (CANOCO, ter Braak u. Šmilauer 2002) implementiert. Hinzu kommt, dass es eher wenig vergleichende Tests von NMDS und anderen Methoden gibt. So gibt eine NMDS unserer einfachen Petrie-Matrix Anlass zur Besorgnis (Abb. 12.7), da sich ein deutlicher *Horseshoe*-Effekt zeigt; je nach Konfiguration kann es sogar zur Bildung von Schleifen kommen. Ein Grund dafür ist, dass in der NMDS zwar kein lineares Modell steckt, aber immer monotones Verhalten vorausgesetzt wird. Das ist für viele Datensätze unrealistisch (Gauch 1994). Allerdings handelt es sich bei dieser Petrie-Matrix um einen sehr künstlichen Datensatz, bei dem große Heterogenität (mehrere Arten-Turnover) mit relativ geringer sonstiger Information gekoppelt ist (0/1-Daten), was zu vielen gleichen Werten in der ursprünglichen Ähnlichkeitsmatrix führt. Dann kann die Monotonie kaum noch sinnvoll überprüft werden. Ähnlich verwirrende Bilder kann es bei sehr komplexen Datensätzen geben; hier kann NMDS einfach keine günstige Lösung mehr finden.

Für die NMDS spricht dagegen die Ordination der realen Daten (Abb. 12.5), die ja viel versprechend war. Entsprechend zeigte ein Methodenvergleich anhand realer Daten aus tropischen Schmetterlingsbeständen (Brehm u. Fiedler 2004), dass NMDS zuverlässig den wichtigen Gradienten abbilden, und dabei einfachen Korrespondenzanalysen sogar überlegen sind. Dennoch trat in diesem Beispiel der *Arch*-Effekt sowohl bei NMDS als auch bei CA auf (Faith et al. 1987; Minchin 1987). Eine DCA zeigte den *arch* erwartungsgemäß nicht, wurde aber von Brehm u. Fiedler (2004) abgelehnt, weil sie keine neue Information brachte, dafür aber mathematisch kompliziert und in theoretischer Hinsicht fragwürdig ist. Zu einem ähnlichen Ergebnis kommt Minchin (1987). Es gibt also noch Diskussionsbedarf. Ingesamt gilt auch für NMDS, dass je nach spezieller Datenstruktur diese oder eine andere Ordinationsmethode bessere Ergebnisse liefern kann (Kenkel u. Orlocci 1986).

Solange umfangreichere Tests ausstehen, wird man zumindest festhalten können, dass NMDS den Vorteil haben, flexibel in der Auswahl des Abstandsmaßes zu sein. Dieses kann den Erfordernissen und der Datenstruktur angepasst werden; so können Abstandsmaße verwendet werden, die bei unvollständigen Datensätzen Auftrittswahrscheinlichkeiten einbeziehen (z. B. NESS Indices, Brehm u. Fiedler 2004). Die verwendeten Maße können aber auch Korrelationen (z. B. aus wechselseitigen Mantel-Tests verschiedener Artmatrices, Beispiel: Legendre u. Legendre 1998, S. 450) oder andere Distanzmaße sein. Unserem Eindruck nach scheinen NMDS bei der Auswertung solcher Daten robuster zu sein als PCoA und werden vermutlich (mit steigender Rechenleistung) weiter an Popularität zunehmen. Dafür spricht auch, dass es Abwandlungen des hier vorgestellten Algorithmus gibt. Wir haben hier die globale NMDS vorgestellt, es gibt aber z. B. auch eine lokale NMDS, die allerdings seltener verwendet wird. Die Leistungsfähigkeit beider Methoden ist noch kaum vergleichend in der Ökologie getestet worden (Details zu lokaler NMDS bei Minchin 1987). Weiterführende Informationen geben z. B. McCune et al. (2002).

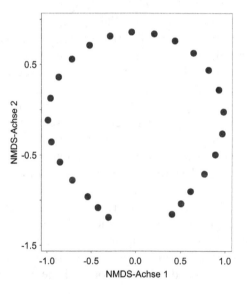

Abb. 12.7. NMDS einer Petrie-Matrix mit 25 Objekten und 27 Arten (Bray-Curtis-Unähnlichkeit, Startkonfiguration aus 100 zufälligen ausgewählt). Deutlich ist ein *Horseshoe*-Effekt zu erkennen (Stress 27.17)

12.3.3 Ablauf einer NMDS

Wegen der Vielfalt an Optionen sollte die Analyse einem klar zu dokumentierenden Schema folgen (McCune et al. 2002; Podani 2000). Je nach Leistungsfähigkeit des Rechners und verwendeter Software sind aber Modifikationen oft unumgänglich. Zuerst muss entschieden werden, ob die

Daten transformiert werden sollen, um z. B. hohe Abundanzen in ihrer Bedeutung herabzugewichten. Der nächste Schritt ist die Wahl eines geeigneten Abstandsmaßes. Eine erste NMDS sollte mit vielen Dimensionen erfolgen (typischerweise 6), auch wenn in der Praxis 2-4 Dimensionen für die endgültige Lösung ausreichen sollten. Ist genug Rechenleistung vorhanden, können alternativ ca. 50-100 (bei kleinen Datensätzen auch mehr) Startkonfigurationen ausprobiert werden. Wenn wir jeweils die Ergebnisse notieren, kann die Schwankungsbreite des Stresses eingeschätzt werden, und wir können die Konfiguration auswählen, die den niedrigsten Stress brachte. Wenn die Rechenleistung limitiert ist, kann es auch ausreichend sein, eine NMDS mit einer bereits günstigen Startkonfiguration durchzuführen. Hier können z. B. die Koordinaten einer (D)CA oder einer PCoA helfen, die ja schon an sich eine relativ günstige Anordnung der Aufnahmen ermöglicht. Die Gefahr, nur ein lokales Minimum zu finden, ist daher gering.

In beiden Fällen wird die Abnahme des Stresses über die verschiedenen Dimensionen verglichen, es wird die Anzahl an Dimensionen genommen, die noch eine akzeptabel gute Stressreduktion zeigt. Ein Diagramm analog Abb. 12.6 kann hier hilfreich sein. Wenn möglich sollte mit einem Monte-Carlo-Test überprüft werden (s. Kap. 17.2), ob die Achsen signifikant weniger Stress abbilden als eine zufällige Anordnung der Objekte. Abschließend wird dann noch einmal eine endgültige NMDS gerechnet. Diese basiert auf der ausgewählten Anzahl der Dimensionen und, soweit durch Probieren gefunden, auf der am besten geeigneten Startkonfiguration, die dafür vorher gespeichert werden muss. Da auch bei dem beschriebenen Verfahren unter Umständen sinnlose Ergebnisse produziert werden können, gilt für die NMDS genau wie für alle anderen Ordinationsverfahren auch, dass die Ergebnisse interpretierbar sein müssen, also ökologisch sinnvoll sind.

Weil das Verfahren komplex ist, gehört in den Methodenteil eine umfangreiche Dokumentation des Vorgehens, sonst sind die Ergebnisse kaum nachvollziehbar! Der Abschnitt sollte folgende Punkte umfassen: Verwendeter Algorithmus/Software, evtl. Transformationen, Abstandsmaß, Herkunft der Startkonfiguration, Festlegung der Dimensionen, Ergebnis des Monte-Carlo-Tests und Stresswert.

13 Klassifikation – das Prinzip

13.1 Das Wesen von Klassifikationen

Klassifikation ist neben der Gradientenanalyse traditionell das zweite große Aufgabengebiet in der Auswertung multivariater ökologischer Daten. Besonders in der zentraleuropäischen Vegetationskunde wurde Klassifikation von Vegetationsbeständen lange Jahre als ein wichtiges, wenn nicht sogar als das Hauptziel geobotanischen Arbeitens angesehen. Hinsichtlich der Methodik stand hier die Pflanzensoziologie klar im Vordergrund. Entsprechend vielfältig sind Anwendungen von Klassifikationen bei der Analyse von Pflanzengemeinschaften, während Beispiele für Tierzönosen weit seltener sind. Darum werden wir uns hier auf vegetationskundliche Beispiele beschränken.

Die pflanzensoziologische Tabellenarbeit ist im Prinzip auch eine multivariate Analyse; sie versucht, die Daten so geordnet in einer 2dimensionalen Tabelle darzustellen, dass ähnliche Aufnahmen und sich ähnlich verhaltende Arten nebeneinander stehen. Unter dem Strich ist dieser Ansatz sehr erfolgreich gewesen, und noch heute werden pflanzensoziologische Ergebnisse häufig als Referenzpunkt für andere vegetationskundliche Auswertungsverfahren genutzt. Wir wollen daher am Beispiel der pflanzensoziologischen Tabellenarbeit einige Prinzipien von Klassifikationen verdeutlichen.

Tabelle 13.1 zeigt eine pflanzensoziologische Gliederung für einen Teil der Elbauendaten. Wir haben hier einen neuen Testdatensatz benutzt, die Aufnahmen sind alle relativ ähnlich und stammen aus dem Wirtschaftsgrünland (Weidelgras-Weißklee-Weiden). Eine DCA der Daten gibt nur eine Gradientenlänge von 2.1 SD-Einheiten, zeigt also ungefähr einen halben Arten-*Turnover* zwischen den unähnlichsten Aufnahmen (Kap. 6.3). In diesem Sinne können die Daten also als homogen gelten.

Die Vegetationstabelle ist in 2 Richtungen sortiert; Spalten und Aufnahmen wurden so geordnet, dass Gruppen von Aufnahmen durch Gruppen von Arten gekennzeichnet sind (ausführlich: z. B. Dierschke 1994).

Tabelle 13.1. Pflanzensoziologische Klassifikation von Vegetationsaufnahmen aus beweidetem Grasland der Elbaue (ohne Begleiter). Die charakteristischen Arten wurden markiert, die Buchstaben geben pflanzensoziologische Hierarchieebenen an (Assoziation, Verband, Ordnung, Klasse). Die (Sub-) Varianten wurden fortlaufend nummeriert (Tabelle 13.2), die Deckungsgrade sind auf einer Londo-Skala angegeben (Tabelle 3.1)

	Varianten	1	1	1	1	1	1	1	1	1	1	2	2	2	2	2	2	2	2	2	2	2	3	3	3	3	3	3	4	4	4	4	4	5	5	5	5	5	5	5	5
	Nummer	1	2	3	4	5	6	7	8	9	10	11	12	13	14	15	16	17	18	19	20	21	22	23	24	25	26	27	28	29	30	31	32	33	34	35	36	37	38	39	40
	AC/VC/DV:																																								
DV	Trifolium repens	2	1	.4	.4	.4	.2	.	.4	.4	2	.4	2	6	3	.4	3	1	1	2	4	.4	4	1	4	2	2	7	1	1	5	1	6	3	5	7	6	6	.4	4	7
AC	Leontodon autumnalis	.	.1	.4	.2	.	.4	.	.2	.4	.4	.4	.4	.4	.	.4	.4	.	.4	.4	.	.	.4	.4	.4	.4	.2	.4	.4	.	2	.	.4	.4	.	.4	.4	.2	.	.	.4
VC	Lolium perenne	.	.4	.4	.4	.	.	1	.4	.4	.4	.	.4	.4	.	.4	.	.4	.4	.4	.4	.	.4	.	.	2	.4	4	.4	.4	.4	.	.4	.	.4	.	.	2	.4	.4	.4
DV	Lotus corniculatus	.	.	.4	.4	.	.4	.	1	.4	1	.4	3	2	.4	.4	.4	.4	2	.	.4	.4	.4	5	.4	.	.	4	.	.	7	.	1	.4	.	.	2	.4	.	.4	.4
DV	Bellis perennis	.	.	.	.	.	.4	.	.2	.4	.	.4	.4	.	.	.2	.	.4	.	.	.	.4	.4	.	.	.	.4	.	.4	.	.	.	.	.2	.	.	.	.	.	.	1
AC	Cynosurus cristatus	.	.	.	.	.	.	.	.	.	.	.4	.	.	.	.	.	.	.	.	.	.	.	.	.	.4	.	.	.	.	.	.	.	.	.	.	.	.	.	.	.
	D 1:																																								
	Ranunculus bulbosus	2	.4	1	1	.4	.4	.4	.4	3	.	.	.	.	.	.	.	.	.	.	.	.	.	.	.	.	.	.	.	.	.	.	.	.	.	.	.	.	.	.	.
	Galium verum	.4	.4	.4	.4	.4	.4	.4	.4	.4	.4	.	.	.	.4	.	.4	.	.4	.	.	.	.4	.	.	.	.	.	.	.	.	.	.	.	.	.	.	.	.	.	.
	Eryngium campestre	.4	2	.2	1	.4	.	2	.	.4	.	.	.	.	.	.	.	.	.	.	.	.	.	.	.	.	.1	.	.	.	.	.	.	.	.	.	.	.	.	.	.
	Cerastium arvense	2	.4	.4	.4	.4	.	2	.	.4	.	.	.	.	.	.	.	.	.	.4	.	.	.	.4	.	.	.	.	.	.	.	.	.	.	.	.	.	.	.	.	.
	Carex praecox	.4	.4	.4	.4	1	.4	.	.4	.	.4	.	.	.	.	.	.	2	.	.	.	.4	.	.	.	.	.	.	.	.	.	.	.	.	.	.	.	.	.	.	.4
	Armeria elongata	.4	.4	.2	2	.	2	.	.2	.	.	.	.	.	.	.	.	.	.	.	.	.	.	.	.	.	.	.	.	.	.	.	.	.	.	.	.	.	.	.	.
	Cerastium glut.	.	.	.	.	.	.4	.4	.4	.	.4	.	.	.	.	.	.	.	.	.	.	.	.	.	.	.	.	.	.	.	.	.	.	.	.	.	.	.	.	.	.
	D 2:																																								
	Poa trivialis	.	.	.	.	.	.	.	.2	.	.	.4	.4	.4	.4	1	2	.4	.4	.	.4	.4	.4	.4	.	.4	.4	.4	.4	.4	.4	.4	.4	1	1	2	.4	.4	.4	1	.4
KC	Festuca pratensis	.4	.	.	.2	.	.4	.	.	.	.	2	.4	.4	.4	2	1	2	.	.4	.4	2	1	.4	.	2	2	.4	1	.4	.4	2	1	.	.	.	.	2	4	.4	.
	Ranunculus repens	.	.	.	.	.	.	.	.	.	.	.4	.	.	.2	.2	2	.2	.	.	1	.4	.2	.	2	.2	.4	.	.4	2	.4	.4	.4	1	.4	.4	2	2	3	1	4
	Potentilla reptans	.	.	.	.	.	.	.	.	.	.	.4	.4	.	.4	.	.4	.4	.2	.4	2	.	.	.4	.4	.	.2	.2	.	.	.4	.4	.4	.	.	.2	1	.4	.	.	.4
	Veronica serpyllifolia	.	.	.	.	.	.	.	.	.	.	.	.2	.4	.4	.	.	.	.2	.	.	.	.	.	.4	.4	.	.	.4	.	.	.4	.	.4	.	.4	.	.4	.	1	.4
KC	Deschampsia cesp.	.	.	.	.	.	.4	.	.	.	.	.	.4	.	.4	.4	.	.	.	.4	.	2	.	.	.2	.4	.	.	.	1	.	.	.	.	.	.	.4	.4	.	.4	.2
	Glechoma hederacea	.	.	.	.	.	.2	.	.4	.	.	.	.2	.	.	.	.4	2	.	.4	2	.4	.	.	1	.	.	.	.4	.	.	2	.	.2	.4	1	.	.4	.	.4	.
VC	Phleum pratense	.	.	.	.	.	.	.	.	.	.	.	2	.	.	.	.	1	.	.	.	.	.	.	.4	.	.	.	.	.	.4	.	.4	.4	2	.	.4	2	.	.4	.
KC	Cardamine pratensis	.	.	.	.	.	.	.	.	.	.	.	.	.	.	.	.4	.4	.	.	.4	.4	.	.	.	.4	.	.	.4	.	.	.4	.	.	.	.	.	.	.	.	.4
	d 2.1:																																								
	Agrostis capillaris	2	1	1	1	2	1	.	.4	2	2	5	1	2	1	.4	2	.	4	.4	.	.	2	6	1	2	3	.	3	.	.	.4	.	.	.	.	.	.	.	.	.
O	Achillea millefolium	1	.4	.4	.4	.4	1	.4	.4	2	1	.4	2	.4	.	.4	.4	.	.4	2	.	.4	.4	1	2	.	.4	1	.	.	.	.	.	.	.	.	.4	.	.	.	.
	Plantago lanceolata	2	.	1	2	.	.4	.4	.4	.4	.4	.4	.4	.4	.	.4	.4	2	.4	.	.	.4	.	.	.4	.4	.	.4	.	.	.	.	.	.	.	.2	.	.4	.	.	.
KC	Trifolium pratense	.	.	.4	.4	.	1	.	2	.	.	.4	.4	.	1	.4	.4	.4	.4	.	.4	2	.2	1	.4	.	.	.4	.	.	.	.	.	.	.	.	.	.	.	.	.
KC	Ranunculus acris	.	.	.2	.	.	.	.	.	.	.	1	.2	.2	.2	2	1	.	.1	.	.	.	.4	.	.	1	.2	.	.	.	.	.	.	.	.	.	.	.	.	.	.
	Anthoxanthum odor.	4	3	2	2	.	1	.	1	1	.	2	.	.	.	.4	.4	.	.	.4	.	5	1	.2	.	.	.	.	.	.	.	.	.	.4	.	.	.	.	.	.	.
	Festuca rubra agg.	.	2	.4	.4	1	.	.	.	.4	5	.4	.	1	2	.	.	.	.4	2	.	.	.	.4	.	.	.	.	.	.	.	.	.	.	.	.	.	.	.	.	.
	d 2.3:																																								
	Agrostis stolonifera	.	.	.	.	.	.	.	.	.	.	.	.	.	.	.	.	.	.	.	.	.4	.	.	.	.	.	.4	.	.	.	.	.	.	2	.4	3	.4	1	.4	2
	Plantago major	.	.	.	.	.	.	.	.	.	.	.	.	.	.	.	.	.	.	.	.	.	.	.	.2	.	.	.	.	.	.	.	.	.	.	.4	.	.4	.	.4	.1
	Phalaris arundinacea	.	.	.	.	.	.	.	.	.	.	.	.	.	.	.	.	.	.	.	.	.	.	.	.	.	.	.	.	.	.	.	.	.4	.4	.	.	.	.	.	.4
	Persicaria amphibia	.	.	.	.	.	.	.	.	.	.	.	.	.	.	.	.	.	.	.	.	.	.	.	.	.	.	.	.	.	.	.	.	.	.	.	.	.	.	.2	.
	Poa palustris	.	.	.	.	.	.	.	.	.	.	.	.	.	.	.	.	.	.	.	.	.	.	.	.	.	.	.	.	.	.	.	.	.	.4	.	.4	.	.4	.	.4
	Alopecurus genic.	.	.	.	.	.	.	.	.	.	.	.	.	.	.	.	.	.	.	.	.	.	.	.	.	.	.	.	.	.	.	.	.	.4	.	.	.	.4	.	.4	.
	d 2.1.2:																																								
KC	Lathyrus pratensis	.	.	.	.	.	.	.	.	.	.	.4	.4	.4	.4	.4	.4	.4	.	.4	.4	.4	.	.	.	.	.	.	.	.	.	.	.	.	.	2	.	.	.	.4	.
KC	Centaurea jacea	.	.	.	.	.	.4	.	1	.	.1	.4	.2	.4	.	.2	.2	.	.2	2	.	4	.	.	.	.	.	.4	.	.	.	.	.	.	.	.	.	.	.	.	.
KC	Vicia cracca	.	.	.	.	.	.	.	.	.	.	.2	.4	.4	.4	.4	.4	2	.	.	.	.4	.	.	.4	.	.	.	.	.	.	.	.	.	.	.4	.	.	.	.	.
KC	Achillea ptarmica	.	.	.	.	.	.	.	.	.	.	.4	.	.	.4	.	.	1	.	.	.4	.	.	.	.	.	.	.	.	.	.	.	.	.	.	.	.	.	.	.	.
	Silaum silaus	.	.	.	.	.	.	.	.	.	.	.	.	.4	.	.4	.4	.	.4	.	.4	.	.	.	.	.	.	.	.	.	.	.	.	.	.	.	.	.	.	.	.
	OC/KC:																																								
KC	Taraxacum officinale	.	.2	.4	.4	.	1	.4	.4	.4	.4	.4	.4	.4	.4	.4	1	2	2	2	.4	.4	2	.4	2	3	1	.4	1	.	2	1	2	2	2	1	.4	1	2	2	.4
KC	Poa pratensis agg.	.4	.4	.4	.4	.4	2	1	2	.4	.4	.4	.4	.	.	.4	.4	.4	.4	.4	.4	2	.4	.4	.4	.	.4	.4	.4	.4	.4	2	.4	.	.4	.4	.4	2	1	.4	.4
KC	Alopecurus pratensis	.4	2	.4	.4	.4	.	.4	.4	.4	.	.4	.	.4	.4	1	.	.4	.4	.4	.4	.4	.4	.	.4	.4	.4	.	2	5	.4	.4	.4	1	2	2	.4	.4	7	.	.4
KC	Cerastium holost.	.4	.4	.4	.	.	.4	.	.4	.4	.4	.4	.4	.4	.4	.4	1	2	.4	.	.	.4	.4	.2	.4	.4	.4	.	.4	.4	.4	.4	.4	.4	.4	4	.2	2	.4	.4	.
O	Trifolium dubium	.4	.4	.4	.4	1	.2	.	.4	.	4	.4	.4	.4	.4	.4	.4	.4	.4	.	.4	.	.	.4	.4	.	2	.	.4	.	.4	.	.	.2	.4	.	.4	.2	.4	.4	.
KC	Rumex acetosa	.4	.	.4	.2	.1	.	.	.	.4	.	.4	.4	.	.4	.4	.4	.	.2	.4	.	.	.4	.	.4	2	.	.	1	.2	.1	.4	.1	.	.	.4	.	.	.	.2	.
O	Bromus hordeaceus	.	2	.4	.4	.	.4	1	.4	.	.4	.	.	.	.	.	2	.	.4	.	.	.	.	.	.4	.	1	.4	.4	.	.	.	.	.	.4	.4	.	.4	.2	.4	.
KC	Holcus lanatus	.	.	.2	.	.	2	.	.	.4	.	.4	.	.	.4	.	2	.	.	.	.	.	.	.	.	.4	.	.	.	.	.4	.4	.4	.	.	.	.	.	.	3	.
O	Dactylis glomerata	.	.	.	.	.4	.	.	.	.	.	.	.4	.4	.	.	.	.	.	.4	.	.	.	.	1	.	.	.	.	.	.	.	.	.	.	.	.	.	.	.2	.
	Leucanth. vulgare	.	.	.	.	.	.4	.	.4	.	.4	.4	.4	.	.4	.	.	.4	.2	.	.2	.4	.	.	.4	.	.	.	.	.	.	.	.	.2	.	.	.	.	.	.	.
	Silene flos-cuculi	.	.	.	.	.	.	.	.2	.	.	.	.	.	.	.	.	.4	.	.	.	.2	.	.	.4	.	.	.	.	.	.	.	.	.2	.	.	.	.	.	.4	.2
	Stellaria graminea	.	.	.4	.	.	.	.	.	.4	.	.4	.	.	.	.	.	.	.	.	.	.	.	.	.	.	.	.	.	.	.	.	.	.	.	.	.	.	.	.	.
	Cnidium dubium	.	.	.	.	.	.	.	.	.	.	.4	.4	.	.	.	.	2	.	.	.	.	.	.	.	.	.	.	.	.	.	.	.	.	.	.	.	.	.	.	.
	Campanula patula	.	.	.	.	.	.	.	.	.	.	.	.	.	.4	.	.2	.	.2	.	.2	.	.1	.	.	.	.	.	.	.	.	.	.	.	.	.	.	.	.	.	.
	Veronica chamaedrys	.	.	.	.	.	.	.	.	.	.	.	.	.	.	.	.	.	.	.4	.	.	.	.	.	.	.	.	.	.	.	.	.2	.	.	.	.	.	.	.	.
	Daucus carota	.	.	.	.	.	.	.	.	.	.	.	.2	.	.	.2	.	.	.2	.	.	.	.	.	.	.	.	.	.	.	.	.	.	.	.	.	.	.	.	.	.
	Galium album	.	.	.	.	.	.	.	.	.	.	.	.	.	.	1	.	.	.	.4	.	.	.	.	.	.	.	.2	.	.	.	.	.	.	.	.	.	.	.	.	.
	Arrhenatherum elatius	.	.2	.	.	.	.	.	.	.	.	.	.	.	.	.	.	.	.	.4	.	.	.	.	.	.	.	.	.	.	.	.	.	.	.	.	.	.	.	.	.
	Elymus repens	.4	.4	.	.	.4	.	.	.4	.4	.4	.	.4	.	.	.4	.4	2	.4	.	.4	.4	.4	.	.4	.	.	.4	.4	.2	.	.4	.2	5	.4	2	.4	1	.	.	2
	Rumex thyrsiflorus	1	4	2	1	.2	.4	1	.4	.2	2	.	.4	.	.	.4	.	.	2	.	.4	.4	.2	.4	1	.	5	.	.2	.	.4	.	.	.	2	.	.2	.	.	.	.
	Cirsium arvense	.4	.	.2	.	.	.	.	.	.	.	.	.2	.	.	.	.	.4	.	.4	.	.	.4	.	.4	.4	.2	.	.4	.	.2	1	.4	.4	.	.4	.2	.4	.	.4	.2
	Erophila verna	.4	.	.	.	.4	.4	.4	.	.4	.	.	.4	.	.	.4	.	.4	.	.	.	.	.4	.	.4	.	.	.	.4	.	.	.4	.4	.	.	.	.4	.	.	.	.4
	Veronica arvensis	.4	.4	.	.	.4	.4	.4	.4	.	.4	.	.4	.	.	.	.	.4	.	.	.	.	.	.	.4	.	.	.	.	.	.	.	.	.	.	.4	.	.4	.	.	.
	Carex hirta	2	.4	.4	2	.2	.	.	.	.	3	.	.	.	.	.	.	.	.4	.	.	.	.	.	.	.4	.	.	.4	.4	.	.	.	.	.	.	.2	.	.4	.	.
	Lysim. nummularia	.	.	.	.	.	.	.	.	.	.	.	.	.	.	.	.2	.	.	.	.4	.4	.	.	.	.	.2	.	.4	.	.	.4	.	.	.	.	.	1	.	.4	.4
	Ranunculus auricomus	.	.	.	.	.	.4	.	.2	.	.	.	.	.	.	.4	.4	.2	.	.2	.4	.4	.2	.	.	.	.	.	.	.	.4	.4	.1	.	.	.1	.2	.1	.	.	.4
	Potentilla anserina	.	.	.	.	.	.	.	.	.	.	.	.	.	.	.	.	.	.	.	.	.	.	.	.	2	.2	.	.	.	.4	.4	.4	.4	.	6	1	.	.	.	.
	Stellaria palustris	.	.	.	.	.	.	.	.	.	.	.	.	.	.	.	.	.	.	.	.	.2	.	.	.	.	.	.	.	.	.	.4	.4	.	.	.	.4	.4	.4	.4	.2
	Vicia tetrasperma	.4	.	.	.	2	.2	.	.4	.	.	.	.	.	.2	.	.	.2	.4	.	.4	.	.	.2	.	.	.	.	.	.	.	.	.	.	.4	.	.	.	.	.	.
	Plantago intermedia	.	.	.	.	.	.	.	.	.	.	.	.	.	.	.	.	.	.4	.	.4	.	.	.	.	.	.	.	.2	.	.	.	.1	.	.	.	.	.2	.	.	.4
	Poa annua	.	.	.	.	.	.	.	.	.	.	.	.4	.	.	.	.	.	.	.	.	.	.4	.	.	.4	.	.	.	.	.	.	.4	.4	.	.	.	.	.	.	.4
	Equisetum arvense	.	.1	.	.	.	.	.	.	.	.	.	.2	.	.	.	.	.	.	.	.	.	.	.2	.	.	.	.4	.	.	.	.	.	.	.4	.	.	.	.	.	.

Tabelle 13.2. Pflanzensoziologische Benennung der Vegetationstypen in Tabelle 13.1. In der Elbaue gliedern sich die Weidelgras-Weißklee-Weiden (Lolio-Cynosuretum Br.-Bl. et De L. 1936 n. inv. Tx. 1937) in 2 Untergesellschaften, die zum Teil in Varianten und Untervarianten aufgeteilt sind. Die Gruppenstruktur entspricht der Kodierung in Tabelle 13.1

Lolio-Cynosuretum	
1. Lolio-Cynosuretum armerietosum elongatae	(Gruppe 1)
2. Lolio-Cynosuretum typicum	
2.1 *Agrostis capillaris*-Variante	
2.1.1 *Lathyrus pratensis*-Subvariante	(Gruppe 2)
2.1.2 typische Subvariante	(Gruppe 3)
2.2 typische Variante	(Gruppe 4)
2.3 *Agrostis stolonifera*-Variante	(Gruppe 5)

Die Sortierung erfolgt durch manuelles Verschieben der Spalten und Zeilen, dies geschieht wechselseitig in vielen Schritten; wenn man so will, ist dies also ein **iteratives** Verfahren. Schließlich werden die Aufnahmen auf Basis von Kombinationen diagnostischer Arten (durch Blöcke angedeutet) zusammengefasst, das Verfahren ist **agglomerativ**. Arten gelten hier als diagnostisch, wenn sie innerhalb des von ihnen charakterisierten Aufnahmeblocks deutlich häufiger sind als außerhalb. Ein wichtiges Maß ist hier die sog. **Treue**, die von den meisten Autoren als das Verhältnis der Frequenzen oder **Stetigkeiten** (also der relativen Anzahl von Aufnahmen in denen die Art vorkommt) innerhalb der charakterisierten Gruppe und außerhalb dieser Gruppe definiert wird (Braun-Blanquet 1964; Szafer u. Pawlowski 1927; kritische Diskussion: Bruelheide 2000; Dengler 2003). *Ranunculus bulbosus* hat eine hohe Treue in Gruppe 1 (Tabelle 13.1), weil die Art hier in fast jeder Aufnahme vorkommt (90 % Frequenz), während er außerhalb der Gruppe fehlt. Auch *Galium verum* hat eine hohe Treue in Gruppe 1 (100 % Frequenz innerhalb, 10 % außerhalb der Gruppe).

Diese diagnostischen Arten dienen dazu, die Aufnahmen auf dem kleinsten Niveau zusammenzufassen, in diesem Fall zu durch Nummern gekennzeichneten Varianten. Die größeren Blöcke übergreifender diagnostischer Arten deuten aber auch an, dass diese Varianten wiederum auf der Basis gemeinsamer kennzeichnender Arten zu Gruppen höherer Ordnung zusammengefasst werden können (Subassoziationen, Assoziationen, Verbände; s. Dierschke 1994). Die Klassifikation ist also **hierarchisch**, genauer gesagt, diese Gruppen sind in dem Sinne hierarchisch, dass sie jeweils andere Untergruppen umfassen. Es handelt sich also – anders als z. B. bei militärischen Rängen – um verschachtelte Hierarchien.

Aus methodischer Sicht ist die Pflanzensoziologie allerdings problematisch, denn das manuelle Verschieben von Zeilen und Spalten erfordert eine Kette von Entscheidungen, die im Detail häufig eher in der Erfahrung der Bearbeiter begründet liegen, als dass sie sich direkt aus dem Datensatz ergeben. So könnten wir uns fragen, warum in Tabelle 13.1 die Aufnahme 6 nicht auch zu Variante 2 hätte gestellt werden können, denn sie hat ja auch einige diagnostische Arten aus diesem Block (Artgruppe D 2). Mit Blick auf den Artgruppe D 1 würden aber die meisten Pflanzensoziologen wohl doch die hier vorgestellte Zuordnung bevorzugen, das Verfahren ist also zumindest nicht völlig willkürlich. Richtig aber ist, dass pflanzensoziologische Tabellenarbeit eine Fülle subjektiver Einzelentscheidungen erfordert, die in ihrer Summe die Nachvollziehbarkeit des Gesamtergebnisses stark erschweren. Andererseits liegt jeder Klassifikation letztlich eine subjektive Auswahl von Klassifikationskriterien zu Grunde, daher gibt es auch keine universal richtige oder falsche Klassifikation. Es ist gleich (il)-legitim Menschen nach ihrer Haarfarbe oder nach ihrer Sprache zu gruppieren, die Wahl hängt von der Fragestellung ab. Darüber hinaus sind nach der Festlegung der generellen Kriterien immer letztlich subjektive Festlegungen von Grenzwerten nötig (sprechen z. B. die Elsässer Französisch oder Deutsch oder eine dritte Sprache?). Es gibt also keine objektiv richtige Klassifikation: Wichtiger erscheint uns, dass das Ergebnis heuristischen Wert hat, also bei der Lösung der gegebenen Fragestellung hilft.

Statistische Verfahren haben hier dennoch Vorteile, denn sie erzwingen meist eine klare Definition der Klassifikationsstrategien und der Klassengrenzen. Andere Bearbeiter können also leichter das gleiche Ergebnis erzielen, was aber nicht heißt, dass die Ergebnisse immer leicht nachvollziehbar sind. Sie sind oft wenig anschaulich, und im Detail kann nur bei gründlicher Kenntnis der jeweiligen Methode nachvollzogen werden, warum eine Art Y nun gerade in der Gruppe X gelandet ist. Hier soll die folgende Diskussion einiger weniger Standardverfahren einen Einstieg ermöglichen.

13.2 Die wichtigsten Klassifikationsstrategien

Mit den eben eingeführten Vokabeln lassen sich die verschiedenen Klassifikationsstrategien in Gruppen einordnen, also ihrerseits klassifizieren; auch hier gilt natürlich, dass andere Gruppierungen z. B. nach dem jeweils verwendeten Distanzmaß genauso „korrekt" sind. Die pflanzensoziologische Tabellenarbeit ist ein hierarchisches und agglomeratives Verfahren. Es gibt verschiedene Versuche, die Methodik direkt in einen mathematischen Algorithmus umsetzen (u. a. Bruelheide u. Flintrop 1994), die aber keine allgemeine Verbreitung erfahren haben. Neuere Ansätze zur Operationalisierung basieren auf der Idee von Treuemaßen. Sie liefern vielversprechende Ergebnisse in dieser Richtung (Bruelheide 2000; Bruelheide u. Chytrý 2000) und werden daher weiter unten kurz dargestellt. Wir konzentrieren uns hier auf statistische Ansätze, unter denen als hierarchischagglomerative Verfahren v. a. **Clusteranalysen** angewandt werden. Sie versuchen, die Ähnlichkeit zwischen Objekten in Form von **Dendrogrammen** abzubilden. Dabei sitzen die Objekte am Ende der Äste, die Länge der Äste symbolisiert die Distanz zwischen den Objekten (z. B. Abb. 14.1). Die Variablen werden dabei nicht direkt klassifiziert, für die Analyse von z. B. diagnostischen Arten sind also nachgeschaltete Verfahren nötig (z. B. *indicator species analysis;* Kap. 17.6).

Im Gegensatz dazu stehen **divisive hierarchische Verfahren**, die nicht von kleinen Gruppen ausgehend sukzessive größere Gruppen bilden, sondern im ersten Schritt den Datensatz in 2 oder (seltener) mehrere Gruppen teilen und diese dann ihrerseits weiter aufgliedern. Das Ergebnis ist ebenfalls eine dendrogrammartige Struktur (z. B. Abb. 15.4). Wir wollen hier nur auf das am häufigsten verwendete Verfahren näher eingehen, die sog. TWINSPAN-Analyse, die im Gegensatz zu vielen hier besprochenen Verfahren nicht nur Objekte, also z. B. Aufnahmen, sondern auch die zugehörigen Variablen (meist Arten) klassifiziert.

Schließlich gibt es auch **nichthierarchische Klassifikationen**. Das Ergebnis ist hier nicht ein Dendrogramm, sondern es sind Gruppen von Objekten. Die Beziehungen zwischen diesen Gruppen sind dabei von untergeordneter Bedeutung. Auch hier gibt es verschiedene Verfahren, die aber alle unserer Erfahrung nach in der Ökologie eher selten verwendet werden und deswegen hier auch nur kurz Erwähnung finden. Ebenfalls nur recht kurz erwähnt wird eine Methode, die zwischen Klassifikation und Ordination steht. Die **Diskriminanzanalyse** versucht die Unterschiede zwischen vorgegebenen Gruppen durch geeignete multivariate Funktionen zu beschreiben. Sie dient damit also nicht direkt der Suche nach Gruppen, wohl aber der Beschreibung von Gruppenstrukturen. Deswegen behandeln wir sie im Kontext der Klassifikationen.

Gerade im Bereich der Taxonomie bzw. Systematik und Genetik haben sich in den letzten Jahren verstärkt andere Klassifikationsstrategien etabliert. Die **Parsimonie-Methoden** haben in Zusammenhang mit evolutionsbasierten Fragen sehr große Bedeutung erlangt (Wägele 2001). Wir möchten hier nicht weiter auf diese Methoden eingehen, weil sie auf speziellen Annahmen beruhen, in diesem Fall u. a. der evolutiven Entstehung von Unterschieden. Solche Annahmen sind bei der Analyse ökologischer Daten selten zu rechtfertigen; Unterschiede zwischen pH und Leitfähigkeit unterliegen keiner Evolution bzw. Selektion. Anders ausgedrückt, gleiche pH-Werte werden auf verschiedenen Standorten unabhängig voneinander entstanden sein. In jüngster Zeit wurden allerdings parsimoniebasierte Verfahren gelegentlich auch auf biogeografische Fragestellungen angewandt. Das ist dann gerechtfertigt, wenn von einem rein phylogenetischen Hintergrund der zu suchenden Muster ausgegangen werden kann. Da diese Voraussetzung nur schwer überprüfbar ist, v. a. aber selten zutreffend sein dürfte, ist der Ansatz sehr umstritten (Santos 2005).

Sieht man von diesen Spezialfällen ab, kann man sagen, dass sich im Bereich Klassifikation in den letzten Jahren deutlich weniger Neuerungen durchgesetzt haben als im Bereich Ordination. Die Verfügbarkeit großer Datenmengen aus Datenbanken erzeugt zwar im Moment einen Bedarf nach neuen Methoden (z. B. Cerna u. Chytrý 2005; Cingolani et al. 2004; Tichý 2005), aber die meisten Anwendungen beruhen auf wenigen etablierten Standardansätzen. Wir haben uns daher auch im Umfang des Textes beschränkt und wollen hier nur die wichtigsten Klassifikationsverfahren erläutern.

14 Agglomerative Klassifikationsverfahren

14.1 Clusteranalyse – Grundlagen

Unter Clusteranalyse versteht man eine Gruppe von hierarchisch-agglomerativen Klassifikationsverfahren, die als Gemeinsamkeit im Ergebnis immer ein Dendrogramm der Objekte erstellen. Sie sind sehr flexibel, da an verschiedenen Stellen in der Analyse jeweils mehrere Optionen zur Verfügung stehen. Das bedeutet aber auch, dass aus einem Datensatz sehr unterschiedliche Dendrogramme errechnet werden können, ohne dass klar wäre, welches das „richtige" ist. Um das Problem zu verringern, schlagen wir hier nur einige Standardprozeduren vor, die sich für ökologische Fragestellungen bewährt haben.

Die erste Option betrifft die Entscheidung über eine geeignete Transformation; diese hängt vom Typ der Daten ab und richtet sich nach den üblichen Überlegungen (Kap. 3). In der Regel sollten die Daten entweder nominales Niveau haben (also z. B. Präsenz-/Absenzdaten) oder rational-skaliert sein (also z. B. Prozent Deckung, s. Kap. 2.2). Ordinal gemessene Daten bringen dagegen Probleme mit sich (Podani 2005), auf die hier nicht näher eingegangen wird. Ordinale Daten werden daher meist vor der Analyse durch Dummy-Variablen ersetzt oder in rational skalierte Werte übertragen (z. B. Mittelwerte von Deckungsgradklassen). Variablen, die auf unterschiedlichen Skalen gemessen wurden, müssen vor der Analyse standardisiert werden (Kap. 3.2). In Statistiklehrbüchern wird gelegentlich empfohlen, vor der Klassifikation die Redundanz im Datensatz zu verringern, also bei miteinander hoch korrelierten Variablen nur einen Teil der Variablen zu nutzen (Bahrenberg et al. 2003). In der Ökologie sind wir meist an dem gesamten Variablensatz interessiert, daher wird i. d. R. mit dem vollen Datensatz gerechnet.

Eng mit möglichen Datenmanipulationen ist die Wahl des Ähnlichkeits- bzw. Distanzmaßes verknüpft (Kap. 4). Für die meisten Anwendungen bei Artgemeinschaftsdaten dürfte als asymmetrisches Maß die Bray-Curtis-Unähnlichkeit die am besten geeignete Option sein, wenn Objekte (Aufnahmen, Proben etc.) klassifiziert werden sollen. Häufig führt hier eine logarithmische oder eine Quadratwurzeltransformation zu besseren Ergebnissen. Bei der (eher seltenen) Klassifikation von Objekten auf Basis abiotischer Variablen ist die Euklidische Distanz günstig. Sollen dagegen Variablen im Objektraum klassifiziert werden, dann können Chi-Quadrat-Distanz oder auch Korrelationskoeffizienten sinnvoll sein (s. a. Legendre u. Legendre 1998, dort auch Hinweise auf spezielle Cluster-Algorithmen). Wir wollen hier die Weidelgras-Weißklee-Weiden (Tabelle 13.1) klassifizieren, dabei interessieren uns v. a. die nichtdominanten Arten. Es soll also wichtiger sein, ob eine Art 1 oder 10 % deckt, während Unterschiede zwischen 70 und 80 % Deckung weniger ins Gewicht fallen sollen. Wir haben die Artdaten daher zu $y' = \log (y + 1)$ logarithmiert und eine Dreiecksmatrix mit dem Bray-Curtis-Koeffizienten erstellt (Tabelle 14.1).

Sehr viel stärker umstritten als die Wahl des Ähnlichkeitsmaßes ist nun die Wahl des geeigneten **Cluster-Algorithmus**. Ein nahe liegender Ansatz ist, die ähnlichsten Aufnahmen auszuwählen und sie zu fusionieren. In unserem Beispiel sind dies die Aufnahmen 3 und 4, 6 und 8 und 30 und 32 mit einer Bray-Curtis-Unähnlichkeit von weniger als 0.3 (Tabelle 14.1). An diese Gruppen werden jetzt sukzessive weitere ähnliche Aufnahmen oder Aufnahmegruppen angeschlossen, dieses Verfahren wird daher auch *Nearest-neighbour*- oder *Single-linkage*-Algorithmus genannt. Das Ergebnis ist ein Dendrogramm (Abb. 14.1), das die Abstände der Aufnahmen widerspiegelt. Vergleicht man die Struktur mit der pflanzensoziologischen Zugehörigkeit der Aufnahmen, fallen gewisse Ähnlichkeiten auf. Die Aufnahmen der Gruppe 1 stehen im Dendrogramm weitgehend zusammen, ansonsten aber sind die pflanzensoziologischen Gruppen kaum wiederzuerkennen.

Der *Nearest-neighbour*-Algorithmus ist die einfachste Methode, sie hat allerdings einen gravierenden Nachteil. Es bilden sich i. d. R. treppenartige Strukturen aus, so z. B. im oberen Fünftel von Abb. 14.1. In diesem Fall ist es schwierig bis unmöglich, größere Gruppenstrukturen festzulegen, denn es ist unklar, bis zu welcher (Un-)Ähnlichkeit bzw. Distanz Objekte noch in eine Gruppe gehören sollen. Die Frage ist also, wo das Dendrogramm „durchgeschnitten" werden soll. Solch ein Muster wird auch *chaining* (Kettenbildung) genannt und kann das ganze Diagramm betreffen, das dann unbrauchbar wird. Manche Programme geben daher auch „Prozent Kettenbildung" als Kennwert an, in unserem Fall betraf das ca. 62 % der Dendrogrammstruktur. Das ist ein hoher Wert, der an der Interpretierbarkeit des Diagramms zweifeln lässt. Wegen der Tendenz zur Kettenbildung wird die *Nearest-neighbour*-Methode daher auch nur noch selten benutzt. Eine der wenigen sinnvollen Anwendungen ist explorativer Natur. Mit der Methode kann rasch überprüft werden, ob im Datensatz sehr deutliche Gruppenstrukturen stecken, denn große Diskontinuitäten werden trotz Kettenbildung auch bei dieser Methode erkannt.

Tabelle 14.1. Dreiecksmatrix für die Weidelgras-Weißklee-Weiden (Bray-Curtis-Unähnlichkeit, basierend auf logarithmisch transformierten Daten). Aufnahmen mit einer Unähnlichkeit < 0.3 sind hervorgehoben, dünne Linien zeigen Gruppen aus Tabelle 13.1

	O1	O2	O3	O4	O5	O6	O7	O8	O9	O10	O11	O12	O13	O14	O15	O16	O17	O18	O19	O20	O21	O22	O23	O24	O25	O26	O27	O28	O29	O30	O31	O32	O33	O34	O35	O36	O37	O38	O39	O40
Gruppe	1	1	1	1	1	1	1	1	1	1	2	2	2	2	2	2	2	2	2	2	3	3	3	3	3	3	3	4	4	4	4	4	5	5	5	5	5	5	5	5
O1	0.00																																							
O2	0.42	0.00																																						
O3	0.38	0.35	0.00																																					
O4	0.33	0.37	0.20	0.00																																				
O5	0.46	0.49	0.54	0.54	0.00																																			
O6	0.55	0.60	0.46	0.52	0.65	0.00																																		
O7	0.57	0.57	0.55	0.57	0.61	0.59	0.00																																	
O8	0.56	0.52	0.43	0.47	0.60	0.27	0.54	0.00																																
O9	0.41	0.52	0.32	0.43	0.58	0.48	0.58	0.51	0.00																															
O10	0.48	0.45	0.46	0.49	0.54	0.53	0.65	0.49	0.54	0.00																														
O11	0.63	0.67	0.45	0.56	0.71	0.53	0.83	0.56	0.46	0.64	0.00																													
O12	0.59	0.69	0.59	0.50	0.69	0.50	0.75	0.53	0.53	0.51	0.48	0.00																												
O13	0.66	0.66	0.58	0.64	0.67	0.67	0.81	0.61	0.66	0.46	0.51	0.50	0.00																											
O14	0.68	0.67	0.60	0.67	0.69	0.60	0.89	0.64	0.65	0.60	0.44	0.48	0.39	0.00																										
O15	0.65	0.67	0.54	0.60	0.72	0.54	0.72	0.51	0.53	0.66	0.38	0.43	0.50	0.56	0.00																									
O16	0.64	0.66	0.59	0.66	0.74	0.50	0.80	0.59	0.60	0.60	0.42	0.50	0.48	0.48	0.41	0.00																								
O17	0.67	0.77	0.71	0.72	0.76	0.65	0.81	0.60	0.74	0.72	0.56	0.69	0.62	0.56	0.56	0.58	0.00																							
O18	0.56	0.52	0.39	0.49	0.58	0.56	0.66	0.46	0.51	0.39	0.48	0.44	0.40	0.52	0.50	0.48	0.63	0.00																						
O19	0.66	0.64	0.64	0.68	0.69	0.65	0.79	0.66	0.57	0.64	0.62	0.51	0.53	0.56	0.58	0.61	0.69	0.62	0.00																					
O20	0.73	0.77	0.73	0.73	0.78	0.73	0.82	0.61	0.77	0.71	0.63	0.58	0.57	0.50	0.56	0.48	0.50	0.54	0.65	0.00																				
O21	0.67	0.71	0.64	0.66	0.82	0.48	0.79	0.39	0.67	0.74	0.48	0.59	0.64	0.64	0.47	0.57	0.69	0.66	0.66	0.58	0.00																			
O22	0.51	0.61	0.49	0.58	0.63	0.51	0.73	0.53	0.40	0.57	0.44	0.45	0.46	0.51	0.41	0.41	0.56	0.43	0.50	0.55	0.59	0.00																		
O23	0.62	0.65	0.56	0.59	0.63	0.56	0.80	0.58	0.55	0.60	0.47	0.44	0.47	0.53	0.58	0.61	0.63	0.39	0.61	0.63	0.70	0.54	0.00																	
O24	0.56	0.65	0.55	0.62	0.66	0.52	0.69	0.55	0.56	0.52	0.58	0.34	0.52	0.51	0.55	0.45	0.51	0.45	0.52	0.64	0.73	0.42	0.60	0.00																
O25	0.67	0.78	0.66	0.75	0.81	0.66	0.83	0.79	0.66	0.69	0.69	0.59	0.54	0.56	0.56	0.54	0.65	0.54	0.61	0.73	0.72	0.71	0.54	0.60	0.00															
O26	0.61	0.52	0.53	0.62	0.67	0.65	0.66	0.64	0.62	0.49	0.67	0.46	0.45	0.69	0.56	0.65	0.72	0.63	0.72	0.42	0.44	0.42	0.59	0.67	0.65	0.00														
O27	0.75	0.77	0.69	0.70	0.86	0.66	0.73	0.61	0.68	0.59	0.46	0.59	0.69	0.61	0.59	0.57	0.53	0.43	0.59	0.55	0.49	0.49	0.47	0.59	0.67	0.65	0.00													
O28	0.59	0.58	0.58	0.65	0.64	0.63	0.76	0.62	0.65	0.60	0.53	0.53	0.56	0.61	0.50	0.49	0.44	0.53	0.62	0.55	0.63	0.51	0.58	0.49	0.42	0.37	0.69	0.00												
O29	0.74	0.67	0.76	0.76	0.79	0.81	0.84	0.85	0.74	0.78	0.78	0.71	0.63	0.66	0.60	0.65	0.77	0.70	0.72	0.69	0.75	0.70	0.77	0.63	0.54	0.67	0.74	0.50	0.00											
O30	0.74	0.76	0.66	0.63	0.84	0.68	0.81	0.70	0.65	0.67	0.63	0.50	0.48	0.56	0.60	0.57	0.51	0.53	0.64	0.49	0.53	0.32	0.64	0.59	0.59	0.65	0.50	0.56	0.65	0.00										
O31	0.71	0.79	0.71	0.78	0.83	0.71	0.80	0.70	0.74	0.70	0.62	0.64	0.71	0.60	0.57	0.56	0.67	0.56	0.55	0.61	0.68	0.71	0.75	0.47	0.50	0.39	0.74	0.39	0.65	0.60	0.00									
O32	0.73	0.79	0.71	0.78	0.83	0.71	0.80	0.65	0.74	0.70	0.52	0.61	0.63	0.64	0.59	0.55	0.56	0.55	0.53	0.61	0.70	0.32	0.64	0.49	0.47	0.52	0.51	0.49	0.60	0.25	0.41	0.00								
O33	0.77	0.77	0.76	0.82	0.88	0.75	0.93	0.69	0.74	0.75	0.62	0.61	0.63	0.66	0.63	0.58	0.64	0.64	0.67	0.61	0.71	0.47	0.75	0.49	0.58	0.64	0.71	0.56	0.67	0.50	0.61	0.43	0.00							
O34	0.71	0.60	0.68	0.75	0.79	0.78	0.75	0.65	0.78	0.75	0.79	0.61	0.69	0.69	0.62	0.60	0.53	0.66	0.68	0.64	0.73	0.52	0.73	0.45	0.55	0.66	0.60	0.51	0.62	0.60	0.67	0.51	0.49	0.00						
O35	0.76	0.74	0.77	0.84	0.85	0.79	0.84	0.73	0.78	0.78	0.73	0.65	0.63	0.66	0.65	0.57	0.69	0.69	0.68	0.63	0.72	0.61	0.81	0.50	0.61	0.67	0.63	0.54	0.69	0.59	0.57	0.54	0.49	0.52	0.00					
O36	0.71	0.75	0.71	0.76	0.81	0.67	0.81	0.70	0.76	0.75	0.70	0.52	0.54	0.64	0.59	0.59	0.68	0.59	0.68	0.51	0.62	0.59	0.59	0.47	0.67	0.62	0.58	0.62	0.61	0.40	0.60	0.37	0.54	0.48	0.57	0.00				
O37	0.74	0.77	0.74	0.77	0.85	0.66	0.74	0.62	0.76	0.70	0.67	0.54	0.60	0.64	0.62	0.51	0.64	0.64	0.64	0.52	0.51	0.56	0.75	0.45	0.67	0.52	0.52	0.54	0.62	0.45	0.57	0.51	0.54	0.51	0.48	0.47	0.00			
O38	0.81	0.71	0.74	0.76	0.84	0.77	0.78	0.73	0.81	0.79	0.68	0.74	0.76	0.62	0.67	0.67	0.66	0.65	0.75	0.69	0.66	0.63	0.78	0.68	0.63	0.58	0.76	0.51	0.54	0.56	0.56	0.56	0.66	0.47	0.69	0.57	0.53	0.00		
O39	0.80	0.73	0.78	0.78	0.82	0.78	0.78	0.72	0.78	0.75	0.58	0.69	0.74	0.64	0.62	0.64	0.65	0.54	0.74	0.52	0.65	0.54	0.74	0.61	0.54	0.62	0.62	0.52	0.62	0.45	0.58	0.42	0.46	0.54	0.53	0.53	0.39	0.56	0.00	
O40	0.79	0.80	0.77	0.80	0.82	0.77	0.84	0.72	0.72	0.75	0.62	0.64	0.68	0.88	0.67	0.62	0.60	0.69	0.71	0.49	0.63	0.53	0.77	0.55	0.67	0.67	0.58	0.56	0.65	0.56	0.58	0.46	0.47	0.54	0.56	0.36	0.45	0.61	0.56	0.00

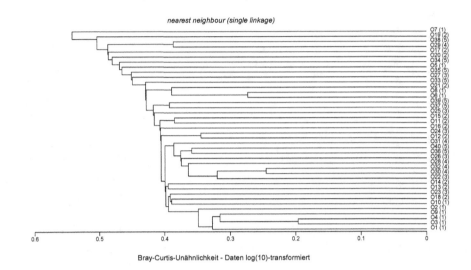

Bray-Curtis-Unähnlichkeit - Daten log(10)-transformiert

Abb. 14.1. *Nearest-neighbour*-Dendrogramm der Weidelgras-Weißklee-Weiden, basierend auf der Dreiecksmatrix in Tabelle 14.1; deutlich ist eine starke Kettenbildung zu erkennen (62.4 % *chaining*/Kettenbildung). Die Zahlen in Klammern hinter den Aufnahmenummern verweisen auf die pflanzensoziologische Zugehörigkeit der Aufnahmen (Tabelle 13.2)

Mit dem *Nearest-neighbour*-Verfahren können daher auch in einem ersten Schritt Ausreißer (also besonders unähnliche Objekte) identifiziert werden (Backhaus et al. 2003). In unserem Beispiel haben wir es aber mit einem recht homogenen Datensatz zu tun, das zeigt uns Tabelle 13.2; es handelt sich nur um 2 pflanzensoziologische Subassoziationen. Entsprechend zeichnen sich in Abb. 14.1 auch keine Ausreißer ab.

Alle Clusteralgorithmen beginnen mit der Fusion der ähnlichsten Aufnahmepaare, es gibt aber sehr unterschiedliche Möglichkeiten, in den nächsten Schritten die bestehenden Cluster weiter auszubauen. Die *Nearest-neighbour*-Methode definiert die Ähnlichkeit zwischen 2 Clustern als den Abstand zwischen den beiden am nächsten benachbarten Objekten in den Clustern. Die gegenteilige Strategie wäre, diesen Abstand als die Distanz zwischen den beiden entferntesten Elementen in den beiden Clustern zu definieren. Dieses Verfahren wird ***complete linkage*** bzw. auch ***farthest neighbour*** genannt. Der zweite Begriff ist allerdings etwas irreführend, denn natürlich werden auch hier ähnliche Cluster fusioniert, die Ähnlichkeit ist hier nur anders definiert. Die Methode führt zu klaren Clusterstrukturen, wobei die Cluster in der Tendenz eine ähnliche Größe haben. Entsprechend gering ist die Tendenz zur Kettenbildung; in unserem Beispiel waren es weniger als 5 % (Abb. 14.2). Wie erwartet sind die Gruppen ähnlich groß. Die *Farthest-neighbour*-Methode wird immer eher klare Cluster produzieren: Das gilt leider auch dann, wenn der eigentliche Datensatz eher kontinuierliche Übergänge zeigt. Diese Schwäche hat damit zu tun, dass sie, ähnlich wie die *Nearest-neighbour-Methode,* nur jeweils ein Element innerhalb der verglichenen Cluster nutzt. Die *Farthest-neighbour-*Methode zeigt für unser Beispiel eine Dendrogrammstruktur, die mit Blick auf die Ursprungstabelle gut nachzuvollziehen ist (Tabelle 13.1). Der Algorithmus wird gelegentlich als die beste Methode empfohlen (Lepš u. Šmilauer 2003), und einen ähnlichen Ansatz verfolgt auch eine neue hierarchische Klassifikationsmethode basierend auf ordinalskalierten Variablen (*ordinal cluster analysis* - H, Podani 2005). Zwei weitere Methoden werden allerdings in der Ökologie häufiger verwendet, die jeweils alle Objekte in den Clustern berücksichtigen.

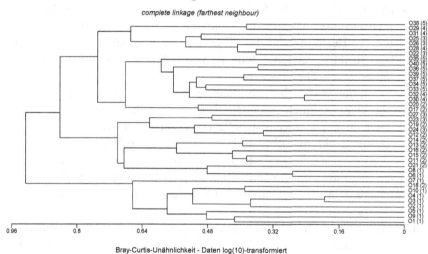

Abb. 14.2. *Complete-linkage*-Dendrogramm der Weidelgras-Weißklee-Weiden basierend auf der Dreiecksmatrix in Tabelle 14.1 (4.3 % *chaining*/Kettenbildung). Die Zahlen in Klammern hinter den Aufnahmenummern verweisen auf die pflanzensoziologische Zugehörigkeit der Aufnahmen (Tabelle 13.2)

Eine nahe liegende Strategie ist, für eine gegebene Gruppe den Mittelwert der Abstände zwischen allen Elementen zu berechnen. Das Fusionsprinzip ist dann, Cluster oder einzelne Objekte an die Gruppe anzuschließen, zu der der Mittelwert aller wechselseitigen Abstände am geringsten ist. Entsprechend wird die Methode ***group average* (GA)** genannt. Das Prinzip verdeutlicht Abb. 14.3 für artenarme Aufnahmen von der Nordseeküste, wie wir sie schon in Kap. 4.3 benutzt haben. Der Algorithmus hat bereits Cluster A und B erkannt. Aufnahme O4 wird jetzt im nächsten

Schritt an Cluster B angeschlossen, obwohl der Abstand zum nächsten Nachbarn eher eine Fusion mit Cluster A nahe legen würde. Der Grund ist, dass der mittlere Abstand der Aufnahmen aus Gruppe B zu Aufnahme O4 geringer ist als der mittlere Abstand von O4 zu den Elementen des Clusters A. Das gilt auch für die dritte Alternative, nämlich für die Fusion von Cluster A und Cluster B. Die Berechnung des mittleren Abstandes von O4 zum größeren Cluster B berücksichtigt also mehr Einzelabstände als für die Alternative O4 und Cluster A. Da die ursprünglichen Distanzen gleichmäßig in die Mittelwertbildung eingehen und nicht etwa eine Korrektur für die Zahl der Objekte im Cluster gemacht wird, wird der Algorithmus auch **unweighted pair group method using arithmetic means** (**UPGMA**) genannt. Je nach Berechnung der mittleren Distanz zwischen Clustern gibt es Varianten (Medianmethode, Zentroidmethode), die aber, anders als die UPGMA-Methode, im Dendrogramm weniger gut die ursprüngliche Unähnlichkeit/Distanz zwischen den Objekten abbilden (s. unten).

In unserem Beispiel zeigt das UPGMA-Dendrogramm (Abb. 14.4) eine eher klare Struktur, Kettenbildung ist von mäßiger Bedeutung (12 %). In einem homogenen Datensatz wie dem vorliegenden zeigt die UPGMA-Methode immer etwas Kettenbildung, auch ist die Clusterstruktur häufig nicht sehr klar. Dennoch zeichnen sich 2 getrennte große Cluster ab, die wir ja auch in der Ursprungstabelle unterschieden haben (Tabelle 13.2). Das Ergebnis deckt sich überraschend gut mit der pflanzensoziologischen Klassifikation (Tabelle 13.2) und dem *Complete-linkage*-Dendrogramm. Die Tatsache, dass verschiedene Methoden zu ähnlichen Ergebnissen führen, kann als Hinweis auf eine recht stabile Klassifikation gedeutet werden.

Die UPGMA-Methode bildet die ursprünglichen Abstände weitgehend unverzerrt in der Länge der Äste des Dendrogramms ab, sie ist *space conserving*. Das lässt sich leicht am Beispiel der Aufnahmen 10 und 18 im unteren Drittel von Abb. 14.4 überprüfen. Aus dem Dendrogramm würden wir die Unähnlichkeit auf ca. 0.40 schätzen, in der ursprünglichen Dreiecksmatrix (Tabelle 14.1) ist sie mit 0.39 angegeben. Für die Aufnahmen 5 und 18 ergibt sich ca. 0.54 im Dendrogramm gegenüber 0.58 in der Dreiecksmatrix. Die Unähnlichkeiten werden also kaum verzerrt. Will man überprüfen, ob ein beliebiges Cluster-Diagramm die ursprünglichen Abstände gut abbildet, kann man, ähnlich wie bei der NMDS, die Unähnlichkeiten/Distanzen zwischen den Objekten aus dem Dendrogramm ablesen und eine neue Dreiecksmatrix („**cophenetische** Distanzmatrix") erstellen. Diese kann dann mit der ursprünglichen Dreiecksmatrix korreliert werden, als Ergebnis erhält man – wie in der NMDS (Kap. 12.3) – einen Stresswert oder ein Streudiagramm, das einem Shepard-Diagramm entspricht (vgl. Abb. 12.4).

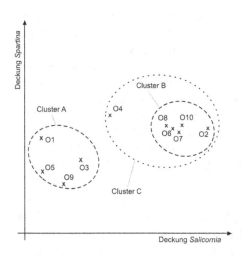

Abb. 14.3. Prinzip der UPGMA-(*Group-average-*)Methode bei der Fusionierung von Clustern. Als Beispiel dient ein einfaches System mit 2 Arten, dargestellt ist die Position von 10 Aufnahmen im 2dimensionalen Artenraum. Die Methode hat im ersten Schritt 2 klare Cluster erkannt, Aufnahme O4 wird im nächsten Schritt an Cluster B fusioniert, weil die mittlere Distanz von O4 zu allen Elementen in diesem Cluster am geringsten ist

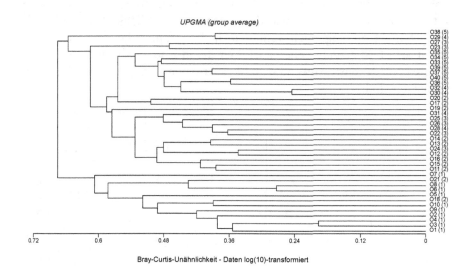

Abb. 14.4. UPGMA- (*Group-average-*)Dendrogramm der Weidelgras-Weißklee-Weiden (Unähnlichkeit: s. Tabelle 14.1). Es ergibt sich eine deutliche Struktur mit 5 Hauptgruppen, die z. T. gut mit den *Complete-linkage*-Gruppen und den pflanzensoziologischen Gruppen übereinstimmen (11.9 % *chaining*/Kettenbildung)

Als letzter Ansatz sei jetzt noch die **Wards**-Methode beschrieben. Sie geht auch von allen Elementen in dem Cluster aus, allerdings wird hier nicht der Mittelwert der Distanzen innerhalb des Clusters, sondern die Summe der Abweichungsquadrate innerhalb des Clusters betrachtet, also ein Term, der mit der Varianz verwandt ist. Die Abweichungsquadrate innerhalb des Clusters lassen sich als die quadrierten Abstände aller Objekte in dem Cluster berechnen, diese werden dann auf die Anzahl der Elemente in dem Cluster standardisiert. Es wird so fusioniert, dass die Summe der Abweichungsquadrate innerhalb der neuen Cluster möglichst gering bleibt, daher wird der Algorithmus auch *Minimum-variance*-Methode genannt.

Das Ergebnis sind meist klarere Gruppenstrukturen als bei UPGMA-Dendrogrammen (Abb. 14.5); auch sorgt die Methode für relativ ausgeglichene Clustergrößen, also für Cluster mit einer ähnlichen Zahl von Objekten (Bahrenberg et al. 2003). Kettenbildung spielt praktisch keine Rolle (in unserem Beispiel 5.5 %). Die Methode ist ebenfalls nahezu *space conserving*. Allerdings sollte für die Berechnung der Abweichungsquadrate ein metrisches Abstandsmaß (Euklidische Distanz) gewählt werden (Backhaus et al. 2003; Legendre u. Legendre 1998). Das bedeutet, dass die Wards-Methode Euklidische Distanzen nutzt und im Dendrogramm quadrierte Euklidische Distanzen abbildet, denn die Abstände zwischen den Objekten werden ja wie bei der Varianz auch quadriert. Kombinationen mit asymmetrische Maßen wie der Sörensen-Unähnlichkeit sind also eigentlich nicht zulässig, auch wenn manche Programme dies erlauben.

Mit dem Distanzmaß gehen auch hier die in Kap. 4 geschilderten Probleme einher, so dass Anwendungen bei Artdaten immer etwas kritisch zu betrachten sind.

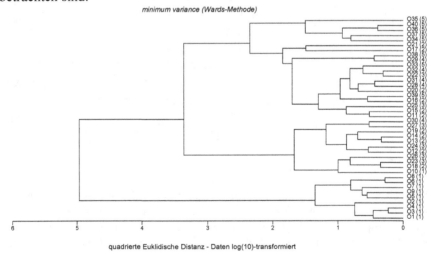

Abb. 14.5. Dendrogramm der Weidelgras-Weißklee-Weiden basierend auf der *Minimum-variance-* (Wards-)Methode (Astlängen entsprechen quadrierten Euklidischen Distanzen, 5.5 % *chaining*/Kettenbildung)

Bei Artdaten können also sehr unähnliche Objekte als sehr ähnlich erscheinen; das gilt v. a. dann, wenn der Datensatz viele Nullwerte enthält, also relativ heterogen ist (z. B. DCA-Gradientenlänge > 3 SD). Das ist der prinzipielle Nachteil der *Minimum-variance*-Methode, spielt aber bei homogenen Datensätzen wie dem hier verwendeten keine Rolle. Allerdings scheinen die Abstände zwischen den großen Gruppen durch die Quadrierung viel klarer als in der Distanzmatrix, was bei der Interpretation berücksichtigt werden muss. Andere, mehr theoretische Probleme betreffen die aus der univariaten Statistik bekannten Probleme bei varianzbasierten Analysen (Normalverteilung, Varianzhomogenität etc.). Dennoch ist die *Minimum-variance*-Methode ein sehr weit verbreiteter Algorithmus und ergibt gerade bei Datensätzen mit wenigen Nullwerten oft gute Ergebnisse. Es gibt entsprechende Alternativen zu diesem Algorithmus, die eine flexible Wahl des Distanzmaßes erlauben, hier aber nicht weiter diskutiert werden sollen (z. B. *flexible clustering*, Legendre u. Legendre 1998; McCune et al. 2002).

14.2 Auswertung von Dendrogrammen

Das generelle Interpretationsprinzip haben wir bereits genutzt; die Länge der Äste ist ein Maß für die Unähnlichkeit/Distanz zwischen den Objekten. Bei den Algorithmen, die die Abstände wenig verzerren (UPGMA, *minimum variance*) kann man die ursprüngliche Unähnlichkeit/Distanz in der Dreiecksmatrix sogar aus dem Diagramm ablesen. Im Prinzip ohne Belang ist dagegen die Reihenfolge der Objekte im Dendrogramm. Am besten stellen wir uns das Dendrogramm als ein (zugegebenermaßen kompliziertes) Mobile vor, bei dem die einzelnen Teile jeweils frei um die Verzweigungspunkte gedreht werden können. So sind in Abb. 14.5 (unteres Drittel) die beiden Aufnahmen 10 und 8 ebenso unähnlich wie die Aufnahmen 10 und 6 oder 10 und die Aufnahme 1. Dies zeigt sich auch, wenn die Reihenfolge der Objekte vor der Klassifikation verändert wird, denn dann ändert sich die Reihenfolge im Dendrogramm. Allerdings bleibt die Struktur der Gruppen, also die Länge der Äste, i. d. R. unverändert – es sei denn, es gibt viele Bindungen, also Paare mit gleichen Werten in der Distanzmatrix. Diese Gefahr ist bei qualitativen Daten zwar höher als bei quantitativen, aber allgemein sind solche Bindungen in ökologischen Dreiecksmatrices eher selten. Daher sind die Ergebnisse der Cluster-Analysen in dem entscheidenden Punkt, also der Gruppenstruktur, unempfindlich gegen Änderungen in der Reihenfolge der Objekte im Datensatz.

Allgemein sollten die hier empfohlenen Fusionsalgorithmen weitgehend ähnliche Gruppenstrukturen (aber nicht Reihenfolgen) zeigen, wenn Abstandsmaß und Transformationen gleich gewählt worden sind. Aus diesem Grund ist es unabdingbar, letztere im Methoden- und Ergebnisteil zu dokumentieren. Dazu gehört dann neben dem Dendrogramm auch eine Skala, die angibt, wie das Dendrogramm skaliert wurde (s. z. B. Skala in Abb. 14.5 unten).

Problematisch ist die Frage nach der Zahl der zu betrachtenden Gruppen. Sie hängt v. a. von der Fragestellung ab. So kann auf Basis externer Informationen entschieden werden, wie viele Gruppen betrachtet werden sollen; ein Beispiel wäre der Vergleich verschiedener numerischer Klassifikationen untereinander oder in der Vegetationskunde der Vergleich mit pflanzensoziologischen Gruppen (Wesche et al. 2005). Die Heranziehung externer Informationen bedeutet aber natürlich auch, dass die einzelne Klassifikation nicht als selbständiges, unabhängiges Verfahren betrachtet wird. Aus diesem Grund gibt es verschiedene Vorschläge, die Zahl der Gruppen auf Basis des Dendrogramms festzulegen.

Es muss also eine Entscheidung getroffen werden, wo das Dendrogramm durchgeschnitten wird. Zeigt das Diagramm wenig Kettenbildung wie z. B. in Abb. 14.5, dann sind die Hauptgruppen meist deutlich (in Abb. 14.5 2 Obergruppen, von denen eine 2 Untergruppen hat). Aber: Die *Minimum-variance*-Methode zeigt fast immer klare Gruppenstrukturen im linken Bereich des Dendrogramms (bei der hier verwendeten Orientierung), weil hier ja quadrierte Distanzen eingehen. Als Folge davon werden wachsende Unterschiede überproportional betont. Dies ist einer der Gründe, warum gelegentlich Autoren vorschlagen, die Dendrogramme nicht nach den ursprünglich verwendeten Abständen, sondern nach standardisierten Informationsmaßen zu skalieren und so besser untereinander vergleichbar zu machen (z. B. McCune et al. 2002).

Aber auch nach Auswahl einer geeigneten Skalierung bleiben i. d. R. die feineren Gruppenstrukturen im rechten Bereich der Dendrogramme weniger eindeutig. Eine Möglichkeit wäre, durch **Permutationstests** (Kap. 17) auf den verschiedenen Niveaus abzuschätzen, bis zu welcher Auflösung die Gruppenstruktur noch signifikant ist (van Tongeren 1995). Dieses Verfahren ist rechenaufwändig, und Standardprogrammpakete enthalten oft keine entsprechenden Optionen. In jedem Fall ist hier darauf zu achten, dass nur innerhalb des jeweils übergeordneten Clusters randomisiert wird, weil bei Randomisierung über den ganzen Datensatz auch vollkommen zufällige Cluster als signifikant erscheinen können (Details: Hunter u. McCoy 2004). Ein weiterer, ebenfalls permutationsbasierter Ansatz ist, für die interessierenden Hierarchieebenen abzuschätzen, ob die Cluster noch durch signifikant charakteristische Arten gekennzeichnet sind (*indicator*

species analysis, s. Kap. 17.6). Alternativ ließe sich auch durch eine Diskriminanzanalyse (Kap. 16.4) überprüfen, wie gut die Klassifikation ist
und wodurch die jeweiligen Cluster charakterisiert sind.

Eine einfachere Möglichkeit ist es, das Fusionsniveau zwischen den
Clustern gegen die Zahl der Cluster abzutragen, also nach Sprüngen in der
Distanz zwischen den Clustern zu suchen (Bahrenberg et al. 2003; McGarigal et al. 2000). Wenn es klare Strukturen gibt, sollte sich das als Knick
in der Kurve bemerkbar machen. Dieser Knick wird auch Ellenbogen genannt (Backhaus et al. 2003). In unserem Beispiel zeichnet sich für das
UPGMA-Dendrogramm (Abb. 14.6) praktisch kein Knick ab, der Datensatz ist relativ homogen und ohne große Sprünge. Die *Minimum-variance*-
(Wards-)Methode findet dagegen sehr klare Gruppenstrukturen; zwischen
dem dritt- und dem vierthöchsten Fusionsniveau zeichnet sich ein Sprung
ab. Dennoch ist dies kein strenges formales Verfahren, denn die Deutlich-
keit des Ellenbogens hängt natürlich von der letztlich willkürlichen Skalierung der Achsen ab. Dieser Ansatz kann also nur eine Interpretationshilfe
geben.

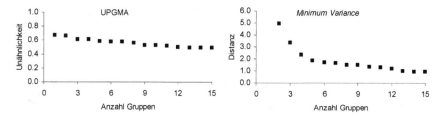

Abb. 14.6. Niveau der Fusionslevel für die obersten 15 Fusionierungspunkte in
den Dendrogrammen 14.4 und 14.5

Im Allgemeinen werden aber Verfahren genutzt, die externe Information zur Erklärung mit heranziehen. Als Möglichkeiten bietet sich z. B. der
erwähnte Vergleich mit einer verfügbaren pflanzensoziologischen Klassifikation an. Das kann geschehen, indem die Zugehörigkeit zu einer pflanzensoziologischen Gruppe direkt neben die Objektbezeichnung geschrie-
ben wird, wie das in Abb. 14.1 geschehen ist. Auch andere
Gruppenvariablen wie z. B. Aufnahmelokalitäten können hier sinnvoll
sein. In jedem Fall ist rasch zu sehen, inwieweit sich die Gruppierungen
mit denen der Clusteranalyse decken. Man kann diesen Schritt auch noch
weiter verfeinern, indem man mit einer **Kreuztabelle** überprüft, wieviel
von jeder externen Gruppe in welches Cluster fällt. Solche Kreuztabellen
lassen sich mit nahezu jedem Tabellenkalkulationsprogramm erstellen.

Ein verbreiteter Ansatz ist die Überlagerung von Klassifikationen und
Ordinationen. Wir haben hier eine PCA benutzt, weil der Datensatz ja eher

homogen ist. Für Abb. 14.7 wurden die Ergebnisse der UPGMA-Analyse aus Abb. 14.4 verwendet, um in Anlehnung an Tabelle 13.2 5 Cluster von Aufnahmen zu definieren. Diese Gruppenstruktur wurde dann durch Symbole im Ordinationsdiagramm kodiert. Die Abb. 14.7 zeigt jetzt auf einen Blick, dass gemeinsam geclusterte Aufnahmen auch in der PCA beieinander stehen. Dabei scheint es Überlappungen zwischen den Clustern zu geben, aber um das zu beurteilen, müssten wir uns auch die weiteren Ordinationsachsen ansehen, denn Gruppen, die im 3dimensionalen Raum getrennt sind, können im 2dimensionalen Raum überlappend erscheinen. Ähnlich können wir auch mit einer pflanzensoziologischen Klassifikation der Daten vorgehen (Abb. 14.7 b) und sehen dann, inwieweit sich PCA und Tabellenarbeit decken. Das lässt sich natürlich auch durch Nutzung von Umweltvariablen in der Ordination erweitern. Es kann auch mit univariater Statistik getestet werden, ob sich die Cluster im Hinblick auf wichtige Umweltvariablen unterscheiden (weitere Möglichkeiten: s. z. B. Legendre u. Legendre 1998; McGarigal et al. 2000).

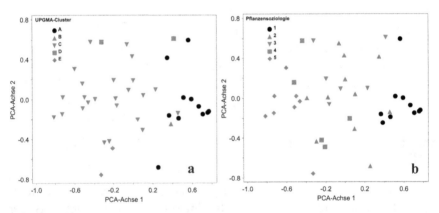

Abb. 14.7. a PCA der Weidelgras-Weißklee-Weiden überlagert mit der Zugehörigkeit zu den 5 Hauptgruppen aus der UPGMA-Analyse (Abb. 14.4; Daten logarithmiert, Varianz-Kovarianzmatrix-PCA, erklärte Varianz: Achse 1: 20.44; Achse 2: 10.85). **b** zeigt die gleiche Ordination, jetzt wurde allerdings die pflanzensoziologische Zugehörigkeit über das Diagramm gelegt (s. Tabelle 13.2)

Zum Schluss bleibt immer die Frage, ob die Klassifikation im Licht der sonst verfügbaren Informationen sinnvoll ist. Das ist zentral, denn es gibt ja nicht die objektiv richtige Gruppierung, und auch eine Clusteranalyse hängt von subjektiven Entscheidungen ab. Es reicht also nicht, einfach ein Dendrogramm abzubilden, denn eine Grafik wird von der Software immer erstellt, auch wenn der Datensatz gar keine klare Gruppenstruktur hat.

15 Divisive Klassifikationsverfahren

15.1 *Ordination Space Partitioning*

Divisive Klassifikationsmethoden versuchen, den gesamten Datensatz zu betrachten und diesen in sukzessiv kleiner werdende Gruppen aufzuteilen. Sie gehen also vom Gesamtbild aus, während die geschilderten agglomerativen Verfahren von Vergleichen zwischen einzelnen Objekten ausgehen. Eine nahe liegende Methode für ein divisives Verfahren könnte mit der Ordination aller Daten beginnen. Gibt es sehr klare Gruppenstrukturen sollten sie sich im Ordinationsdiagramm widerspiegeln, wir können dann visuell Gruppen ausmachen und markieren. Dieses Vorgehen wird als *ordination space partitioning* bezeichnet, also als Aufteilung des Ordinationsraumes. Abb. 15.1 macht deutlich, dass diese Methode ähnliche Ergebnisse liefern kann wie andere Klassifikationsverfahren. Im Vergleich mit Abb. 14.7 b wird klar, dass die 4 visuell abgrenzbaren Gruppen z. T. den pflanzensoziologischen Gruppen entsprechen. Gruppen 1 und 2 (Abb. 15.1) sind dabei verhältnismäßig eindeutig, weniger klar ist allerdings die Abgrenzung der Gruppen 3 und 4. Wie die gestrichelte Linie andeutet, könnte man die Grenze zwischen den Gruppen 3 und 4 durchaus anders legen oder auch beide zusammenfassen. Das Problem der Willkürlichkeit wird dabei immer größer, je feiner die Klassifikation sein soll.

Ordination space partitioning ist also keine formale, von verschiedenen Bearbeitern reproduzierbare Klassifikationsmethode und wird daher in ihrer einfachen Form auch kaum noch angewandt. Es gibt aber ein formalisiertes Verfahren für die Aufteilung eines Ordinationsraumes, das breite Verwendung gefunden hat. Dem soll der Hauptteil dieses Kapitels gewidmet sein.

15.2 TWINSPAN

Trotz der geschilderten Probleme haben Ordinationsverfahren eine gewisse Bedeutung für Klassifikationsprobleme, denn sie liegen der zumindest in der Vegetationskunde bisher wahrscheinlich am häufigsten verwendeten Methode zugrunde, der sog. *two way indicator species analysis*.

TWINSPAN ist eine hierarchische divisive Methode und ist in der Präsentation ihrer Ergebnisse vergleichbar mit der pflanzensoziologischen Tabellenarbeit. Tatsächlich ist sie auch von Hill (1979) in Anlehnung an diese entwickelt worden. Der Algorithmus basiert auf der kurz vorher entwickelten Korrespondenzanalyse (Kap. 6). Wenn man so will, ist das Prinzip von TWINSPAN dann auch sukzessives *ordination space partitioning* auf Basis wiederholter Korrespondenzanalysen. Der eigentliche Algorithmus ist wegen der vielen nötigen Schritte sehr aufwändig, und wir wollen hier nur das Prinzip verdeutlichen. Der Text ist etwas ausführlicher als bei anderen Klassifikationsmethoden, da es keine leicht verfügbare deutsche Erklärung zu TWINSPAN gibt. Wir folgen dabei der relativ leicht verständlichen Darstellung in Kent u. Coker (1992). Es beginnt mit einer ersten Korrespondenzanalyse des gesamten Datensatzes, die die Variablen und Objekte in eine Reihenfolge bringt. Da wir nur die Reihenfolge auf der ersten Achse interpretieren wollen, ist *detrending* nicht nötig, denn die CA zeigt ja „nur" einen *Arch*-Effekt und keinen *Horseshoe*-Effekt, verfälscht also die Reihenfolge entlang der ersten Achse nicht.

Dennoch wäre es auf Basis dieser Analyse schwierig festzulegen, wo die erste Trennlinie zwischen Gruppen liegen sollte, denn viele Objekte, aber auch Variablen (Abb. 15.2) liegen nahe der Mitte. Aus diesem Grund versucht der Algorithmus in einer zweiten, vereinfachten Ordination ein klareres Bild zu erzeugen. Dazu wird überprüft, welche Arten in der Korrespondenzanalyse klare Präferenzen für eine der beiden Seiten des Ordinationsdiagramms zeigen.

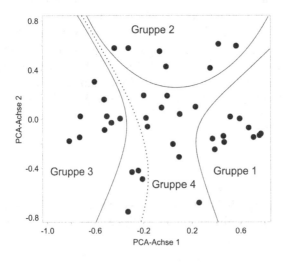

Abb. 15.1. *Ordination space partitioning.* PCA wie Abb. 14.7, allerdings ohne Symbolcodes für eine Gruppenvariable; die Trennlinien wurden nachträglich nach visuellem Eindruck eingefügt (Daten logarithmiert, erklärte Varianz: Achse 1: 20.44; Achse 2: 10.85

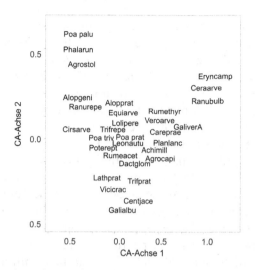

Abb. 15.2. Korrespondenzanalyse der Daten der Weidelgras-Weißklee-Weiden (Tabelle 13.1). Aus Gründen der Übersichtlichkeit sind hier nur einige typische Arten eingetragen worden (Deckungswerte logarithmiert, *downweighting of rare species*). Im Text erwähnte Indikatorarten: Ceraarve = *Cerastium arvense*; Ranubulb = *Ranunculus bulbosus*; GaliverA = *Galium verum* agg.; Ranurepe = *Ranunculus repens*; Poa triv = *Poa trivialis*, Trifrepe = *Trifolium repens*, Eryncamp = *Eryngium campestre*, Lathprat = *Lathyrus pratensis*, Centjace = *Centaurea jacea*

Diese Arten werden dann als **Indikatorarten** für eine Aufteilung der Objekte genutzt, wenn sie möglichst nur in Aufnahmen auf der rechten Seite oder nur in Aufnahmen auf der linken Seite des Diagramms vorkommen. Die linke Seite ist im Algorithmus immer die negative Seite, die rechte immer die positive. Das Kriterium ist ein sog. **Indikatorwert** (*indicator value*); definiert als die relative Frequenz einer Art in der negativen Gruppe, subtrahiert von der relativen Frequenz in der positiven Gruppe (jeweils in % der Gesamtaufnahmen in der Gruppe):

$$I_j = \frac{n_j^+}{n_+} - \frac{n_j^-}{n_-}$$

(15.1)

I_j: Indikatorwert der Art j; n_j^+ Anzahl von Aufnahmen mit der Variable/Art j in der rechten, positiven Gruppe; n_+ Anzahl der Aufnahmen in der rechten Gruppe; n_j^- Anzahl von Aufnahmen mit der Art in der linken, negativen Gruppe; n_- Anzahl der Aufnahmen in der linken Gruppe.

Auch hier taucht also ein Maß für die Frequenz bzw. die Treue der Art in Anlehnung an die Pflanzensoziologie auf (Kap. 13.1). Die Arten mit den höchsten positiven bzw. negativen Indikatorwerten werden als Indikatorarten gewählt. Gewöhnlich wird die Zahl pro Teilung möglicher Indikatorarten vom Nutzer auf maximal 5-10 Arten begrenzt, und meist werden von dem Programm deutlich weniger Arten wirklich für die Teilung genutzt. In unserem Beispiel sind u. a. *Cerastium arvense, Ranunculus bulbosus* und *Galium verum* Indikatorarten für die rechte Seite und *Ranunculus repens, Poa trivialis* und *Trifolium repens* Indikatorarten für die linke Seite. Sie liegen jeweils im mittleren rechten bzw. linken Bereich des Ordinationsdiagramms, sind also vermutlich zuverlässig von der CA abgebildet worden (also nicht z. B. seltene Ausreißer, vgl. Kap. 7).

Jetzt werden für jede Aufnahme die Indikatorwerte der z. B. 6 Indikatorarten addiert und die Aufnahmen mit dieser Summe als **Indikatorkoordinaten** entlang einer neuen Achse aufgetragen. Diese 1dimensionale Ordination wird *refined ordination* (verbesserte Ordination) genannt. Sie zeigt üblicherweise eine klarere Gruppenstruktur, so dass es leichter ist, hier die Grenze zwischen den beiden Gruppen zu ziehen.

Die Indikatorordination bedeutet einen großen Informationsverlust, denn es werden nur die deutlichsten Arten benutzt. Aus diesem Grund bietet TWINSPAN hier eine Kontrolle an, indem es prüft, inwieweit die Reihenfolge der Aufnahmen in der ursprünglichen Korrespondenzanalyse mit der Reihenfolge in der Indikator-Ordination übereinstimmt. Dazu werden die Koordinaten der ersten CA-Achse auf der X-Achse des Streudiagramms aufgetragen, die Indikatorkoordinaten auf der Y-Achse (Abb. 15.3, hypothetisches Beispiel).

Die meisten Aufnahmen werden in beiden Ordinationen eine ähnliche Lage haben, sie liegen in den Bereichen A und D von Abb. 15.3. Dann gibt es Aufnahmen, die sehr nahe an der Grenze zwischen den beiden Gruppen liegen; dies sind die sog. *borderline positives* und *borderline negatives* (Bereiche B und E in Abb. 15.3) in der Terminologie von TWINSPAN. Die Breite der kritischen Grenzzone beträgt hierbei 1/5 der Länge der Ordinationsachse.

Schließlich gibt es noch Aufnahmen, die hohe Werte in der Indikatorordination haben, aber niedrige Werte in der Korrespondenzanalyse, bzw. umgekehrt. Deren Position wird also in der Indikatorordination nicht adäquat wiedergegeben, dies sind die sogenannten *misclassified negatives* und *misclassified positives* (C und F, Abb. 15.3). Ihre Position in der endgültigen Klassifikation ist sehr fragwürdig und muss überprüft werden. Dies geschieht nicht automatisch; wie bei den Cluster-Analysen auch bleibt ein einmal falsch zugeordnetes Objekt bis zum Ende der Analyse in der falschen Gruppe.

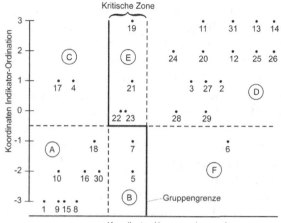

Abb. 15.3. Vergleich der ursprünglichen Korrespondenzanalyse mit den Indikatorkoordinaten einer Indikatorordination in einer (hypothetischen) TWINSPAN-Analyse. Die Punkte entsprechen Aufnahmen, die durchgezogene Linie gibt die Trennlinie zwischen den beiden Gruppen an. Die gestrichelten Linien deuten die Lage der Grenzbereiche an (Gruppen A u. D: eindeutige Zuordnung; Gruppen B u. E: *borderline positives/negatives*, Gruppen C u. F: *misclassified positives/negatives*; nach Hill et al. (1975)

Die Grenze zwischen den Gruppen wird nun wieder iterativ bestimmt, indem der Schwellenwert in der Indikatorordination, also die vertikale Trennlinie in Abb. 15.3, so verschoben wird, dass es möglichst wenige *misclassified negatives* und *positives* gibt.

Mit der *refined ordination* wird auf Basis der Indikatorkoordinaten der erste Klassifikationsschritt abgeschlossen. TWINSPAN gibt an, welche Indikatorarten für den Klassifikationsschritt gewählt wurden, welche Aufnahmen wie klassifiziert wurden (analog der Bereiche A-F in Abb. 15.3) und welche Arten ihren Schwerpunkt in den beiden Hauptgruppen von Aufnahmen haben. Dieses Vorgehen wird nun sukzessive weiter in den jeweiligen Teilgruppen fortgesetzt. Das bedeutet, dass in einem zweiten Schritt die negative Gruppe aus dem ersten Schritt aufgeteilt wird, dann im dritten Schritt die positive Gruppe aus dem ersten Schritt. In den folgenden Schritten werden dann diese 4 Teilgruppen ihrerseits aufgeteilt und so immer weiter, bis die gewünschte Feinheit der Aufteilung erreicht ist.

Eine letzte wesentliche Komplikation im Algorithmus betrifft die Methode, wie Artabundanzen verarbeitet werden. Das Prinzip von Indikatorarten ist (in Anlehnung an die Pflanzensoziologie) ein weitgehend qualitatives, daher benutzt TWINSPAN für die Berechnung der Indikatorwerte auch nur die Präsenz von Arten und nicht ihre Abundanz. Um aber nun wenigstens einen Teil der ursprünglichen Information zu erhalten, nutzt TWINSPAN nominalskalierte Dummy-Variablen (s. Kapitel 3.3).

Das Prinzip verdeutlicht Tabelle 15.1. Die Deckungen der beiden Arten *Trifolium repens* und *Lolium perenne* wurden nach der Londo-Skala aufgenommen. Es werden nun für jede Art so viele 0/1-skalierte Dummy-Variablen eingeführt, wie z. B. Deckungswerte auf der Londo-Skala erreicht wurden. TWINSPAN rechnet dann mit diesen sog. *pseudospecies* oder Pseudoarten weiter. Bei der Definition der Pseudoarten haben wir auch die Möglichkeit, die Daten direkt zu transformieren. Das geschieht durch die Wahl geeigneter *pseudospecies cut levels*, also geeigneter Schwellenwerte für die Begrenzung der Pseudoarten. Wenn wir nur einen Schwellenwert angeben (z. B. 0.1), dann werden alle Abundanzen unterhalb als 0, Werte von 0.1 und größer als 1 gewertet. Dies entspricht einer Binärtransformation. Hätten wir dagegen für unsere Londo-skalierten Daten als Schwellenwerte 0.0, 0.4, 1, 5 angegeben, käme das in etwa einer Logarithmierung der Daten gleich (s. a. van der Maarel 1979). Wir erhalten dann 5 Häufigkeitsklassen (inkl. der Klasse 0 = fehlend) mit folgenden Intervallen: 0; > 0 - < 0.4; 0.4 - <1; 1 - <5; 5 und größer. Wenn wir die Daten allerdings vor der TWINSPAN-Analyse schon logarithmiert haben, dann sollten wir hier natürlich gleichmäßige Abstände nehmen.

In Tabelle 15.1 wurde die für die Londo-Daten kleinstmögliche Unterteilung gewählt (also für jede Stufe ein Schwellenwert, s. Tabelle 3.1). So entsteht für jeden beobachteten Londo-Wert eine Dummy-Variable. Wichtig ist hier noch, dass – anders als bei Gruppenstrukturen – die Dummy-Variablen nicht exklusiv, sondern inklusiv sind, dass also die Pseudoarten Trifrepe 1 die Pseudoarten Trifrepe 0.1, Trifrepe 0.2 und Trifrepe 0.4 beinhalten. Pro Teilungsschritt kann nur eine Pseudoart innerhalb einer Art als Indikatorart genommen werden.

Tabelle 15.1. Prinzip der Umkodierung von Londo-Deckungsgraden (Tabelle 3.1) in nominalskalierte Dummy-Variablen (Pseudoarten) für 3 Aufnahmen und 2 Arten der Weidelgras-Weißklee-Weiden

	Deckung		Pseudo-Arten									
	Trifolium *Lolium*		Trifrepe					Lolipere				
	repens *perenne*											
			0.1	0.2	0.4	1	2	0.1	0.2	0.4	1	2
O2	1	0.4	1	1	1	1	0	1	1	1	0	0
O5	0.4	.	1	1	1	0	0	0	0	0	0	0
O25	2	2	1	1	1	1	1	1	1	1	1	1

15.3 Ablauf einer TWINSPAN-Analyse

Der TWINSPAN-Algorithmus ist in weitgehend gleicher Form in verschiedenen Softwarepaketen verfügbar (z. B. PC-ORD, McCune u. Mefford 1999; JUICE, Tichý 2002). Wir wollen den Ablauf wieder am gewohnten Beispiel der Weidelgras-Weißklee-Weiden verdeutlichen. Nach dem Start von TWINSPAN müssen wir einige Entscheidungen treffen. Als *pseudospecies cut levels* haben wir uns für 0.0, 0.2, 0.4, 1, 2, 4 entschieden, was im Ergebnis einer Logarithmierung der Deckungswerte ähnelt. Als maximale Anzahl von Indikatorarten in der Indikatorordination haben wir 10 eingegeben. Dann gibt es 2 Kriterien, wann die Analyse stoppen soll. Wir haben maximal 3 Teilungsebenen vorgegeben; zusätzlich soll eine Gruppe, die weniger als 3 Aufnahmen enthält, nicht weiter geteilt werden. Diese Einstellungen sollten der Komplexität des Datensatzes angepasst sein, bei sehr großen Datensätzen können mehr als 3 Teilungsebenen durchaus sinnvoll sein.

Danach läuft die Analyse ab und gibt als (einziges) Ergebnis eine lange Textdatei aus. Diese enthält im oberen Teil die Informationen über die jeweiligen Teilungsschritte. Für die erste Division lautet die Information:

Eigenvalue: 0.2971; at iteration 3
Ranurepe 1(-); GaliverA 1(+); Poa triv 3(-); Ranubulb 1(+); Ceraarve 1(+); Rumethyr 1(+); Eryncamp 2(+); Achimill 1(+); Careprae 1(+); Trifrepe 5(-)

Wir erfahren also, dass die erste Korrespondenzanalyse mit 0.3 einen eher niedrigen Eigenwert hatte, der Datensatz ist wegen seiner Homogenität allerdings ja auch kaum für eine CA geeignet (vgl. Kap. 6.3). Auf Basis dieser Ordination hat das Programm 10 Pseudoarten als geeignet ausgewählt, z. B. Ranurepe1, also die Fälle, in denen *Ranunculus repens* zwischen dem ersten und zweiten *cut level* vorkommt, bzw. Deckungen zwischen > 0.0 und < 0.2 erreicht (s. oben). Die positive Seite wurde z. B. durch *Eryngium campestre* mit Deckungen zwischen 0.2 und < 0.4 (zweites *cut level*) charakterisiert. Dann folgt in der Ergebnisdatei eine Liste der Aufnahmen in den beiden Gruppen:

ITEMS IN NEGATIVE GROUP: 2 (N = 28) i. e. group *0
O11; O12; O13; O14; O15; O16; O17; O19; O20; O21; O22; O24; O25; O26; O27; O28; O29; O30; O31; O32; O33; O34; O35; O36; O37; O38; O39; O40

ITEMS IN POSITIVE GROUP 3 (N = 12) i. e. group *1
O1; O2; O3; O4; O5; O6; O7; O8; O9; O10; O18; O23

Tabelle 15.2. Endergebnis der TWINSPAN-Analyse der Weidelgras-Weißklee-Weiden. Die Linien deuten die Hierarchieebenen der jeweiligen Teilungsschritte für die Aufnahmen an (aus Platzgründen wurden nur 60 Arten dargestellt)

```
                2222333332333334111112112212112
                5968135790024680134562294771803683924175

30  Agrostol    -----333---5545--------3-3---------------  0000
31  Planmajo    -----333------1--------2----------------  0000
34  Poa palu    ----------3333--------------------------  0000
65  Lysinumm    --233--433-----3----2------3------------  0000
67  Poteanse    5-2-336---33-4--------------------------  0000
68  Stelpalu    ----3--33--3-332-------2----------------  0000
70  Planinte    ---2--2-3-1---3----------3--------------  0000
16  Ranurepe    25333435443335563-2252--5-23-----------  0001
18  Veroserp    3--333331------3-33---2-3--2-----------  0001
21  Phleprat    -----3-53-3353--------5-3-4-------------  0001
22  Cardprat    3--33----3-----3----3---33-------------  0001
61  Cirsarve    3-2343333-23-2-2----3233-3------2---3--  0001
71  Poa annu    3----3-----3--3----33------------------  0001
27  Ranuacri    4-2-----------4225432----1---2---------  0010
36  Lathprat    -----5-33-----33333-33--33-------------  0010
38  Vicicrac    -----3--------23333-3-3-53-------------  0010
39  Achiptar    -----3---3----4------------------------  0010
49  Dactglom    ------2-------3----334-1----------3     0010
14  Poa triv    33333453433343333334533--3313-3-2------  0011
15  Festprat    53545--5334--6-53354433-355--33----23--  0011
17  Poterept    --2-3-23-533-4-3-3-3-33323-2-3---------  0011
19  Desccesp    34--33----3-2-33--332-5--3-------------  0011
20  Glechede    ---3524335--3----3-234-53--23----------  0011
51  Sileflos    -----2--3------2--------3-3----2--------  0011
66  RanuaurA    3-11-331-2-3--332-2--23--32------------  0011
 1  Trifrepe    545445666666663665356556643454233435-3  0100
 2  Leonautu    3-23-332--53-3-33-3333333-333323312---  0100
 4  Lotucorn    -----3-33364-5-35333335-36354634 33-3-  0100
 5  Bellpere    --33-2--------43--2-33---33--32-3-----  0100
41  TaraoffA    5-44454453555353333345355353534 3323-3- 0100
44  Ceraholo    333333653-33323-33333-3-5333233333-3--  0100
46  Rumeacet    52-43-3-2-11----3-3333333--2---33-23-1  0100
48  Holclana    3---3---5-33----3-3-5------5-23---+--   0100
59  Elymrepe    -2-33654-3-233-5---3333-33533-3 33-3-3  0100
 3  Lolipere    5333--533333-33 3-3-333-6333--33333-4-  0101
42  Poa praA    -3335-353333343--3333333 5333553333343  0101
43  Alopprat    36353453-3335363 3334-3-33-33--3353333  0101
62  Eropvern    ---33------3-3-3---3-33-3-3---3-3--333  0101
37  Centjace    ----------------33-22-25-3-621-34---    0110
40  Silasila    -----3-------3-33------3--3------       0111
26  Trifprat    -----3------3-43323-33353-4453--3---    1001
50  LeucvulA    -----2---2-----3-3--3-3-3323-33----    1001
45  Trifdubi    --53-2-2333-33333333-3-3-363233-333-4   101
47  Bromhord    --43-333---3-2----5---33-33-333-53-4-   101
23  Agrocapi    5-553----------654355434--6564345445-5  1100
24  Achimill    --3--------3--33-3335554-334443533433  1100
25  Planlanc    3----23-------33-33-3-335333-3343-553-  1100
28  Anthodor    -----3--------5--334-3---6-24454556--   1100
29  FestrubA    ------------345----5---363--3353--4     1100
11  Careprae    -----------3------5--3-33-333-4         1101
60  Rumethyr    --62-----33-52--------3-23-4--3553335264442 1101
63  Veroarve    ----33----------3-3-3--3-33--3-333      1101
64  Carehirt    33-3--------23-----------35---3-355-2   1101
69  Vicitetr    -----3-3---+-2------2-3-223----3-5      1101
 8  GaliverA    -----------------3-33-----33-33333333  1110
13  Ceraglut    -----------------3-33----3-            1110
 7  Ranubulb    ----------------------------334534533   1111
 9  Eryncamp    --1-------------------------2354323     1111
10  Ceraarve    -----------------3----3-3333553        1111
12  Armeelon    ----------------------------222-353--   1111

        00000000000000000000000000000111111111111
        00000000000000011111111111100001111111
        0000011111111111000000000001100011000 0111
```

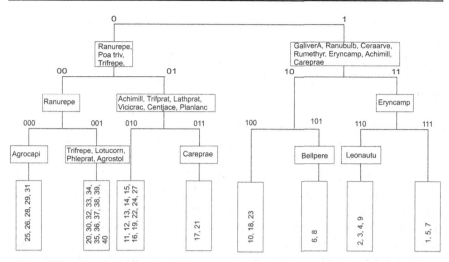

Abb. 15.4. Ergebnisse der TWINSPAN-Analyse der Weidelgras-Weißklee-Weiden in Form eines Dendrogramms. Die Aufnahmen stehen in den senkrechten Blöcken, die Position der Blöcke symbolisiert die Hierarchieebenen. Es wurden nur die Indikatorarten angegeben, die direkt für die jeweilige Aufteilung genutzt wurden

Das ist die Liste der Aufnahmen mit ihrer jeweiligen Gruppenzugehörigkeit; in diesem Fall gab es keine Grenzfälle (*borderline/misclassified positives and negatives*, s. Abb. 15.3). Am Schluss folgt dann eine Liste mit den (Pseudo-)Arten und ihrer Verteilung auf die beiden Aufnahmegruppen. Wir geben hier nur die häufigsten Arten wider:

NEGATIVE PREFERENTIALS

...

Festprat 3(13, 0); Ranurepe 3(10, 0); TaraoffA 3(17, 2); Alopprat 3(7, 1); Trifrepe 4(20, 2); Festprat 4(9, 0); Ranurepe 4(7, 0); TaraoffA 4(11, 1); Trifrepe 5(13, 0)

POSITIVE PREFERENTIALS

...

Planlanc 3(1, 3); Trifprat 3(2, 3); Anthodor 3(3, 7); FestrubA 3(3, 3); Rumethyr 3(3, 7); Carehirt 3(0, 3); Agrocapi 4(7, 6); Anthodor 4(2, 4); Rumethyr 4(2, 4); Carehirt 4(0, 3)

NON-PREFERENTIALS

...

Elymrepe 2(17, 7); Eropvern 2(10, 5); Lotucorn 3(6, 4); Poa praA 3(4, 3)

Die Zahlen in den Klammern geben an, in wie vielen Aufnahmen die (Pseudo-)Art auf der negativen und auf der positiven Seite vorkommt. Diese Information kann wichtig sein, wenn man einschätzen will, welche Arten für welche Gruppen charakteristisch sind. Dies gilt aber nur für den jeweiligen Klassifikationsschritt; die Arten/Indikatoren können in anderen Klassifikationsschritten ein anderes Verhalten zeigen, die Angaben sind also kontextabhängig.

Ähnlich strukturierte Information gibt es dann für jede weitere Teilung. Der Datensatz wurde so lange weiter aufgeteilt, bis in einer Gruppe entweder 3 Hierarchieebenen erreicht waren oder bis die Gruppe nur noch 2 Elemente enthielt (entsprechend den am Anfang gewählten Optionen).

Das Hauptergebnis ist schließlich eine Tabelle (Tabelle 15.2). Sie ähnelt einer geordneten pflanzensoziologischen Tabelle, denn sowohl Arten als auch Aufnahmen sind entlang einer Diagonalen angeordnet (*two way analysis*). Die Anzahl der zu listenden Arten haben wir eingangs auf 60 beschränkt, sie sind jeweils mit ihren maximalen *Pseudospecies*-Werten angegeben (in unserem Fall von fehlend (-) bis max. 6). Die Klassifikation wird am Schluss der Tabelle durch zusätzliche Zeilen mit 0/1-Werten angegeben, die jeweilige negative Gruppe bekommt den Wert 0. Die Dicke der von uns nachträglich eingezeichneten Linien in Tabelle 15.2 deutet die Hierarchieebenen für die Aufnahmegruppen an. Im ersten Schritt wurden die Aufnahmen trockener Standorte mit *Galium verum* und *Ranunculus bulbosus* abgegliedert, diese Gruppe wurde dann noch einmal nach dem Vorkommen von *Eryngium campestre* aufgeteilt. Die große linke Aufnahmegruppe dagegen wurde im zweiten Schritt nach dem Vorkommen von Wiesenarten aufgeteilt (*Lathyrus pratensis*, *Centaurea jacea*), eine entsprechende Klassifikation der Arten ist am rechten Rand von Tabelle 15.2 angegeben.

Insgesamt ist auch hier wieder die Übereinstimmung mit den anderen Methoden auffällig (Pflanzensoziologie, *complete linkage*, UPGMA, s. Kap 13.1 u. 14.1). Es werden in Tabelle 15.2 wieder 2 große Gruppen getrennt, in der rechten Gruppe überwiegen Aufnahmen der pflanzensoziologischen Gruppe 1 (Tabelle 13.2). Im Detail gibt es allerdings bei einzelnen Aufnahmen Abweichungen. So wurde die Aufnahme 23 von TWINSPAN in die rechte Gruppe gestellt, während wir sie pflanzensoziologisch der Gruppe 3 zugeordnet hätten. Das wird in Grenzen aus Tabelle 13.1 verständlich, denn in der Tat hat die Aufnahme eine Art der Artengruppe D 1 (diagnostisch für Aufnahmegruppe 1) und dafür relativ wenige Arten der Artengruppe D 2. Dennoch bleibt die Frage, warum dann nicht auch andere ähnliche Aufnahmen von TWINSPAN in diese Gruppe gestellt wurden. Im Detail sind die Ergebnisse der komplexen Analyse also nicht immer einfach nachvollziehbar.

Für die Darstellung der Ergebnisse gibt es grundsätzlich die gleichen Möglichkeiten, wie sie für Clusteranalysen beschrieben wurden. Dabei decken sich TWINSPAN-Ergebnisse häufig recht gut mit CA oder DCA-Ordinationen, da der Algorithmus ja z. T. identisch ist; sie werden also häufig solchen Ordinationen überlagert (analog Abb. 14.7). Die hierarchische Klassifikation kann auch als Dendrogramm angegeben werden, die jeweiligen Hierarchieebenen können dann wie in Abb. 15.4 dargestellt werden.

15.4 Kritik an der TWINSPAN-Analyse

TWINSPAN hat sehr weite Verbreitung in der Vegetationskunde gefunden, weil das Endergebnis, die sortierte Tabelle, stark der vertrauten pflanzensoziologischen Tabelle ähnelt. Dennoch gab es von Anfang an starke Kritik an dem Algorithmus, die wir kurz zusammenfassen wollen.

Eine grundsätzliche allgemeine Kritik betrifft die Komplexität. Auch in unserem einfachen Beispiel mit nur 8 finalen Gruppen waren ja 7 Korrespondenzanalysen und, darauf aufbauend, 7 Indikatorordinationen nötig. Zusammen mit den möglichen Optionen (Zahl der maximalen Indikatorarten etc.) und v. a. der Auswahl der *pseudospecies cut levels* ist eine Vielzahl von im Detail variierenden Analysen möglich.

Da für die Dokumentation der Einzelschritte meist kein Platz ist, bleibt der Weg hin zum Ergebnis meist nicht nachvollziehbar. Selbst wenn – was sehr selten der Fall ist – Autoren die einzelnen Teilungsschritte dokumentieren, sind diese nur mühsam nachzuvollziehen; alle Details schreibt das Programm ohnehin nicht in die Ergebnisdatei.

Darüber hinaus hat TWINSPAN natürlich alle Probleme, die Korrespondenzanalysen auch haben. Die implizit verwendete Chi-Quadrat-Distanz macht es nötig, dass seltene Arten automatisch herabgewichtet werden (*downweighting of rare species*); das ist eine weitere Komplikation des Algorithmus, die wir hinnehmen müssen. Korrespondenzanalysen ergeben oft nur sinnvolle Werte, wenn es einen starken Gradienten entlang der ersten Achse gibt und die weiteren Gradienten demgegenüber eher unwichtig sind (Kapitel 6, van Groenewoud 1992). Dies mag in der ersten Ordination der Fall sein, mit jeder weiteren Teilung aber wird der Gradient kürzer und diese Voraussetzung ist immer weniger erfüllt. Da der Gradient immer kürzer wird, ist auch das unimodale Modell immer weniger angemessen, und bei homogeneren Gruppen sollten eigentlich andere, auf linearen Modellen basierende Ordinationsmethoden (PCA) benutzt werden. Da dies im Algorithmus nicht vorgesehen ist, sollten, wenn überhaupt, nur die oberen Hierarchieebenen genutzt werden.

Schließlich ist es recht umständlich, die Ergebnisse umzusetzen, denn die Darstellung in Form der normalen Ergebnistabelle (Tabelle 15.2) ist für die meisten Leser relativ undurchsichtig (v. a. im Hinblick auf die Gruppenstruktur der Aufnahmen). Besser ist es, die Ergebnisse in einer dendrogrammähnlichen Struktur wie in Abb. 15.4 darzustellen oder die Vegetationstabelle direkt nach TWINSPAN zu sortieren (eine automatisierte Anwendung bietet z. B. Juice, Tichý 2002). Kleinere Probleme betreffen die Tatsache, dass die Aufnahmenummern in Tabelle 15.2 nur laufende, also neue Nummern sind und erst wieder in die ursprüngliche Aufnahmenummer übersetzt werden müssen (in Tabelle 15.2 bereits geschehen).

Studien mit großen Datensätzen haben darüber hinaus gezeigt, dass TWINSPAN-Analysen sehr stark vom Kontext abhängig sind und die Ergebnisse zwischen verschiedenen TWINSPAN-Klassifikationen kaum übertragbar sind. So verglichen Bruelheide u. Chytrý (2000) getrennte TWINSPAN-Klassifikationen von großen Datensätzen aus Tschechien und Deutschland und fanden, dass die jeweils ausgewiesenen Indikatorarten kaum Übereinstimmung zeigten. Das überrascht kaum, wenn wir bedenken, wie schlicht diese doch letztlich von TWINSPAN definiert werden (s. oben). Damit waren die Gruppenstrukturen zwischen den verschiedenen Datensätzen überhaupt nicht vergleichbar, obwohl die Daten aus offensichtlich ähnlichen Vegetationseinheiten stammten.

Wir bezweifeln, dass denkbare Verbesserungen (komplexere Kriterien in der *refined ordination*, Implementierung linearer Ordinationsmethoden bei kurzen Gradienten etc.) die grundsätzlichen Probleme der Methode lösen. Dafür spricht, dass es seit der ursprünglichen Veröffentlichung (Hill 1979) praktisch keine Verbesserungen gegeben hat und sich auch Erweiterungen (Carleton et al. 1996) nicht durchgesetzt haben.

Dennoch ist TWINSPAN (noch?) ein wichtiges Verfahren gerade in der Vegetationskunde, auch wenn die Ergebnisse mit Vorsicht zu betrachten sind (weitere Kritik: van Groenewoud 1992). Ein wesentlicher Vorteil ist, dass TWINSPAN gleichzeitig Objekte (Aufnahmen) und Variablen (Arten) klassifiziert. Die anderen dargestellten Methoden liefern i. d. R. nur Gruppen von Objekten, die Variablen müssen getrennt klassifiziert oder mittels permutationsbasierter Verfahren (Kap. 17) den Clustern zugeordnet werden. Unsere eigenen Erfahrung nach sind Clusteranalysen allerdings transparenter und leichter nachzuvollziehen und sollten daher zumindest zum Vergleich mit herangezogen werden. Ohne einen Vergleich, und sei es eine pflanzensoziologische Klassifikation, ist jede TWINSPAN-Analyse von fragwürdigem Wert.

16 Sonstige Verfahren zur Beschreibung von Gruppenstrukturen

16.1 Nichthierarchische agglomerative Verfahren

Grundsätzlich lassen sich Objekte auch in Gruppen zusammenfassen, ohne dass die Beziehungen zwischen den Gruppen genauer beschrieben werden müssen. Solche Methoden werden als **nichthierarchisch** bezeichnet. Ihr Vorteil ist, dass die Algorithmen üblicherweise relativ einfach sind, also wenig Rechenzeit auch bei großen Datensätzen beanspruchen. Trotzdem sind nichthierarchische Klassifikationsmethoden in der Ökologie nicht sehr verbreitet, weil sie eben keine Information über die Beziehungen der Gruppen zueinander geben. Das Ergebnis ist daher häufig schwer interpretierbar. Von größerer Bedeutung sind die i. d. R. wenig rechenintensiven nichthierarchischen agglomerativen Methoden v. a. als erster Schritt bei der Bearbeitung sehr großer Datensätze (mehrere hundert oder tausend Objekte). Hier können sie helfen, den Datensatz in wenige handhabbare Einheiten zu zerlegen, die dann mit anderen Methoden weiterbearbeitet werden können.

Es gibt verschiedene Algorithmen. Der bekannteste ist vermutlich COMPCLUS, weil ein entsprechendes Programm anfangs mit CANOCO vertrieben wurde. Es gibt weitere Algorithmen, die z. T. besonders für die Klassifikation von Arten geeignet sind (*non hierarchical complete linkage clustering, probabilistic clustering*). In der Regel wird dabei immer sozusagen *a priori* ein bestimmter **Radius** vorgegeben, also ein Schwellenwert, bis zu dem ähnliche Objekte noch zum gleichen Cluster gehören. Man kann einen günstigen Radius iterativ durch Probieren suchen, ansonsten ist man auf die Verwendung externer Information angewiesen, die am Anfang einer Analyse ökologischer Daten selten verfügbar ist. Wegen des begrenzten Anwendungsbereichs möchten wir hier auch nicht weiter auf die verschiedenen Methoden eingehen (s. stattdessen: Legendre u. Legendre 1998; McGarigal et al. 2000; Podani 2000).

16.2 Nichthierarchische divisive Verfahren

Auch bei den divisiven Klassifikationsverfahren gibt es nichthierarchische Alternativen. Der in unserem Zusammenhang wichtigste Ansatz ist die sog. **Clusterzentrenanalyse**, also das *k-means clustering*. Anders als bei den bisher vorgestellten Verfahren muss hier die Zahl der Cluster (*k*) im Vorfeld vorgegeben werden, es ist also externe Information nötig. In unserem Fall würden sich auf Basis einer pflanzensoziologischen Klassifikation 5 Gruppen anbieten, aber es könnte z. B. auch die Gruppenstruktur aus einer anderen hierarchischen Klassifikation weiter optimiert werden, weil man befürchtet, dass Objekte falsch zugeordnet wurden.

Die Objekte werden anfänglich auf die Gruppen aufgeteilt und dann in einem iterativen Prozess so verschoben, dass die Variabilität innerhalb der Gruppen ab- und die Variabilität zwischen den Gruppen zunimmt. Statistisch versierte Leser werden sich an eine Varianzanalyse erinnert fühlen, und in der Tat ist die Varianz innerhalb der Gruppen im Verhältnis der Varianz zwischen den Gruppen (analog einer ANOVA) das Kriterium für die Clusterbildung. Damit gibt es Parallelen zu Wards-Clusteralgorithmus, auch wenn dieser hierarchische Gruppenstrukturen liefert (Abb. 14.5).

Die Position der Objekte wird so lange verändert, bis ihre Position im Hinblick auf die Varianz unterschiedlicher Cluster optimal ist. Ein Vorteil liegt also darin, dass anfängliche Fehler, also „falsch" klassifizierte Objekte, in weiteren Schritten korrigiert werden können. Am Ende steht eine Tabelle mit Informationen zum Umfang und Inhalt der Cluster sowie je nach Software zu ihrer (i. d. R. Euklidischen) Distanz und den Arten, die sich signifikant zwischen den Clustern unterscheiden. Diese Signifikanzen sollten allerdings nur mit Vorsicht interpretiert werden, denn der Algorithmus wird immer Objekte so verteilen, dass zumindest einige Arten bzw. Variablen auffällige Unterschiede zeigen.

Für unser reales Beispiel ergibt sich eine mäßige Übereinstimmung der k-*means*-Cluster mit anderen Methoden.

Tabelle 16.1. Zugehörigkeit der Aufnahmen aus Tabelle 13.1 zu Gruppen aus einem *k-means clustering*, entsprechend der pflanzensoziologischen Zuordnung wurden 5 Cluster vorgegeben

	Cluster 1	Cluster 2	Cluster 3	Cluster 4	Cluster 5
Aufnahmen	12, 17, 20, 24	6, 8, 11, 19, 21	1 – 5, 7, 9, 10, 13, 14, 18, 23, 26	15, 16, 22, 25, 28, 29, 31, 34, 37 - 39	27, 30, 32, 33, 35, 36, 40

Tabelle 16.2. Ausschnitt aus der ANOVA-Tabelle, die angibt, welche Arten auffällig häufig in bestimmten Clustern sind (aus Platzgründen nur 5 von 31 „signifikanten" Arten)

	Cluster Mittel der Quadrate	FG	Fehler Mittel der Quadrate	FG	F	Sig.
Trifrepe	0.377	4	0.045	35	8.331	<0.001
Erycamp	0.026	4	0.007	35	3.761	0.012
Ranubulb	0.054	4	0.015	35	3.688	0.013
Ranuauri	0.010	4	0.003	35	3.627	0.014
Phleprat	0.051	4	0.015	35	3.344	0.020
Poteanse	0.066	4	0.021	35	3.162	0.026

Entsprechend der pflanzensoziologischen Struktur der Daten (Tabelle
13.2) haben wir 5 Gruppen vorgegeben und die Analyse gestartet; vorher
haben wir die Variablen wie bei den anderen Verfahren auch logarithmiert.
Nach 5 Iterationen war bereits eine optimale Struktur erreicht, die in Tabelle 16.1 zusammengefasst ist. Es zeigt sich, dass der Algorithmus die
Gruppe 1 aus Tabelle 13.1 z. T. bestätigt hat (Cluster 3), während die anderen Gruppen über die verbleibenden Cluster verteilt wurden. Am ehesten
ist noch die pflanzensoziologische Gruppe 5 in der Clusterzentrenanalyse
zu erkennen (Cluster 5), aber auch aus dieser pflanzensoziologischen
Gruppe liegen einige Objekte in dem großen Cluster 4. Damit ähnelt das
Ergebnis in mancher Hinsicht dem der *Minimum-variance*-Methode (Abb.
14.5), die ja auch hinsichtlich des Distanzmaßes (quadrierte euklidische
Distanz) ähnlich ist.

Zur Interpretation der Cluster können wir die Arten nutzen, die auffällig
häufig in bestimmten Clustern vorkommen und in anderen fehlen. Die entsprechende Tabelle ist hier nur z. T. gezeigt (Tabelle 16.2). Wenn wir die
Klassifikation in Tabelle 16.1 auf die Rohdaten (Tabelle 13.1) übertragen,
zeigt sich, dass unter diesen „signifikanten" z. B. die eher trockene Standorte bevorzugenden Arten *Eryngium campestre* und *Ranunculus bulbosus*
für das dritte Cluster typisch sind, während die auf frischen Böden vor-
kommende Art *Ranunculus auricomus* im dritten Cluster auffällig fehlt.
Die wechselfeuchte Bedingungen anzeigende *Potentilla anserina* ist dagegen v. a. im fünften Cluster vertreten.

Auch dieses Analyseprinzip ist variiert worden. So gibt es Algorithmen,
die iterativ nach der optimalen Anzahl von Clustern suchen, die Vorgabe
einer extern festgelegten Zahl von Clustern entfällt hier also (Legendre u.
Legendre 1998). Eine weitere potenziell viel versprechende Anwendung
des grundlegenden Schemas liegt in der nichthierarchischen Klassifikation
von Objekten basierend auf ordinalskalierten Daten, wie sie jüngst für die

Vegetationskunde vorgeschlagen wurde (*ordinal cluster analysis* – N, Podani 2005). Ebenfalls basierend auf dem Prinzip des *k-means clustering* wurden *Fuzzy*-Klassifikationen entwickelt, also Algorithmen, die mit unscharfen Grenzen zwischen den Objekten arbeiten können. Hinweise hierzu gibt z. B. Podani (2000).

Insgesamt muss aber festgehalten werden, dass die Clusterzentrenanalyse wegen der statistischen Voraussetzungen (Normalität? Varianzhomogenität?) in der Ökologie eher selten angewandt wird. Auch gibt es hier das Problem der lokalen Minima, ähnlich wie bei NMDS (Kap. 12.3.2), die es nötig machen, die Analysen mehrfach laufen zu lassen. In der Praxis hat die Clusterzentrenanalyse dann auch v. a. außerhalb der Ökologie Bedeutung, so z. B. bei der pixelbasierten Klassifikation von Fernerkundungsdaten. Hier ist von Vorteil, dass die Methode relativ wenig Rechenkapazität braucht.

16.3 Numerische „treue"-basierte Verfahren

Ein wachsender Zweig in der Ökologie ist die Analyse großer Datenbanken, wie sie z. B. zu populationsbiologischen Eigenschaften von Pflanzen zusammengestellt wurden. In der Vegetationskunde werden ebenfalls sehr umfassende Datenbanken von (i. d. R. pflanzensoziologischen) Vegetationsaufnahmen zusammengestellt, die Zehntausende oder sogar Hunderttausende von Objekten umfassen. Bei Datensätzen dieser Größe kommen viele multivariate Methoden trotz der heutigen Rechnerleistung an ihre Kapazitätsgrenze. Das traditionelle Verfahren der manuellen pflanzensoziologischen Tabellenarbeit stößt hier ohnehin an seine Grenzen. Dies war der Hintergrund für die Entwicklung neuer multivariater Klassifikationsstrategien, die sich speziell für ökologische Fragestellungen eignen. Entscheidend ist bei Klassifikationsansätzen in großen Datenbanken der Verzicht auf die Berechnung einer Ähnlichkeits- oder Distanzmatrix. Daher ist den neueren Ansätzen gemeinsam, dass das Vorkommen von Arten in Vegetationseinheiten anhand von Treuemaßen berechnet wird (verschiedene Treuemaße: Chytrý et al. 2002).

Wie schon geschildert, fasst die Pflanzensoziologie Aufnahmen in Aufnahmegruppen zusammen, die auf der Häufigkeit diagnostischer Arten basieren; das Maß dafür ist die Treue innerhalb einer Gruppe (Kap. 13.1). Die Klassifikation hat also ein zirkuläres Element, denn eine Aufnahmegruppe wird durch die Treue der in ihr häufigen Arten charakterisiert, während gleichzeitig deren Treue auf der Zusammenfassung der Aufnahmen zu Gruppen basiert. Bruelheide (2000) hat vorgeschlagen, dies als ein iterativ zu lösendes Optimierungsproblem zu betrachten. Ziel des numerischen Verfahrens ist es, Vegetationseinheiten zu bilden, die eine möglichst hohe Zahl an Arten enthalten, die wiederum eine möglichst hohe Treue in dieser Vegetationseinheit besitzen. Da entsprechende Computerprogramme („Cocktail", Bruelheide 2000, bzw. die Implementierung in „Juice", Tichý 2002) zunehmend an Bedeutung gewinnen, soll hier die Methode kurz beschrieben werden.

Das Prinzip ist rein qualitativ, es wird also nicht die Abundanz der Art, sondern nur deren Vorkommen bzw. Fehlen genutzt, was den Ansatz unempfindlicher gegen subjektive Entscheidungen z. B. bei der Schätzung der Deckung macht (Bruelheide 2000; Podani 2006). Als Basis dient das Treuemaß u mit der folgenden Definition (Chytrý et al. 2002):

$$u = (n_p - \mu)/\sigma \tag{16.1}$$

mit n_p: Anzahl der Aufnahmen mit der Art in der zu untersuchenden Gruppe p; μ: erwartete Häufigkeit der Art; σ: Standardabweichung der Binomialverteilung über die zu untersuchende Gruppe.

Der Treuewert u hängt also von der Abweichung zwischen der tatsächlich beobachteten Frequenz der Art in der gegebenen Gruppe und der bei Zufallsverteilung zu erwartenden Frequenz μ ab; der Bezug auf die Standardabweichung dient nur der Standardisierung. Die bei Zufallsverteilung zu erwartende Frequenz der Art in der Gruppe wird geschätzt als

$$\mu = (N_p/N) \cdot n \tag{16.2}$$

mit n: Anzahl aller Vorkommen der Art im Datensatz; N_p: Anzahl der Aufnahmen in der zu charakterisierenden Gruppe p; N: Gesamtzahl der Aufnahmen.

Die Signifikanz des Treuemaßes u kann durch Vergleich mit einer Binomialverteilung bzw. bei großem n auch durch Vergleich mit einer Normalverteilung bestimmt werden (Bruelheide 2000). Wenn eine Vegetationseinheit oder sonstige Gruppenstruktur vorgegeben ist, können also leicht signifikant treue Arten bestimmt werden. Andererseits können bei Vorgabe diagnostischer Arten leicht Gruppen von Aufnahmen gebildet werden, wenn festgelegt wird, wie viele der für die Gruppe charakteristischen Arten minimal in einer gegebenen Aufnahme vorkommen müssen, damit sie der Vegetationseinheit zugeordnet werden kann.

Insgesamt folgt die Analyse dabei immer folgendem Schema: Sie beginnt mit der Suche nach der Art mit dem höchsten u, wenn eine Aufnahmegruppe vorgegeben werden kann. Wenn nicht, kann eine im Vorfeld als diagnostisch bekannten Art oder Artengruppe ausgewählt werden. Für jede Aufnahme wird jetzt überprüft, wie häufig die diagnostische Artengruppe ist, dann wird aus dem Verhältnis der beobachteten und auf Basis der Datenstruktur erwarteten Häufigkeiten ein Schwellenwert abgeleitet (Details: Bruelheide 2000). Anschließend wird geprüft, ob alle Arten in der diagnostischen Artengruppe diesen Schwellenwert überschreiten und die Gruppe ggf. entsprechend verkleinert. Die übrigen Arten werden jetzt ebenfalls hinsichtlich ihres u-Wertes geprüft, ggf. wird die Art mit dem höchsten u-Wert zur Artengruppe hinzugefügt, wenn sie den Schwellenwert überschreitet. Die Aufnahmegruppe wird um die Aufnahmen ergänzt, die eine hinreichende Anzahl von Arten aus der neuen diagnostischen Artengruppe enthalten. Dann beginnt der nächste Zyklus, in dem wieder die diagnostische Artengruppe überprüft wird. So kann schließlich iterativ die Aufnahme- und Artenstruktur optimiert werden, wobei auch mehrere Gruppen diagnostischer Arten vorgegeben werden können und damit mehrere Aufnahmegruppen möglich sind. Wenn anfänglich eine Aufnahmegruppe oder einige charakteristische Arten angegeben werden können (z. B. auf Basis bereits vorliegender Informationen), kann der Algorithmus also durch wechselseitiges Optimieren der Arten- und Aufnahmestruktur die ganze Tabelle sortieren.

Bei der Verwendung von großen Datensätzen zeigte sich, dass der Ansatz relativ stabile Gruppenstrukturen liefern kann, die sich gegenüber älteren Standardverfahren (TWINSPAN, s. Kap. 15.2) als deutlich robuster erwiesen haben (Bruelheide u. Chytrý 2000). Vor allem aber sind die Ergebnisse zwischen verschiedenen Datensätzen vergleichbar, wenn die Startkonfigurationen gleich sind. Entsprechend beruht die aktuelle numerische Klassifikation der tschechischen Vegetationseinheiten auf dem Treuemaß u (Chytrý u. Tichý 2003). Dieser Ansatz wird ständig weiterentwickelt (Kocí et al. 2003), und dank der klaren Ableitung der diagnostischen Arten kann die Methode auch genutzt werden, um Bestimmungsschlüssel für Vegetationseinheiten abzuleiten (z. B. Jandt 1999).

Insgesamt ist diese Klassifikationsmethode aber recht neu und kann im Detail noch modifiziert werden (Chytrý et al. 2002). In Zukunft werden treuebasierte Methoden aber vermutlich bei der Klassifikation großer multivariater Datensätze weiter an Bedeutung gewinnen.

16.4 Diskriminanzanalyse

16.4.1 Das Prinzip

Die **Diskriminanzanalyse** (*discriminant analysis*) ist ein multivariates Verfahren zur Analyse von Gruppenunterschieden. Es unterscheidet sich also von den oben besprochenen Ordinationen und Klassifikationen, die i.

d. R. nicht gruppierte Objekte als Ausgangsbasis verwenden. Bei der Diskriminanzanalyse liegen die Objekte bereits in Gruppen vor, sie kann z. B. einer Clusteranalyse oder einer anderen Klassifikationsmethode nachgeschaltet sein. Die Diskriminanzanalyse ermöglicht es, die Unterschiede von 2 oder mehreren Gruppen hinsichtlich mehrerer diskriminierender Variablen zu untersuchen. Sie kommt also zum Einsatz, wenn die Frage geklärt werden soll, ob sich Gruppen hinsichtlich der betrachteten Variablen unterscheiden und welche Variablen zur Unterscheidung der Gruppen geeignet bzw. nicht geeignet sind. Wir können z. B. unseren Elbauendatensatz nach der Lage der Vegetationsaufnahmen in der Aue in 3 Gruppen einteilen (rezente Aue, Altaue, Auenrand) und mit einer Diskriminanzanalyse prüfen, ob sich die 3 Gruppen hinsichtlich der hydrologischen und Landnutzungsvariablen unterscheiden und welche dieser diskriminierenden Variablen am besten die Unterschiede erklärt. Diese Art der Analyse von Gruppenunterschieden wird auch beschreibende Diskriminanzanalyse genannt. Ein Synonym ist *canonical variates analysis* (CVA, McGarigal et al. 2000).

Sie unterscheidet sich von einem anderen Anwendungsgebiet dieses Verfahrens, das als vorhersagende Diskriminanzanalyse bezeichnet werden kann. Hierbei geht es um die Prognose der Gruppenzugehörigkeit von noch nicht eingruppierten Objekten aufgrund von diskriminierenden Variablen. Prominente Anwendungsbereiche liegen v. a. außerhalb der Ökologie, so wird diese Technik z. B. zur Prüfung der Kreditwürdigkeit von Bankkunden angewendet (Backhaus et al. 2003). Kunden lassen sich nach ihrem Zahlungsverhalten in gute und schlechte Fälle einteilen. Die Diskriminanzanalyse prüft zunächst hinsichtlich welcher Variablen (Familienstand, Alter, Zahl der Beschäftigungsverhältnisse in den letzten 10 Jahren könnten hier eine Rolle spielen) sich beide Gruppen voneinander unterscheiden („beschreibende Diskriminanzanalyse"). Daraus lässt sich eine Reihe von diskriminatorisch bedeutsamen Variablen zusammenstellen. Nun werden bei einem neuen Kunden, der einen Kredit haben möchte, diese Variablen abgefragt. Mit Hilfe einer vorhersagenden Diskriminanzanalyse lässt sich nun die Kreditwürdigkeit des Kunden prüfen – ist sie „gut" oder „schlecht"? Für diese Fälle hat die Diskriminanzanalyse in der Tat Klassifikationscharakter, auch wenn die zugrunde liegenden Gruppenstrukturen anders als bei den oben besprochenen Klassifikationstechniken schon vorhanden sind.

In der Ökologie wird die (beschreibende) Diskriminanzanalyse z. B. bei Art-Habitat-Beziehungen angewendet. Zahlreiche Arbeiten behandeln die Habitateigenschaften von Vogelarten, und häufig handelt es sich um Einzelartanalysen, bei der Habitate nach Vorkommen und Nichtvorkommen der Art gruppiert werden. Habitateigenschaften wie Vegetationshöhe und

-dichte, klimatische und geomorphologische Variablen, aber auch die A-bundanz bestimmter Tierarten können als diskriminatorische Variablen Verwendung finden. Diskriminanzanalysen sind damit bei ähnlichen Problemen einsetzbar wie logistische Regressionen (Kap. 2.8), obwohl die Herangehensweise eine völlig andere ist (s. Tabachnik u. Fidell 1996).

Trotz der schon erwähnten Unterschiede zwischen Diskriminanzanalyse und Ordinationen gibt es aber in den Zielen einige Gemeinsamkeiten. So versuchen beide Verfahren die dominanten, für die Variabilität in den Daten bedeutsamen Gradienten zu identifizieren. Für die Diskriminanzanalyse bedeutet dies, dass entlang der errechneten Gradienten die Unterschiede zwischen den Gruppen maximiert und die Unterschiede innerhalb der Gruppen minimiert wird. Diese Gradienten werden bei der Diskriminanzanalyse als **Diskriminanzfunktionen** oder auch **kanonische Diskriminanzfunktionen** (*canonical functions*, McGarigal et al. 2000) bezeichnet. Wie die Ordinationstechniken versucht die Diskriminanzanalyse eine Dimensionsreduktion des Datensatzes zu erreichen, indem eine große Zahl an erklärenden Variablen auf wenige abgeleitete Gradienten kondensiert wird, und dies mit einem möglichst geringen Verlust an Information.

Die Diskriminanzfunktion, die eine optimale Trennung zwischen den Gruppen und die diskriminatorische Bedeutung der erklärenden Variablen prüft, ist eine Linearkombination dieser Variablen nach der Form:

$$Y = b_0 + b_1x_1 + b_2x_2 + \dots + b_px_p \qquad (16.3)$$

Wir haben einen ähnlichen Term schon bei den multiplen linearen Regressionen kennengelernt (Kap. 2.6). Für alle Aufnahmen innerhalb der jeweilige Gruppe wird der **Diskriminanzwert** Y berechnet (*canonical score*), wobei b_0 eine Konstante und b_1 bis b_p **Diskriminanzkoeffizienten** für die erklärenden Variablen x_1-x_p sind. Die erklärenden Variablen werden also durch die Diskriminanzkoeffizienten gewichtet, und zwar im Hinblick auf die Fähigkeit jeder Variable, die Gruppen zu unterscheiden. Hohe Werte deuten auf eine hohe Trennkraft der Variablen hin. Vorsicht ist allerdings geboten, wenn Variablen eng miteinander korreliert sind, da dann das Multikollinearitätsproblem auftritt (Kap. 2.6). Eine Abschätzung der Bedeutung der Variablen führt dann zu falschen Ergebnissen.

Eine Diskriminanzanalyse mit n Gruppen ergibt n-1 Diskriminanzfunktionen; im einfachsten Fall mit 2 Gruppen gibt es also nur eine Funktion zu berechnen.

Jede Gruppe lässt sich nun durch den mittleren Diskriminanzwert $\overline{Y}$ beschreiben, der als arithmetisches Mittel aller Diskriminanzwerte Y einer Gruppe zu berechnen ist. Dieser mittlere Diskriminanzwert wird als Zentroid bezeichnet. Die Unterschiedlichkeit zweier Gruppen lässt sich entsprechend durch die Differenz der Zentroide der beiden Gruppen beschreiben. Für die Messung der Unterschiedlichkeit von mehr als 2 Gruppen ist der Ansatz erweiterbar (s. z. B. Backhaus et al. 2003). Nach welchem Kriterium werden nun die Koeffizienten geschätzt, d. h. was ist die beste Linearkombination für unsere Daten? Die Koeffizienten werden so gewählt, dass das Verhältnis der Streuung der Diskriminanzwerte Y zwischen den Gruppen zu der Streuung innerhalb der Gruppen maximal wird. Die Streuung zwischen den Gruppen wird durch die quadrierten Abweichungen der Zentroide einer jeden Gruppe vom Gesamtmittel der Diskriminanzwerte gemessen (häufig als SS_a für *sum of squares among*), die Streuung innerhalb einer Gruppe durch die quadrierten Abweichungen der Elemente einer Gruppe von deren Zentroid (SS_w für *sum of squares within*):

$$\frac{SS_a}{SS_w} \to \max$$

(16.4)

Die Darstellung der mathematischen Lösung dieses Problems, d. h. die Berechnung der besten Diskriminanzkoeffizienten, die das Verhältnis maximieren, würde hier den Rahmen sprengen; es sei z. B. auf Backhaus et al. (2003) verwiesen. Der Wert dieses Quotienten ist ein Gütekriterium für die Trennkraft der Diskriminanzfunktion und bildet deren Eigenwert. Ein großer Eigenwert ergibt sich also, wenn die Streuung zwischen den Gruppen im Verhältnis zur Streuung innerhalb der Gruppen sehr groß ist.

Geometrisch können wir uns Diskriminanzfunktionen als Achsen durch die Punktwolke der Objekte vorstellen, deren Koordinaten durch diese Diskriminanzfunktionen definiert werden. Es wird nun die Diskriminanzachse gewählt, die am besten die Gruppen separiert (Abb. 16.1). Diese läuft durch den Gesamtmittelpunkt der Punktwolken und bei Vorhandensein von nur 2 Gruppen durch die beiden Gruppenzentroide. Letztere liegen auf dieser Achse maximal auseinander, und die Streuung zwischen den Gruppen im Verhältnis zur Streuung innerhalb der Gruppen ist maximal. Sind mehr als 2 Gruppen vorhanden, können weitere Diskriminanzachsen nach der gleichen Methode generiert werden, wobei die zweite Achse i. d. R. senkrecht zur ersten Achse angeordnet werden muss und zwar in der Richtung, die wiederum am besten die Gruppen separiert. Die zweite Achse hat dadurch die zweitgrößte Bedeutung und bildet einen Teil der Gruppenunterschiede ab, der nicht mit der ersten Achse im Zusammenhang steht. Die Ableitung weiterer Achsen erfolgt nach dem gleichen Muster.

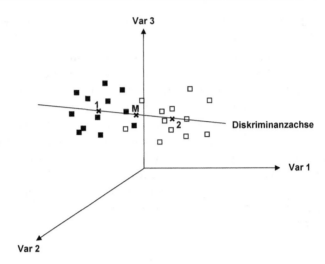

Abb. 16.1. Herleitung einer Diskriminanzachse aus 3 Originalachsen (3 Variablen entsprechend) in einer Zwei-Gruppen-Diskriminanzanalyse (McGarigal et al. 2000). Die Diskriminanzachse repräsentiert die Achse mit dem besten Trennvermögen für beide Gruppen, das entlang einer Dimension möglich ist. *M* bezeichnet den Gesamtzentroid, 1 und 2 die jeweiligen Gruppenzentroide

Jede Diskriminanzachse kann in Beziehung zu jeder diskriminierenden Variable gesetzt werden, wobei einige Variablen ähnlich der Diskriminanzachse ausgerichtet sein können, andere dagegen mögen kaum mit dieser korreliert sein (z. B. Variable 3 in Abb. 16.1). Daraus lässt sich die Bedeutung der Variablen für die Gruppentrennung geometrisch ableiten.

Die oben gezeigte Gleichung der Diskriminanzfunktion macht deutlich, dass die Diskriminanzanalyse als eine Erweiterung der multiplen Regressionsanalyse betrachtet werden kann. Erklärende (diskriminierende) Variablen werden in einer Linearkombination zusammengeführt, um eine abhängige Variable zu beschreiben bzw. deren Wert vorherzusagen. Allerdings ist die abhängige Variable bei der Diskriminanzanalyse die Gruppierungsvariable, welche nominalskaliert ist, während bei der Regressionsanalyse ratioskalierte Antwortvariablen vorliegen. Wegen dieses Zusammenhangs kann die Diskriminanzanalyse als eine CCA angesehen werden, bei der statt der Art-Aufnahme-Matrix einfach eine nominale Gruppen-Aufnahme-Matrix mit einer Umweltmatrix verrechnet wird (ausführliches Beispiel: Lepš u. Šmilauer 2003).

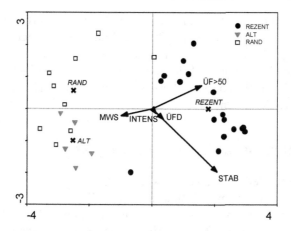

Abb. 16.2. Ergebnis einer Diskriminanzanalyse mit 3 Gruppen von Aufnahmen (rezente Aue, Altaue und Auenrand) sowie Umweltvariablen als diskriminatorische Variablen (Eigenwert Achse 1: 4.63, Achse 2: 0.24)

Im Fall unserer Elbauendaten ist die rezente Aue sehr gut von der Altaue und dem Auenrand getrennt (Abb. 16.2). Diskriminatorisch wichtige Variablen sind v. a. STAB und ÜF>50. Gleichzeitig werden aber auch untypische Ausprägungen von Aufnahmen einer Gruppe deutlich (s. Aufnahme aus der rezenten Aue im unteren Bereich im Diagramm).

16.4.2 Voraussetzungen

Zur Durchführung der Diskriminanzanalyse müssen streng genommen verschiedene Voraussetzungen hinsichtlich der Datenqualität erfüllt sein. Alle Gruppen müssen die gleiche Streuung haben, d. h. die Varianz-Kovarianz-Struktur sollte für alle Gruppen homogen sein. Um dies zu gewährleisten, muss die Varianz einer diskriminierenden Variable in jeder Gruppe gleich sein. Außerdem sollte die Korrelation zwischen 2 beliebigen Variablen in jeder Gruppe ebenfalls gleich sein, d. h. die Korrelationsmatrix der diskriminierenden Variablen muss für jede Gruppe homogen sein. Multivariate Normalverteilung der Daten ist ein weiterer Punkt (McGarigal et al. 2000). Häufig erfüllen ökologische Daten diese Voraussetzungen nicht. McGarigal et al. (2000) und McCune et al. (2002) stellen aber fest, dass die Diskriminanzanalyse relativ robust gegenüber Verletzungen dieser Annahmen ist, zumindest wenn ausreichend Objekte vorhanden sind. Dabei gilt: Je mehr diskriminierende Variablen und je mehr Gruppen vorhanden sind, desto größer muss auch das *n* sein. Nach Williams u. Titus (1988) sollte die Zahl der Objekte für jede Gruppe mindestens 3mal so groß wie die

Zahl der diskriminierenden Variablen sein. Johnson (1981) empfiehlt eine Gesamtzahl von Objekten, die bei 20 plus 3mal der Zahl der einbezogenen Variablen liegen sollte. Häufig kann eine geringere Objektzahl durch die sinnvolle Reduktion von diskriminierenden Variablen kompensiert werden. Dies gilt v. a. für eng korrelierte Variablen, die z. B. durch eine PCA identifiziert werden können (Kap. 9).

16.4.3 Gütekriterien/Prüfung der Ergebnisse

Der Eigenwert, der sich aus SS_d/SS_w ergibt, ist ein Maß für die Güte (Trennkraft) der Diskriminanzfunktion. Allerdings ist er nicht auf Werte zwischen 0 und 1 normiert, so dass oft andere Quotienten mit herangezogen werden, die entsprechend skaliert sind. Ferner finden z. B. Wilks Lambda (auch als U-Statistik bezeichnet), Cohens Kappa- und Tau-Statistik Verwendung als Maß für die Signifikanz der Trennung (McCune et al. 2002; McGarigal et al. 2000). Die Qualität eines Diskriminanzmodells zeigt sich auch in der Qualität seiner Klassifizierungsergebnisse. Dabei wird für jedes Objekt die Gruppenzugehörigkeit auf der Grundlage des in der Diskriminanzfunktion berechneten Diskriminanzwertes neu zugeordnet. Die Grenzwerte, die die Zuordnung der Objekte zu den Gruppen regeln, werden nach bestimmten Optimierungsregeln festgelegt (McGarigal et al. 2000). Die prognostizierten Gruppenzugehörigkeiten können dann mit den beobachteten mit Hilfe einer Klassifikationsmatrix verglichen werden. Je besser das Diskriminanzmodell ist, desto höher ist dabei die Übereinstimmung in der Gruppenzugehörigkeit – wobei dieser Test allerdings nur dann zuverlässig ist, wenn zur Überprüfung Daten verwendet werden können, die nicht bereits in die Berechnung des Modells eingegangen sind. Daher wird die Signfikanz der Diskriminanzfunktionen häufig durch *Resampling*-Techniken, z. B. *Bootstrap*- oder *Jackknife*-Verfahren abgeschätzt (McCune et al. 2002; McGarigal et al. 2000). Hier werden die Diskriminanzfunktionen jeweils mit einem zufällig ausgewählten Subset der Daten berechnet, die verbleibenden Objekte dienen als Testdatensatz. Wenn dieses *resampling* vielfach wiederholt wird, bekommt man einen Eindruck von der Stabilität und Zuverlässigkeit der Diskriminanzfunktion. Ein reales Beispiel für so ein Vorgehen geben Anchorena u. Cingolani (2002).

17 Permutationsbasierte Tests

Klassische Statistik verwendet **parametrische** Verfahren, um Test-Statistiken zu berechnen (z. B. *t*-, *F*-, *r*-Werte), deren Signifikanz dann durch Abgleich mit entsprechenden Tabellen eingeschätzt wird. Diese Verfahren setzen aber eine Normalverteilung der Fehler und homogene Varianzen voraus (Kap. 3.1). Ist das nicht gegeben oder sind – wie in vielen Spezialfällen – die nötigen Tabellen gar nicht bekannt, können **Resampling-Verfahren** Abhilfe schaffen. Sie generieren eine statistische Referenzverteilung aus den Daten selbst. Das erlaubt robuste Schätzungen von z. B. Signifikanzniveaus. Zu dieser Gruppe von Methoden gehören Permutationstests, *Bootstrap*- und *Jackknife*-Verfahren (Manly 1998). Genauer werden wir hier nur auf Permutationstests eingehen, da diese u. a. bei Ordinationsverfahren eine Rolle spielen.

17.1 Das Prinzip von Permutationstests

Schauen wir uns zunächst anhand eines einfachen Beispiels die grundlegende Idee eines Permutationstests an. Wir verwenden dafür die Daten aus Abb. 2.14 (Tabelle 17.1). Wir haben einen Datensatz mit der Abundanzen Y der Art 2 ($n = 38$) und dazu Angaben zur Bodenart an den Standorten. Unsere Frage lautet, ob die Bodenart einen Effekt auf die Abundanz der Art hat. Wir vergleichen dafür die beiden Mittelwerte der Abundanzen auf Sand- und Tonboden miteinander. Normalerweise ist dies ein klassischer Fall für einen *t*-Test, der allerdings ein parametrisches Verfahren ist (und Normalität und Varianzhomogenität der Daten voraussetzt). Eine nichtparametrische Alternative wäre ein Mann-Whitney-*U*-Test, aber wir wollen hier zeigen, dass ein Permutationstest ebenfalls sehr effektiv sein kann.

Die Mittelwerte betragen $MW = 5.47$ für Sand und $MW = 2.84$ für Ton, die mittlere Differenz ist 2.63. Sind diese Werte nun signifikant unterschiedlich? Statt Standardfehler, *t*-Wert etc. zu berechnen, wenden wir einen Permutationstest an.

Tabelle 17.1. Datensatz aus Abb. 2.14 mit Abundanz Y der Art 2 und Bodenart. Die reale Bodendatenverteilung gibt Zeile 3 wider. Durch zufälliges Verteilen der Bodendaten auf die Artdaten werden neue Datensätze generiert (Zeile 4 und 5). Dies wird viele Male wiederholt.

Objekt Nr.	1	2	3	4	5	6	7	8	9	1 0	1 1	1 2	1 3	1 4	1 5	1 6	1 7	1 8	1 9	2 0	2 1	2 2	2 3	2 4	2 5	2 6	2 7	2 8	2 9	3 0	3 1	3 2	3 3	3 4	3 5	3 6	3 7	3 8
Y2	3	8	4	1	1	2	3	6	5	5	6	7	3	8	9	9	10	8	6	1	5	1	1	1	3	2	4	4	3	3	4	2	4	3	3	4	3	3
Boden real	S	S	S	S	S	S	S	S	S	S	S	S	S	S	S	S	S	S	S	T	T	T	T	T	T	T	T	T	T	T	T	T	T	T	T	T	T	T
neu1	T	S	T	S	T	T	S	T	T	S	S	T	S	S	S	T	T	S	T	S	T	S	T	S	T	S	T	T	T	S	T	S	T	T	S	S	S	S	T
neu2	S	S	T	S	T	S	T	T	T	S	S	T	T	S	S	S	S	T	S	T	T	T	T	T	S	S	S	T	T	S	T	T	S	T	T	S	T	S	T
neu...	...

Wir verteilen dafür die Bodendaten zufällig auf die Abundanzdaten (Tabelle 17.1) und berechnen einen neuen Mittelwert für Sand und Ton (Tabelle 17.2). Diesen Prozess lassen wir nun sehr häufig (hier z. B. 15000mal) ablaufen.

Ein Histogramm der Mittelwertunterschiede (Abb. 17.1) zeigt, dass die Mittelwertdifferenz Null ist, was wir auch bei zufällig zusammen gewürfelten Datensätzen erwarten können. Interessanter ist aber das rechte Ende des Histogramms. Wir haben in dem realen Datensatz einen Mittelwertunterschied in den Abundanzen zwischen Sand und Ton von 2.63 beobachtet. Die Frage nach der Signifikanz dieses Unterschieds entspricht der Frage, ob dieser Wert innerhalb des Bereichs liegt, in den 95 % aller Werte im Histogramm fallen. In unserem Fall hat das 97.5 %-Perzentil den Wert 1.68; unsere echte Mittelwertdifferenz liegt also weit außerhalb. Ein Blick auf das Histogramm zeigt uns, dass selbst der Maximalwert (der „erwürfelten" Unterschiede) kleiner als 2.63 ist. Anders ausgedrückt, alle 15 000 zufällig errechneten Wertepaare zeigten geringere Unterschiede als die wirklich beobachteten Wertepaare. Wir können also davon ausgehen, dass die Mittelwerte zwischen Sand und Ton signifikant unterschiedlich sind.

Auch kompliziertere Analysen lassen sich mit Permutationstests durchführen. Ein Beispiel ist die Frage, ob die Abundanz einer Art in Beziehung zur Feuchte steht (Abb. 2.4).

	MW (Sand)	MW (Ton)	MW Differenz
Boden real	5.47	2.84	2.63
Boden neu1	3.89	4.42	-0.53
Boden neu2	4.05	4.26	-0.21
Boden neu...	...	...	...

Tabelle 17.2. Mittelwerte (MW) der Abundanzen und MW-Differenz für die in Tabelle 17.1 beschriebenen Datensätze

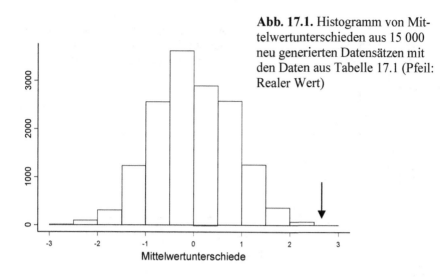

Abb. 17.1. Histogramm von Mittelwertunterschieden aus 15 000 neu generierten Datensätzen mit den Daten aus Tabelle 17.1 (Pfeil: Realer Wert)

Wir haben in Kap. 2 den F-Wert verwendet, um zu testen, ob die Feuchte einen signifikanten Anteil der Gesamtvarianz innerhalb des gewählten Regressionsmodells erklärt. Für den gegebenen Datensatz lag der berechnete F-Wert bei $F = 45.51$. Unter der Null-Hypothese, dass die Feuchte keinen Effekt auf die Abundanz der Art hat, können wir die Feuchtewerte zufällig auf die Abundanzwerte verteilen und somit zahlreiche Datensätze generieren (hier: 500). Deutlich wird in Abb. 17.2, dass selbst der Maximalwert aus den Permutationen unter dem echten F-Wert von 45.51 bleibt. Die Null-Hypothese ist also zu verwerfen; der Zusammenhang ist signifikant. Permutationstests sind also in 5 Schritten durchzuführen:

1. Wahl einer Teststatistik (z. B. Mittelwert, Korrelationskoeffizient r, t-Wert, F-Wert).
2. Berechnung der Teststatistik für den realen Datensatz.
3. Generierung von vielen neuen Datensätzen per *resampling*.
4. Berechnung der Teststatistik für jeden neuen Datensatz, um eine Referenzverteilung zu erhalten. Diese zeigt, welche Werte erwartet werden können, wenn die Null-Hypothese zutrifft.
5. Berechnung des Signifikanzlevels, d. h. der Wahrscheinlichkeit, dass der „echte" Test-Wert (z. B. t-Wert) oder noch größere Werte in der Referenzverteilung vorkommen.

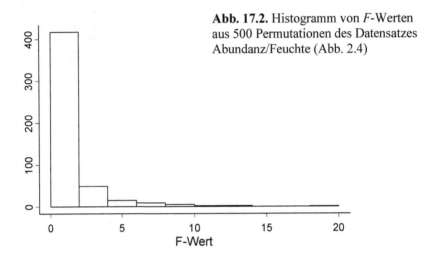

Abb. 17.2. Histogramm von *F*-Werten aus 500 Permutationen des Datensatzes Abundanz/Feuchte (Abb. 2.4)

Nach diesem Prinzip können mit Permutationstests praktisch alle statistischen Fragestellungen bearbeitet werden (ausführlich: Manly 1998). Selbst wenn ein Standardtest zulässig wäre, ist ein Permutationstest ähnlich genau wie das Standardverfahren. Besondere Bedeutung haben solche Verfahren aber immer dann, wenn nicht ohne Weiteres ein Standardverfahren genutzt werden kann; das gilt gerade auch in der multivariaten Statistik. Permutationstests sind zwar rechenaufwändig, aber selbst bei komplexen multivariaten Datensätzen stellt dies bei den heute vorhandenen Rechnerkapazitäten i. d. R. kaum ein Problem dar. Das gilt auch für die sehr aufwändigen Permutationstests bei Ordinationen.

17.2 Test auf Signifikanz von Ordinationsachsen

Bei der direkten (multivariaten) Gradientenanalyse (CCA, RDA) werden Permutationstests, die hier **Monte-Carlo-Tests** genannt werden, sehr häufig verwendet. Die Null-Hypothese ist hier, dass die Artdaten nicht in Beziehung zu den Daten der Umweltvariablen stehen. Hier werden im *Resampling*-Verfahren die Werte der Umweltdaten zufällig auf die Objekte der Artmatrix verteilt, während die Artmatrix konstant bleibt. Dann werden jeweils kanonische Ordinationen durchgeführt, deren Ergebnisse mit der Ordination der realen Daten verglichen werden. Ter Braak u. Šmilauer (2002) empfehlen mindestens 199 Permutationen durchzuführen, um auf dem 5 %-Signifikanzlevel zu testen, je nach Rechnerkapzität sind aber mehr Permutationen natürlich günstiger. Als Teststatistik findet wie im vorhergehenden Beispiel der F-Wert Verwendung; die Frage ist dann, ob der F-Wert der ursprünglichen CCA oder RDA auch in der Monte-Carlo-Simulation auftaucht, und wenn ja, wie häufig. Für unseren Elbauendatensatz ergibt sich für die erste Achse der CCA bei 500 Permutationen ein F-Wert von 4.949; p ist 0.002. Das bedeutet, dass nur einer von 500 F-Werten höher ist als der F-Wert des realen Datensatzes.

Die gängigen Programme unterscheiden sich in den Optionen: PCORD bietet für alle Ordinationsachsen separate Monte-Carlo-Tests an. CANOCO bietet 2 Monte-Carlo-Permutationstests an: 1. einen Signifikanztest für alle kanonischen Achsen zusammen, und 2. einen Signifikanztest für die erste Achse, welches der strengere Test ist. Je nach Software können die Permutationsroutinen auch angepasst werden, um bestimmte Untersuchungsdesigns (z. B. Block-Design, Split-Plot-Design, Zeitreihen) zu berücksichtigen (ter Braak u. Šmilauer 2002). Die Erfahrung zeigt allerdings, dass in großen Datensätzen bei einer Fülle von Umweltvariablen (üblich bei explorativen Untersuchungen) die Tests fast immer signifikante Ergebnisse ergeben. In diesen Fällen ist der Informationswert gering.

17.3 Mantel-Test

Die oben beschriebenen Tests auf Signifikanz von Ordinationsachsen beantworten letztlich die Frage, ob das Ergebnis der Ordination ein Zufall sein kann oder nicht. Für eine CCA z. B. würde ein signifikantes Ergebnis bedeuten, dass es einen Zusammenhang zwischen der Verteilung der Arten und den Umweltvariablen gibt. Wie wir in Kap. 11.4 gesehen haben, kann der Anteil der von der CCA erklärten Varianz aber sehr klein sein; das geht so weit, dass die Ordination auch dann noch signifikant sein kann, wenn wir nur unwichtige Umweltvariablen benutzt haben. Der Monte-Carlo-Test bei der CCA hat also nur (sehr) begrenzte Aussagekraft; hinzukommt, dass bei großen Datensätzen nicht mehr ganz neue Rechner oft an ihre Grenzen kommen.

Wenn, wie bei der CCA, nur die Frage beantwortet werden soll, ob die Umweltdaten mit den Artdaten zusammenhängen, dann sind **Mantel-Tests** eine weniger aufwändige Alternative. Das Prinzip verdeutlichen wir wieder an unserem Standardbeispiel; Wir haben eine Matrix mit Artgemeinschaftsdaten (Tabelle 1.1) und eine zweite Matrix mit passenden Umweltdaten (Tabelle 1.2). Die Frage soll nun sein, ob die Umweltvariablen mit der Artzusammensetzung in Beziehung stehen. Das lässt sich auch anders formulieren: Sind Objekte, die sich im Hinblick auf ihr Artenset ähneln, auch im Hinblick auf ihre Umweltvariablen ähnlich? Dies können wir als

Korrelationsproblem auffassen. Dies wird deutlich, wenn wir uns eine Grafik vorstellen, in der wir die Distanz von Aufnahmen hinsichtlich der Umweltvariablen gegen die Unähnlichkeit hinsichtlich der Artenzusammensetzung auftragen (Abb. 17.3).

Basierend auf unseren Kenntnissen aus Kap. 2.3 wäre es nahe liegend, jetzt einfach einen Pearson-Korrelationskoeffizienten zu berechnen und anhand einer Tabelle dessen Signifikanz zu überprüfen. Das ist allerdings nicht zulässig, denn durch die paarweise Berechnung der Unähnlichkeiten/Distanzen wird die Zahl der Replikate scheinbar erhöht. In unserem Beispiel sind es 33 Aufnahmen, also 528 wechselseitige Vergleiche verschiedener Aufnahmen ($[33^2-33]/2$). Es ist also nicht klar, wie groß n hier eigentlich ist, und wir können nicht in einer Standardtabelle die Signifikanzschwelle nachschlagen. Auch hier können wir uns diese aber einfach selbst erstellen, indem wir in einem Permutationstest eine Matrix konstant halten, in der anderen die Zeilenfolge und entsprechend die Folge der Spalten immer wieder durcheinander würfeln und jeweils die Korrelation der Matrices berechnen. Wenn unsere beobachtete Korrelation im Hinblick auf die zufällig generierten Werte ungewöhnlich groß ist (der Test ist einseitig), kann sie als signifikant betrachtet werden.

Mantel (1967) hat die Berechnungen noch etwas erleichtert, in dem er eine denkbar einfache Test-Statistik vorgeschlagen hat, die **cross products** genannt wird.

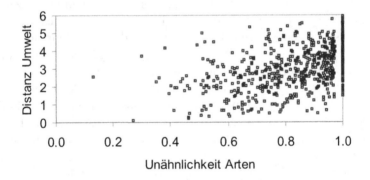

Abb. 17.3. Streudiagramm, das den Zusammenhang von floristischer Unähnlichkeit und Distanz hinsichtlich der Standortsbedingungen für die Elbauendaten zeigt. Die standardisierte Mantel-Statistik ist $r_M = 0.522$; $p < 0.001$ (für Artdaten: Bray-Curtis-Unähnlichkeit mit Deckungswerten, für Umweltparameter: Euklidische Distanz mit standardisierten Werten)

$$Z = \sum_{i=1}^{n-1} \sum_{j=i+1}^{n} x_{ij} y_{ij} \qquad (17.1)$$

Wir multiplizieren also jeden Eintrag in der einen Matrix (x_{ij}) mit dem entsprechenden Eintrag in der anderen Matrix (y_{ij}; die Summe dieser Produkte ist dann am größten, wenn jeweils die höchsten Werte der Matrices miteinander multipliziert werden). Diese Vereinfachung gegenüber dem Pearson-Regressionskoeffizienten ist legitim, denn die anderen Terme im Koeffizienten (Mittelwert der Zeilen, Mittelwert der Spalten, vgl. Gl. 2.1) werden durch das Permutieren der Zeilen nicht verändert. Mantels Teststatistik Z kann auf die Varianzen in den Dreiecksmatrices standardisiert werden (Legendre u. Legendre 1998); die sich ergebende *standardized Mantel statistic* r_M kann wie ein normaler Pearson-Korrelationskoeffizient interpretiert werden.

Wir haben für unser Beispiel die Umweltvariablen INTENS, STAB, ÜFD, ÜF>50 und MWS durch gemeinsame Standardisierung (auf Standardabweichungen, s. Kap. 3.2) vergleichbar gemacht und eine Euklidische Distanz berechnet. Wir haben die Werte dann mit einer Unähnlichkeitsmatrix aus den Artdaten (Bray-Curtis-Koeffizient) verglichen und folgende Werte erhalten:

r_M = 0.522
beobachtetes Z = 2724.29
maximales Z aus Permutationen = 2668.00
Anzahl Z aus Permutationen größer als beobachtetes Z = 0
Signifikanz p = 0.0001

Die **standardisierte Mantel-Statistik** ist mit r_M = 0.522 verhältnismäßig hoch und, wie sich aus dem Vergleich des ursprünglichen Z-Wertes (ca. 2724) mit den durch Permutationen erzeugten Z-Werten ergibt, auch hoch signifikant. Kein durch Permutationen erzeugter Wert war so hoch wie der ursprünglich beobachtete, das Ergebnis ist also signifikant (p = 0.0001, 9 999 Permutationen). Das deckt sich mit den Ergebnissen der CCA (s. oben), die ebenfalls einen Zusammenhang bestätigte. Der Mantel-Test ist aber auch auf einem einfachen Rechner deutlich schneller als ein Permutationstest mittels CCA, und bei geringer Rechnerleistung kann Z für große Datensätze auch so transformiert werden, dass es einem t-Wert ähnelt. Dieser kann dann mit einer t-Verteilung verglichen werden (McCune et al. 2002). Gerade für große n ist dieser Ansatz hinreichend genau.

Mantel-Tests sind sehr flexibel und können an viele verschiedene Fragestellungen angepasst werden. Nahezu jedes Problem, dass sich als Vergleich zweier oder mehrerer Matrices formulieren lässt, kann mit einem Mantel-Test oder einem ähnlichen Verfahren bearbeitet werden (Manly 1998). Wir wollen hier nur noch den vermutlich häufigsten Fall besprechen, bei dem die zweite Matrix eine geografische Distanzmatrix ist. Hier testet der Mantel-Test räumliche Autokorrelationen, z. B. im Hinblick auf genetische Ähnlichkeit. Wenn wir in die Matrix mit den geografischen Daten in Entfernungseinheiten skalierte Koordinaten (z. B. Gauss-Krüger, UTM) schreiben, dann können wir die Distanzen leicht mit der Euklidischen Distanz berechnen lassen (Satz des Pythagoras). Der Ansatz ist besonders auch im Vergleich mit der CCA interessant, die bei solchen Daten nicht Distanz, sondern Position testen würde (sie benutzt ja die Koordinaten direkt, nicht die Distanzen). So lässt sich abschätzen, ob ein Phänomen mit der Distanz zusammenhängt (z. B. Pollenausbreitung) oder mit der realen Position (z. B. auf bestimmten Gesteinstypen, s.a. McCune et al. 2002).

Beispiele für die Nutzung mehrerer sukzessiver Mantel-Tests sind die sog. Mantel-Korrelogramme, die v. a. in phylogeografischen Studien weit verbreitet sind. Hier wird nicht nur gefragt, ob z. B. genetische und räumliche Distanz insgesamt zusammenhängen, sondern auch wie weit dieser Zusammenhang reicht. Dafür wird der Datensatz in Entfernungsklassen aufgeteilt (typischerweise 6-10), so dass diese Distanzklassen i. d. R. etwa die gleiche Zahl paarweiser Vergleiche enthalten. Dann werden nur innerhalb dieser Klassen paarweise Vergleiche getestet. Das Ergebnis sind dann Werte für die Mantel-Statistik innerhalb einer Distanzklasse, und wir können leicht sehen, bis zu welcher Entfernung die Mantel-Statistik positiv (und signifikant) ist und so z. B. die Reichweite des Genflusses abschätzen. Details erklären u. a. Legendre u. Legendre (1998). Eine genauere Einführung in diese und weitere Verfahren der Analyse räumlicher ökologischer Daten geben z. B. Fortin u. Dale (2005).

17.4 Gruppenvergleiche – Mantel-Tests und MRPP

Wir haben gesehen, dass wir mit Permutationstests auch die Unterschiede zwischen Gruppen testen können (Tabelle 17.2). Das ist vergleichbar mit einem Mantel-Test, bei dem in der zweiten Matrix die Zugehörigkeit zu 2 oder mehreren Gruppen durch Werte von 0 bzw. 1 angedeutet ist, und tatsächlich sind Mantel-Tests als Alternativen für Varianzanalysen vorgeschlagen worden (Sokal u. Rohlf 1995).

Mit diesem Ansatz können wir auch Gruppenstrukturen in multivariaten Datensätzen überprüfen; wir können z. B. testen, ob sich unsere Auenbereiche hinsichtlich ihres Arteninventars unterscheiden. Das lässt sich leicht mit einem Mantel-Test berechnen, indem in der zweiten Matrix die Lage in der rezenten Aue, in der Altaue und am Auenrand wie in der **Designmatrix** der Tabelle 17.3 kodiert wird (alternativ können wir eine solche Distanzmatrix auch aus einer Sekundärmatrix mit den entsprechenden 3 Dummy-Variablen berechnen lassen). Das Ergebnis, basierend auf 9 999 Permutationen, ist ein eher niedriger Wert für die standardisierte Mantel-Statistik von $r_M = 0.153$, der aber signifikant ist ($p = 0.009$).

Tabelle 17.3. a Ausschnitt aus einer Designmatrix für die Aufnahmen in Tabelle 1.1. Die Werte symbolisieren Gruppenzugehörigkeit (rezente Aue, Altaue oder Auenrand), eine Distanz von 0 bedeutet, dass Aufnahmen in der gleichen Gruppe liegen, eine Distanz von 1 zeigt verschiedene Gruppen an. Um das Prinzip zu verdeutlichen wurden die Aufnahmen für Tabelle **b** nach ihrer Gruppenzugehörigkeit sortiert

a

	1	2	3	4	5	6	7	8	9	10	11	12	13	14
1	0													
2	0	0												
3	1	1	0											
4	1	1	0	0										
5	0	0	1	1	0									
6	0	0	1	1	0	0								
7	1	1	0	0	1	1	0							
8	1	1	0	0	1	1	0	0						
9	0	0	1	1	0	0	1	1	0					
10	0	0	1	1	0	0	1	1	0	0				
11	0	0	1	1	0	0	1	1	0	0	0			
12	0	0	1	1	0	0	1	1	0	0	0	0		
13	1	1	1	1	1	1	1	1	1	1	1	1	0	
14	1	1	1	1	1	1	1	1	1	1	1	1	0	0

b

	1	2	5	6	9	10	11	12	3	4	7	8	13	14
1	0													
2	0	0												
5	0	0	0											
6	0	0	0	0										
9	0	0	0	0	0									
10	0	0	0	0	0	0								
11	0	0	0	0	0	0	0							
12	0	0	0	0	0	0	0	0						
3	1	1	1	1	1	1	1	1	0					
4	1	1	1	1	1	1	1	1	0	0				
7	1	1	1	1	1	1	1	1	0	0	0			
8	1	1	1	1	1	1	1	1	0	0	0	0		
13	1	1	1	1	1	1	1	1	1	1	1	1	0	
14	1	1	1	1	1	1	1	1	1	1	1	1	0	0

In Fällen mit vielen Gruppen ist die Erstellung der Designmatrix etwas aufwändig. Aus diesem Grund wird gelegentlich ein alternatives Verfahren genutzt, das *multiple response permutation procedure* (**MRPP**) genannt wird. Es testet, ob die mittleren Unterschiede innerhalb der Gruppen (basierend auf Koeffizienten wie Bray-Curtis-Unähnlichkeit oder Euklidischer Distanz) kleiner als die bei zufälliger Verteilung zu erwartenden mittleren Unterschiede sind. Die Teststatistik wird hier δ genannt, ihre Signifikanz kann nach Transformation ähnlich wie beim Mantel-Test durch Vergleich mit einer t-Verteilung bestimmt werden; das spart die zeitaufwändigen Permutationen. In unserem Beispiel ergaben sich wie beim Mantel-Test signifikante Unterschiede ($p = 0.001$), aber die Größe des Effekts, der hier A genannt wird, war mit $A = 0.05$ auch hier sehr klein. MRPPs ergeben oft auch dann signifikante Ergebnisse, wenn die Gruppenstruktur schwach ist, daher sollte das Maß für die Stärke des Effekts A immer mit angegeben werden; A schwankt dabei zwischen 0 und 1. Für weitere Details sei auf die Literatur verwiesen (Manly 1998; McCune et al. 2002).

17.5 Procrustes-Analysen

Mantel-Tests sind ein Spezialfall von sog. Matrixvergleichen. Der Vielzahl an möglichen Fragestellungen entspricht eine Vielzahl von Methoden, die aber noch kaum für ökologische Fragestellungen getestet worden sind (Übersicht: Podani 2000). Wir wollen uns hier also auf wenige weitere Verfahren beschränken.

Wir haben gesehen, dass Mantel-Tests oder verwandte Permutationsverfahren geeignet sind, sehr verschiedene Typen von Datenmatrices zu vergleichen, indem letztlich immer die Korrelationen (bzw. die *cross products*) überprüft und auf Signifikanz getestet werden. Prinzipiell lassen sich so auch die Ergebnisse von Ordinationen vergleichen, indem wir z. B. für ein Set von Objekten die Koordinaten einer CA der Artdaten mit den Koordinaten einer PCA der Umweltvariablen vergleichen. Das hätte gegenüber dem eben besprochenen Beispiel den Vorteil, dass wir das Rauschen in den Daten reduzieren können, wenn wir uns auf die jeweils ersten Ordinationsachsen beschränken. Wir können dann die Koordinaten auf den jeweils ersten 3 Achsen nehmen, aus ihnen jeweils die Euklidische Distanz im CA- und im PCA-Ordinationsraum ableiten (die Ordinationsräume sind ja rechtwinklig, also euklidisch) und dann die Zusammenhänge mit einem Mantel-Test prüfen.

Im ersten Teil des Buches haben wir aber Ordinationen sehr viel einfacher verglichen, indem wir die relative Anordnung von Objekten im Ordinationsraum betrachtet haben. Dabei war die genaue Lage zu den Ordinationsachsen weniger wichtig als die Lage der Punkte zueinander, wie wir es im Vergleich von DCA und CCA dargestellt haben (Abb. 6.4 und 8.2). Man kann auch sagen, dass wir uns die jeweiligen Diagramme überlagert gedacht haben, dabei haben wir sie ggf. gespiegelt und implizit auch die Achsenlänge angepasst. Man kann dieses Vorgehen auch mathematisch formalisieren und so eine weitere Methode für Matrixvergleiche ableiten: die **Procrustes-Analysen**.

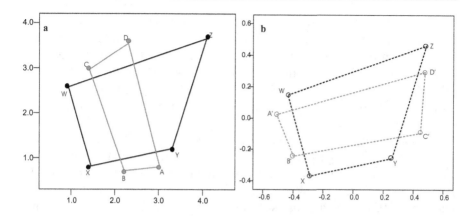

Abb. 17.4. Prinzip der Procrustes-Analyse für einen einfachen 2dimensionalen Fall. **a** zeigt die Lage von 4 Objekten mit 2 verschiedenen Variablensets im 2dimensionalen Raum. **b** gibt die Anordnung der Objekte, nachdem die Wertesets angepasst worden sind. Die Abstände zwischen den Punkten haben sich deutlich verringert

Sie sind nach der griechischen Sagengestalt Procrustes benannt, der seine unglücklichen Opfer mit Gewalt an eine eiserne Bettstelle anpasste, indem er sie streckte bzw. kürzte. Wir können – ethisch weit weniger bedenklich – eine Ordination ebenfalls an eine andere anpassen, in dem wir die Werte manipulieren. Erlaubt sind hier Rotationen bzw. Spiegelungen, Additionen und Multiplikationen sowie Zentrierungen bzw. Standardisierungen. Das Prinzip verdeutlicht Abb. 17.4 a für einen einfachen 2dimensionalen Fall. Alle Punkte der ersten Ordination (A-B-C-D) werden dabei mit den gleichen Manipulationen möglichst optimal an die zweite Ordination (W-X-Y-Z) angepasst. Da alle Punkte gleich manipuliert werden, gelingt die Anpassung nicht optimal, es bleiben immer Abstände. Das Ziel der Procrustes-Analyse ist, die Summe der Abstände zwischen der Punkten A',B',C',D' und den Punkten W, X, Y, Z möglichst zu minimieren. Das Maß für die Abstände ist eine *error sum of squares* wie wir sie für die Regression schon kennen gelernt haben (Kap. 2.5). Diese Kenngröße wird hier i. d. R. m^2_{12} genannt (Formeln zur Berechnung: Peres-Neto u. Jackson 2001; Podani 1997).

Wenn sich die beiden Ordinationen hinsichtlich der relativen Verhältnisse ähneln, ist m^2_{12} klein; insgesamt schwankt der Wert zwischen 0 und 1. Die Werte lassen sich nicht ganz so direkt interpretieren wie eine standardisierte Mantel-Statistik, so dass ein Signifikanztest angeschlossen werden sollte (Jackson 1995; Peres-Neto u. Jackson 2001). Ähnlich wie beim Mantel-Test handelt es sich auch hier nicht um unabhängige Vergleiche, so dass ein Permutationstest nötig ist. Dies ist auch der Grund, warum die Procrustes-Analysen in diesem Kapitel beschrieben werden. Ergibt der Test ein signifikantes Ergebnis, so ist die „Ähnlichkeit" zwischen den beiden Ordinationen nicht zufällig, und daraus lässt sich schließen, dass sich auch die für die Ordinationen genutzten Datensätze signifikant ähneln. Wir wollen das Prinzip kurz an unserem Standardbeispiel aus der Elbaue verdeutlichen.

Wir haben mit den Artdaten eine CA gerechnet und die Koordinaten für die ersten 3 Achsen gespeichert. Aus den Umweltdaten wurden mit einer PCA (standardisiert und zentriert, ohne nominale Variablen) ebenfalls 3 Achsen extrahiert. Die Werte wurden mit dem Programm PROTEST (Jackson 1995) einer Procrustes-Analyse unterzogen. Nach der Anpassung der ersten Ordination an die zweite ergaben sich 2 Sets neuer Koordinaten, die in Abb. 17.5 a dargestellt sind (allerdings vereinfacht für den 2dimensionalen Fall). Die Positionen der Objekte in den jeweiligen Ordinationen decken sich auch nach der Analyse nicht, wie Abb. 17.5 b verdeutlicht. Als Summe der Abweichungen ergab sich $m^2_{12} = 0.531$, daraus kann für einen Signfikanztest ein r-Wert (Procrustes-Korrelation) abgeleitet werden, der in unserem Beispiel auf dem Niveau $p < 0.0001$ (9 999 Permutationen) signifikant ist. Damit bestätigt sich das Ergebnis aus dem Mantel-Test, Art- und Umweltdaten zeigen einen signifikanten Zusammenhang in unserem Beispiel. Dieser ist mäßig stark, wie die Darstellung der Abstände in Abb. 17.5 b zeigt. Die Darstellung hat auch den Vorteil, dass wir die Richtung der Abweichungen erkennen können. Diese ist in der Tendenz vertikal, was der Verzerrung der Werte in der CA entspricht, die ja entlang der zweiten Achsen einen *arch* als Artefakt erzeugt (Kap. 6.2).

Wir haben hier einen einfachen, indirekten Fall für eine Procrustes-Analyse dargestellt. Das Prinzip lässt sich aber, ähnlich wie Mantel-Tests, auch verallgemeinern, so dass auch direkte Vergleiche zwischen Dreiecks-Matrices oder sogar partielle Analysen möglich werden. Auch lassen sich mit Procrustes-Analysen leicht mehr als 2 Variablengruppen bzw. Matrices vergleichen, indem wir sie jeweils auf eine gemeinsame Referenzmatrix beziehen.

Diese Möglichkeiten werden ausführlicher von Peres-Neto u. Jackson (2001) beschrieben. Die Autoren haben gezeigt, dass Procrustes-Analysen unter bestimmten Umständen Mantel-Tests hinsichtlich der Trennschärfe überlegen sind, auch können Mantel-Tests gelegentlich Korrelationen vortäuschen, wo keine sind. Andererseits weisen Podani et al. (2005) darauf hin, dass ebenfalls unter bestimmten Umständen Procrustes-Analysen auch dann niedrige Werte für m^2_{12} geben können, wenn 2 Matrices gar keine gemeinsamen Arten haben.

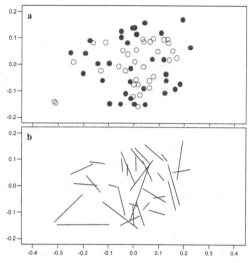

Abb. 17.5. a Streudiagramm, das die Ergebnisse der Procrustes-Analyse für die Elbauendaten zusammenfasst. Offene Kreise entsprechen den angepassten Aufnahmewerten der CA (floristische Daten, *downweighting of rare species*), gefüllte Kreise zeigen die Werte der PCA (Umweltdaten, standardisiert und zentriert, ohne nominal skalierte Variablen). **b** zeigt die Abstände zwischen den jeweils zusammengehörenden Aufnahmepaaren

Insgesamt zeigt sich also auch hier wieder, dass es nicht die eine unter allen Umständen optimale Methode gibt. Dennoch sind Procrustes-Analysen in morphometrischen Studien weit verbreitet und werden auch in der Ökologie nicht selten benutzt. Neben den genannten Artikeln bieten Podani (2000) und Legendre u. Legendre (1998) weitergehende Einführungen in die Methodik.

17.6 *Indicator Species Analysis*

Eine sehr häufige Fragestellung in der Ökologie ist die Suche nach Indikatorarten, die verlässlich bestimmte Umweltbedingungen anzeigen. Voraussetzung ist, dass ein Faktor ausgemacht wurde, der wichtig für die Artenzusammensetzung ist. Das können quantitativ skalierte Faktoren sein, dann könnten wir mit Regressionsanalysen nach geeigneten Indikatorarten suchen. Der Umweltfaktor kann aber auch nominalskaliert sein, also eine Gruppenstruktur beschreiben. Ein Beispiel wären Landnutzungsformen oder wie im vorigen Beispiel – die Lage der Aufnahmen im Auensystem. In einem ersten Schritt könnten wir mit MRPP oder entsprechenden Mantel-Tests überprüfen, ob die uns interessierende Gruppenstruktur, also z. B. der Artunterschied zwischen den Auenkompartimenten, zufällig ist oder nicht. Wenn es signifikante Unterschiede gibt, ist die Frage nach Indikatoren für die Gruppen nahe liegend. Wollen wir nur die Häufigkeit oder Abundanz einer Art innerhalb von Gruppen vergleichen, bieten sich einfache univariate Tests an (Chi-Quadrat, Mittelwertvergleiche), wobei wir allerdings beachten müssen, dass bei sehr vielen Arten das Problem des *statistical fishing* auftritt (Kap 1.2). Darüber hinaus würden die meisten Ökologen nicht nur eine, sondern 2 Anforderungen an eine gute Indikatorart stellen; die Abundanz der Art sollte innerhalb der Gruppe größer sein als außerhalb, und die Art sollte auch möglichst in ihrem Vorkommen auf die Gruppe beschränkt sein. Eine simple Möglichkeit bietet hier die *indicator species analysis* (Dufréne u. Legendre 1997).

Für eine gute Indikatorart lassen sich also 2 Kriterien entwickeln: Die beiden uns interessierenden Parameter sind einerseits die Häufigkeit der Art innerhalb und außerhalb der Gruppe, andererseits aber die Frequenz, also die Stetigkeit innerhalb der zu charakterisierenden Gruppe. Wir können damit 2 Kennwerte ableiten. Der erste ist die relative Abundanz *RA* der Art in der Gruppe im Verhältnis zur Abundanz im ganzen Datensatz. Wir berechnen RA aus der mittleren Abundanz der Art *j* über alle Objekte *n* innerhalb der Gruppe *k* und der mittleren Abundanz in allen Gruppen:

$$RA_{kj} = NAbundanz_{kj} \,/\, NAbundanz_{+k} \qquad (17.2)$$

$NAbundanz_{kj}$: Mittlere Abundanz der Art *j* in Gruppe *k*, $NAbundanz_{+k}$: Summe der mittleren Abundanzen über alle Gruppen summiert

Der zweite Kennwert ist die relative Frequenz *RF*, also die Summe aller Vorkommen innerhalb der Gruppe, durch die Zahl der Aufnahmen in der Gruppe:

$$RF_{kj} = NObjekte_{kj} \,/\, NObjekte_{k+} \qquad (17.3)$$

$NObjekte_{kj}$: Anzahl Objekte in Gruppe *k*, in denen die Art *j* vorkommt; $NObjekte_{k+}$: Gesamtzahl an Objekten in der Gruppe *k*.

Aus diesen beiden Werten können wir nun durch Multiplikation leicht einen kombinierten Indikatorwert ableiten:

$$IV_{kj} = 100 \cdot (RA_{kj} \cdot RF_{kj}) \,[\text{in Prozent}] \qquad (17.4)$$

Dieser Wert ist hoch, wenn die Art innerhalb der Gruppe eine deutlich höhere Abundanz hat als außerhalb und weitgehend auf die Gruppe beschränkt ist. Damit haben wir eine Zahl gefunden, die uns erlaubt abzuschätzen, wie gut eine Art als Indikator für eine bestimmte Gruppe geeignet ist. In einem letzten Schritt soll nun noch geprüft werden, ob dieser Wert zufällig ist oder nicht. Auch hier ist die Lösung ein Permutationstest. Dazu wird die Art immer wieder zufällig auf die Gruppen verteilt und *IV* berechnet. Nach z. B. 999 Permutationen kann dann abgeschätzt werden, ob der reale Indikatorwert zufällig ist. Dazu werden die zufällig erzeugten

IV-Werte mit dem maximalen Indikatorwert der Art für die beste Gruppe verglichen.

Ergebnisse der Analyse sind v. a. 2 Tabellen. Die erste listet die Indikatorwerte für die Art über alle Gruppen, die zweite gibt an, ob der jeweilig beste Wert signifikant ist oder nicht. Für Tabelle 17.4 wurden beide Tabellen zusammengefasst. Insgesamt 8 der 53 Arten zeigen einen signifikanten Indikatorwert für einen der 3 Auenbereiche, dabei ist z. B. *Lathyrus pratensis* charakteristisch für die Altaue, während *Lotus corniculatus* seinen Schwerpunkt am Auenrand hat. Wichtig ist, dass die Indikatorwerte immer auf den konkreten Datensatz bezogen sind (denn sowohl die relative Abundanz als auch die relative Frequenz werden ja auf diesen Datensatz bezogen). Das zeigt sich auch an unserem Beispiel, denn *Cirsium arvense* (Acker-Kratzdistel) ist in Mitteleuropa sicher nicht generell typisch für Altauen, das Ergebnis in Tabelle 17.4 gilt also nur für das konkrete (sehr beschränkte) Beispiel.

Die Methode kann auch auf hierarchische Gruppenstrukturen angewandt werden, wenn für jede Teilungsebene Indikatorarten berechnet werden. Haben wir z. B. eine hierarchische Clusteranalyse, so können wir für jeden Teilungsschritt die wichtigen Indikatorarten berechnen. In der Kombination bekämen wir dann vergleichbare Informationen wie in einer TWINSPAN-Analyse (vgl. Abb. 15.4). Die Methode kann auch als Entscheidungshilfe dienen, um die Zahl der zu betrachtenden Gruppen in einer Clusteranalyse festzulegen. So kann die Anzahl der signifikanten Indikatorarten bei verschiedenen Teilungsebenen ein gutes Kriterium sein (Dufréne u. Legendre 1997; McCune et al. 2002). Im Prinzip können natürlich auch die Differenzial- oder Charakterarten in einer pflanzensoziologischen Klassifikation mit einer Indikatorartenanalyse überprüft werden.

Tabelle 17.4. Indikatorarten mit ihren jeweiligen Indikatorwerten für die 3 verschiedenen Auenbereiche (999 Permutationen, nur die Arten mit einem signifikanten Indikatorwert wurden gelistet)

	Rezente Aue ($n = 19$)	Altaue ($n = 5$)	Auenrand ($n = 9$)	p
Ranunculus repens	10	57	11	0.015
Lathyrus pratensis	0	51	2	0.008
Deschampsia cespitosa	0	48	4	0.015
Cirsium arvense	0	35	3	0.024
Carex gracilis	0	43	29	0.048
Juncus effusus	0	12	38	0.032
Lotus corniculatus	1	0	40	0.029
Carex vesicaria	0	2	51	0.013

17.7 Ausblick Randomisierungsverfahren

Wegen ihrer Flexibilität sind permutationsbasierte Tests für viele weitere Fragestellungen geeignet (Details: Manly 1998). Allgemein kann man festhalten, dass Permutationsverfahren immer dann in der multivariaten Statistik verwendet werden, wenn es um schließende Statistik geht, also Signifikanztests durchgeführt werden müssen. Mit der ständig wachsenden Rechenleistung werden die praktischen Hindernisse in diesem Bereich mehr und mehr schwinden, so dass auch in der multivariaten Statistik gegenüber den bisher noch weitgehend explorativen Anwendungen schließende Statistik weiter an Bedeutung gewinnen wird.

Literatur

Anchorena J, Cingolani AM (2002) Identifiying habitat types in a disturbed area of the forest-steppe ecotone of Patagonia. Plant Ecol 158:97-112

Backhaus K, Erichson B, Plinke W, Weiber R (2003) Multivariate Analysemethoden. Eine anwendungsorientierte Einführung. Springer, Berlin

Bahrenberg G, Giese E, Nipper J (2003) Statistische Methoden in der Geographie Band 2; Multivariate Statistik. Borntraeger, Berlin, Stuttgart

Braun-Blanquet J (1964) Pflanzensoziologie. Grundzüge der Vegetationskunde. Springer, Berlin, Wien, New York

Bray RJ, Curtis JT (1957) An ordination of upland forest communities of southern Wisconsin. Ecol Monogr 27:325-349

Brehm G, Fiedler K (2004) Ordinating tropical moth samples from an elevational gradient: a comparison of methods. J Trop Ecol 20:165-172

Bruelheide H, Flintrop T (1994) Arranging phytosociological tables by species-relevé groups. J Veg Sci 5:311-316

Bruelheide H (2000) A new measure of fidelity and its application to defining species groups. J Veg Sci 11:167-178

Bruelheide H, Chytrý M (2000) Towards unification of national vegetation classifications: A comparison of two methods for analysis of large datasets. J Veg Sci 11:295-306

Carleton TJ, Still RH, Nieppola J (1996) Constrained indicator species analysis (COINSPAN): an extension of TWINSPAN. J Veg Sci 7:125-130

Cerna L, Chytrý M (2005) Supervised classification of plant communities with artificial neural networks. J Veg Sci 16:407-414

Chao A, Chazdon RL, Colwell RK, Shen TJ (2005) A new statistical approach for assessing similarity of species composition with incidence and abundance data. Ecol Lett 8:148-159

Chytrý M, Tichý L, Holt J, Botta-Dukát Z (2002) Determination of diagnostic species with statistical fidelity measures. J Veg Sci 13:79-90

Chytrý M, Tichý L (2003) Diagnostic, constant and dominant species of vegetation classes and alliances of the Czech Republik: a statistical revision. Masary University, Brno

Cingolani AM, Renison D, Zaka MR, Cabido M (2004) Mapping vegetation in a heterogeneous mountain rangeland using landsat data: an alternative method to define and classify land-cover units. Remote Sens Environ 92:84-97

Crawley MJ (2002) Statistical computing. An introduction to data analysis using S-Plus. Wiley, Chichester, England

Crawley MJ (2005) Statistics. An introduction using R. Wiley, Chichester, England

Dengler J (2003) Entwicklung und Bewertung neuer Ansätze in der Pflanzensoziologie unter besonderer Berücksichtigung der Vegetationsklassifikation. Galunder, Nümbrecht

Diekmann M (2003) Species indicator values as an important tool in applied plant ecology - a review. Basic Appl Ecol 6:493-506

Dierschke H (1994) Pflanzensoziologie: Grundlagen und Methoden. Ulmer, Stuttgart

Dirnböck T, Dullinger S, Gottfried M, Ginzler C, Grabherr G (2003) Mapping alpine vegetation based on image analysis, topographic variables and Canonical Correspondence Analysis. Appl Veg Sci 6:85-96

Dufréne M, Legendre P (1997) Species assemblages and indicator species: the need for a flexible asymmetrical approach. Ecol Monogr 67:345-366

Ellenberg H (1996) Vegetation Mitteleuropas mit den Alpen in ökologischer, dynamischer und historischer Sicht. Ulmer, Stuttgart

Ellenberg H, Weber HE, Düll R, Wirth V, Werner W, Paulißen D (1992) Zeigerwerte von Pflanzen in Mitteleuropa. Scripta Geobot. 18:1-248

Engel J (1997) Signifikante Schule der schlichten Statistik. Filander, Fürth

Faith DP, Minchin PR, Belbin L (1987) Compositional dissimilarity as a robust measure of ecological distance. Vegetatio 69:57-68

Fortin MJ, Dale MRT (2005) Spatial analysis. A guide for ecologists. University Press, Cambrigde

Franklin SB, Gibson DJ, Robertson P, Pohlmann JT, Fralish JS (1995) Parallel analysis: a method of determining significant principal components. J Veg Sci 6:99-106

Gauch HG (1994) Multivariate analysis in community ecology. University Press, Cambridge

Hill MO (1973) Reciprocal averaging: An eigenvector method of ordination. J Ecol 61:237-249

Hill MO, Bunce RGH, Shaw MW (1975) Indicator species analysis, a divisive polythetic method of classification and its application to a survey of native pinewoods in Scotland. J Ecol 63:597-613

Hill MO (1979) TWINSPAN – A FORTRAN program for arranging multivariate data in an ordered two-way-table by classification of the individuals and attributes. Cornell University, Ithaca, USA

Hill MO, Gauch HG (1980) Detrended correspondence analysis, an improved ordination technique. Vegetatio 42:47-58

Hunter JC, McCoy RA (2004) Applying randomization tests to cluster analysis. J Veg Sci 15:135-138

Jackson DA (1995) PROTEST: a PROcrustean randomization TEST of community environment concordance. Ecoscience 2:297-303

James FC, McCulloch CE (1990) Multivariate analysis in ecology and systematics: Panacea or Pandora's box? Ann Rev Ecol Syst 21:129-166

Jandt U (1999) Kalkmagerrasen am Südharzrand und im Kyffhäuser. Gliederung im überregionalen Kontext, Verbreitung, Standortverhältnisse und Flora. Cramer, Berlin, Stuttgart

Johnson BR (1981) How to measure – a statistical perspective. In: Capen DE (ed) The use of multivariate statistics in the studies on wildlife habitat, pp 53-58

Jongman RHG, ter Braak CJF, van Tongeren OFR (1995) Data analysis in community and landscape ecology. University Press, Cambridge

Kenkel NC, Orlocci L (1986) Applying metric and nonmetric multidimensional scaling to ecological studies: some new results. Ecol 67:919-928

Kent M, Coker P (1992) Vegetation description and analysis - A practical approach. Belhaven Press, London

Kocí M, Chytry M, Tichy L (2003) Formalized reproduction of an expert-based phytosociological classification: A case study of subalpine tall-forb vegetation. J Veg Sci 14:601-610

Köhler W, Schachtel G, Voleske P (2002) Biostatistik. Springer, Heidelberg

Koleff P, Gaston KJ, Lennon JJ (2003) Measuring beta diversity for presence-absence data. J Anim Ecol 72:367-382

Kosman E, Leonard KJ (2005) Similarity coefficients for molecular markers in studies of genetic relationships between individuals for haploid, diploid, and polyploid species. Mol Ecol 14:415-424

Kovach, W. (1995) MVSP Plus. Kovach Computing Services, Pentraeth, Wales

Kruskal JB (1964) Nonmetric multidimensional scaling: a numerical method. Psychometrika 29:115-129

Legendre P, Legendre L (1998) Numerical Ecology. Elsevier, Amsterdam

Legendre P, Anderson MJ (1999) Distance-based redundancy analysis: testing multi-species responses in multi-factorial ecological experiments. Ecol Monogr 69:1-24

Legendre P, Gallagher ED (2001) Ecologically meaningful transformations for ordination of species data. Oecologia 129:271-280

Lepš J, Šmilauer P (2003) Multivariate analysis of ecological data using CANOCO. University Press, Cambridge

Leyer I (2002) Augrünland der Mittelelbe-Niederung. J. Cramer, Berlin, Stuttgart

Leyer I (2005) Predicting plant species' responses to river regulation: the role of water level fluctuations. J Appl Ecol 42:239-250

Londo G (1976) The decimal scale for relevés of permanent quadrats. Vegetatio 33:61-64

Lowe A, Harris S, Ashton PS (2004) Ecological genetics. Blackwell, Malden, Oxford, Carlton

Magurran AE (2003) Measuring biological diversity. Blackwell, Oxford

Manly BFJ (1998) Randomization, Bootstrap and Monte Carlo Methods in Biology. Champman & Hall, London, Weinheim, New York, Tokyo, Melbourne, Madras

Mantel N (1967) The detection of disease clustering and a generalized regression approach. Cancer Res 27:209-220

McCune B (1997) The influence of noisy environmental data on canonical correspondence analysis. Ecol 78:2617-2623

McCune B, Mefford MJ (1999) PC-ORD. Multivariate analysis of ecological data. MjM Software, Gleneden Beach, Oregon

McCune B, Grace JB, Urban DL (2002) Analysis of ecological communities. MjM Software Design, Gleneden Beach

McGarigal K, Cushman S, Stafford S (2000) Multivariate analysis for wildlife and ecological research. Springer, New York, Berlin

Minchin PR (1987) An evaluation of the relative robustness of techniques for ecological ordination. Vegetatio 69:89-107

Nei NM, Li WH (1979) Mathematical model for studying genetic variation in terms of restriction endonucleases. P Natl Acad Sci 76:5269-5273

Ohmann JL, Gregory MJ (2002) Predictive mapping of forest composition and structure with direct gradient analysis and nearest neighbor imputation in coastal Oregon, U.S.A. Can J Forest Res 32:725-741

Okland RH (1990) Vegetation ecology: theory, methods and applications with reference to Fennoscandia. Sommerfeldtia Supplement 1:1-233

Okland RH (1996) Are ordination and constrained ordination alternative or complementary strategies in general ecological studies? J Veg Sci 7:289-292

Okland RH (1999) On the variation explained by ordination and constrained ordination axes. J Veg Sci 10:131-136

Oksanen J, Kindt R, Legendre P, O'Hara B (2006) Vegan: Community Ecology Package, http://cc.oulu.fi/~jarioksa/

Palmer MW (1993) Putting things in even better order: The advantages of canonical correspondence analysis. Ecol 74:2215-2230

Palmer MW (2006) Ordination methods for ecologists. http://ordination.okstate.edu/

Peres-Neto PR, Jackson DA (2001) How well do multivariate data sets match? The advantages of a Procrustean superimposition approach over the Mantel test. Oecologia 19:169-178

Podani J (1991) On the standardization of Procrustes statistics for the comparison of ordinations. Abstracta Botanica 15:43-46

Podani J (1997) A measure of discordance for partially ranked data when presence/absence is also meaningful. Coenoses 12:127-130

Podani J (1999) Extending Gower's general coefficient of similarity to ordinal characters. Taxon 48:331-340

Podani J (2000) Introduction to the exploration of multivariate biological data. Backhyus Publisher, Leiden

Podani J (2001) Syn-Tax 2000. Computer programs for data analysis in ecology and systematics. User's manual. Scientia Publishing, Budapest, Hungary

Podani J, Miklós I (2002) Resemblance coefficients and the horseshoe effect in principal coordinates analysis. Ecol 83:3331-3343

Podani J (2005) Multivariate exploratory analysis of ordinal data in ecology: pitfalls, problems and solutions. J Veg Sci 16:497-510

Podani J, Csontos P, Tamás J, Miklós I (2005) A new multivariate approach to studying temporal changes of vegetation. Plant Ecol 181:85-100

Podani J (2006) Braun-Blanquet's legacy and data analysis in vegetation science. J Veg Sci:113-117

R Development Core Team (2004) R: A language and environment for statistical computing. R Foundation for Statistical Computing, Vienna

Rao CR (1964) The use and interpretation of principal component analysis in applied research. Sankhya A 26:329-358

Santos CMD (2005) Parsimony analysis of endemicity: time for an epitaph? J Biogeogr 32:1281-1286

Schröder B (2000) Zwischen Naturschutz und Theoretischer Ökologie: Modelle zur Habitateignung und räumlichen Populationsdynamik für Heuschrecken im Niedermoor. Inst. of Geogr. & Geoecol. Technical University of Braunschweig, Braunschweig

Shipley B (1999) Testing causal explanations in organismal biology: causation, correlation and structural equation modelling. Oikos 86:374-382

Sokal RM, Rohlf FJ (1995) Biometry. Freeman, New York

SPSSinc (2003) SPSS for Windows 12.0G. SPSS Inc., Chicago

Süß K, Storm C, Zehm A, Schwabe A (2004) Succession in inland sand ecosystems: which factors determine the occurrence of the tall grass species *Calamagrostis epigejos* (L.) Roth and *Stipa capillata* L.? Plant Biology 6:465-476

Szafer W, Pawlowski B (1927) Die Pflanzenassoziationen des Tatra-Gebirges. A. Bemerkungen über die angewandte Arbeitstechnik. In: Szafer W, Kulczynski B, Pawlowski B, Stecki K, Sokolowski AW (eds) Die Pflanzenassoziationen des Tatra-Gebirges. III., IV., V. Teil, Bull. Int. Acad. Polon. Sci. Lettres B3, Suppl. 2, Cracovie, pp 1-12

Tabachnik BG, Fidell LS (1996) Using multivariate statistics. Harper Collins College Publishers, New York

Tamás J, Podani J, Csontos P (2001) An extension of presence/absence coefficients to abundance data: a new look at absence. J Veg Sci 12:401-410

ter Braak CJF (1987) The analysis of vegetation-environment relationships by Canonical Correspondence Analysis. Vegetatio 69:69-77

ter Braak CJF (1994) Canonical community ordination. Part I: Basic theory and linear methods. Ecoscience 1:127-140

ter Braak CJF (1995) Ordination. In: Jongman RHG, ter Braak CJF, van Tongeren OFR (eds) Data analysis in community and landscape ecology, University Press, Cambridge, pp 91-173

ter Braak CJF, Looman CWN (1995) Regression. In: Jongman RHG, ter Braak CJF, van Tongeren OFR (eds) Data analysis in community and landscape ecology, University Press, Cambridge, pp 29-77

ter Braak CJF, Smilauer P (2002) Canoco 4.5 Reference Manual. Biometris, Wageningen, Ceske Budejovice

Tichý L (2002) JUICE, software for vegetation classification. J Veg Sci 13:451-453

Tichý L (2005) New similarity indices for the assignment of relevés to the vegetation units of an existing phytosociological classification. Plant Ecol 179:67-72

Titeux N, Dufrene M, Jacob JP, Paquay M, Defourny P (2004) Multivariate analysis of a fine-scale breeding bird atlas using a geographical information system and partial canonical correspondence analysis: environmental and spatial effects. J Biogeogr 31:1841-1856

Totland O, Nyléhn J (1998) Assessment of the effects of environmental change on the performance and density of *Bistorta vivipara*: the use of multivariate analysis and experimental manipulation. J Ecol 86:989-998

Tremp H (2005) Aufnahme und Analyse vegetationsökologischer Daten. Ulmer, Stuttgart

Underwood AJ (1997) Experiments in ecology. Cambridge University Press, Cambridge

van der Maarel E (1979) Transformation of cover-abundance values in phytosociology and its effects on community similarity. Vegetatio 39:97-114

van Groenewoud H (1992) The robustness of Correspondence, Detrended Correspondence, and TWINSPAN analysis. J Veg Sci 3:239-246

van Tongeren OFR (1995) Cluster analysis. In: Jongman RHG, ter Braak CJF, van Tongeren OFR (eds) Data analysis in community and landscape ecology, University Press, Cambridge, pp 174-212

Wägele JH (2001) Grundlagen der phylogenetischen Systematik. Pfeil, München

Wesche K, Partzsch M, Krebes S, Hensen I (2005) Gradients in dry grassland and heath vegetation on rock outcrops in eastern Germany – an analysis of a large phytosociological data set. Folia Geobot 40:341-356

Williams BK, Titus K (1988) Assessment of sampling stability in ecological applications of discriminant analysis. Ecol 69:1275-1291

Sachverzeichnis